"十三五"应用型人才培养规划教材

单片机技术与应用教程

（第2版）

◎ 王文海 主编　　罗德凌 朱国军 周欢喜 副主编

清华大学出版社

北 京

内 容 简 介

本书以项目为载体,采用任务驱动方式编写。以 AT89C51 单片机为对象,结合 Keil μVision2、Proteus 等单片机系统开发软件,从实用角度出发,以项目实施为主线,系统介绍 51 单片机的 C 语言程序设计和接口应用技术。

本书由简单到复杂,以设计制作广告灯、游客流量计数器、啤酒生产计数器、9.9 秒表、四路抢答器、密码锁、数字电压表、正弦信号发生器、远程报警器、数据复制仪、数字钟、数字温度计 12 个项目,涵盖 C51 程序设计、51 单片机资源与结构、中断与定时/计数器、键盘与显示、A/D 与 D/A、串行通信等经典接口技术以及 I^2C 存储器、单总线器件、数字时钟器件等新器件接口应用技术的学习与实践,是一本工学结合的特色教材。

本书中的教学实例涵盖了丰富的学习内容,具有鲜明的实用性。采用项目化结构编写,适合案例、任务驱动等方法教学,可作为应用型大学和高职高专电类专业单片机技术的教材,也可作为单片机爱好者的自学用书。

图书在版编目(CIP)数据

单片机技术与应用教程/王文海主编.—2 版.—北京:清华大学出版社,2019(2024.8 重印)
("十三五"应用型人才培养规划教材)
ISBN 978-7-302-50664-5

Ⅰ.①单… Ⅱ.①王… Ⅲ.①单片微型计算机-高等学校-教材 Ⅳ.①TP368.1

中国版本图书馆 CIP 数据核字(2018)第 156490 号

责任编辑:王剑乔
封面设计:刘　键
责任校对:袁　芳
责任印制:宋　林

出版发行:清华大学出版社
　　　网　　　址:https://www.tup.com.cn,https://www.wqxuetang.com
　　　地　　　址:北京清华大学学研大厦 A 座　　　　　邮　　编:100084
　　　社 总 机:010-83470000　　　　　　　　　　　邮　　购:010-62786544
　　　投稿与读者服务:010-62776969,c-service@tup.tsinghua.edu.cn
　　　质量反馈:010-62772015,zhiliang@tup.tsinghua.edu.cn
　　　课件下载:https://www.tup.com.cn,010-83470410
印 装 者:三河市龙大印装有限公司
经　　　销:全国新华书店
开　　　本:185mm×260mm　　　　印　张:20　　　　字　　数:481 千字
版　　　次:2014 年 5 月第 1 版　2019 年 8 月第 2 版　　印　次:2024 年 8 月第 7 次印刷
定　　　价:59.00 元

产品编号:077513-01

习近平总书记在党的"二十大"报告中指出：教育、科技、人才是全面建设社会主义现代化国家的基础性、战略性支撑。必须坚持科技是第一生产力、人才是第一资源、创新是第一动力，深入实施科教兴国战略、人才强国战略、创新驱动发展战略，这三大战略共同服务于创新型国家的建设。职业教育与经济社会发展紧密相连，对促进就业创业、助力经济社会发展、增进人民福祉具有重要意义。

单片机无处不在，已经渗透到我们生活的各个领域，从农业电子产品到工业电子产品，从医用电子产品到军用电子产品，从民用电子产品到商用电子产品，单片机都在发挥着重要作用，有智能、电路设计简单、成本低、性能稳定、经久耐用等优点，广泛应用于智能制造与智能控制领域。

本书采用先进理论作为指导，以职业教育"三教改革"教育教学理念为指导，在技术应用型大学与高职高专教学中，采用任务驱动、项目教学等教学模式，注重实操与创新应用，做到学以致用，有利于发挥学生学习的主动性和提高学生学习的效率。经典接口技术与新器件接口应用相结合，项目与工作任务相结合，有利于学生适应将来的工作岗位，这也是本书编写的特色所在。

与第1版相比，本书突出以下特点。

（1）本书继续采用项目驱动式的编写方法，但更加突出"精讲实用、案例启发、学以致用、巩固提升"的教学理念，以完成项目需具备的能力为目标组织学习内容与案例，让学生在实践中形成并提升单片机应用技术能力。

（2）更合理地处理基本知识和经典接口技术与新器件应用教学。本书除覆盖单片机基本知识与经典接口技术外，把 AT24C02、DS18B20、DS1302 等新器件的应用作为单独项目分别编写，便于不同专业、不同学校对教学内容与项目的选取。

本书由王文海担任主编，罗德凌、朱国军、周欢喜担任副主编，王文杰担任主审，参加本书编写的还有易江义、邓桂萍、王承文、周彩霞、戴俨炯和中航长飞公司谢卫华副总工程师、谭咏梅工程师。本书是一本工学结合的项目化教材，适合应用型大学与高职高专单片机教学及单片机爱好者学习使用。

在本书编写过程中，编者虽力求完美，但仍难免疏漏与不足，敬请广大读者指正。

编 者

2023 年 7 月

本书配套教学课件与项目程序

第1版前言
FOREWORD

在高职高专教学中,采用任务驱动、项目教学等模式,做到学以致用,有利于发挥学生学习的主动性,提高学习效率。项目与工作过程紧密结合,有利于学生适应将来的工作岗位。这也是本教材的特色所在。

与同类教材相比,本书具有以下特点。

(1) 采用项目驱动式的编写方法。本着"精讲、实用、易懂"的教学原则,以项目的完成过程作为教材编写的主线。

针对51单片机应用和C51中的难点,采用案例的方式进行讲解。

教材以项目为牵引,覆盖课程标准的知识点、能力点,通过项目的完成带动对单片机应用知识点的学习及应用能力的培养。

每个项目都给出了启发性的案例与实现步骤,通过努力可实现功能与指标,激发学生的学习兴趣。

项目提出了发挥部分,为学生的应用、创新留出发挥空间。

(2) 注重技术应用能力的培养。本教材中没有一个理论性的例题和练习,全部是设计、制作形式的拓展项目。

(3) 教材注重学习方法的培养。书中提供案例与学习资料,举一反三地设计、制作单片机小产品,起到巩固、应用和补充的作用。

(4) 重点、难点突出。将接口应用作为重点内容。针对编程难点,采用分解、案例示范的方式突破。

(5) 注重新知识、新器件的应用,书中介绍了 LCD1602、AT24C02、DS18B20、DS1302等器件的应用。

本书由王文海、朱国军担任主编,由周欢喜和长期从事单片机应用系统开发的中航集团5712飞机工业有限公司副总工程师谢伟华担任副主编,中航集团5712飞机工业有限公司谭咏梅、王承文、周彩霞、戴伊炯、黄荻等教师参与了编写,由工程实践和教学经验丰富的王文杰教授主审。书中的教学实例既有较强的理论性,又有鲜明的实用性。

在教材编写过程中,我们虽然力求完美,但由于水平有限,书中难免有疏漏之处,敬请广大读者批评、指正。

编 者

2014 年 3 月

目　录
CONTENTS

设计制作广告灯

1.1 学习目标

(1) 了解 MCS-51 的资源及掌握最小系统的构成。

(2) 了解 MCS-51 的寻址方式及指令系统。

(3) 掌握 C51 程序设计语言。

(4) 了解 MCS-51 程序的基本结构,掌握 C51 的简单程序设计。

(5) 掌握程序设计软件 Keil μVision2、仿真软件 Proteus 及程序下载工具的使用方法。

(6) 学会简单单片机控制系统的设计、仿真、制作与调试。

1.2 项目描述

1. 项目名称

设计制作广告灯

2. 项目要求

(1) 用 Keil μVision2、Proteus 等软件作为开发工具。

(2) 用 AT89C51 单片机控制。

(3) 依次实现功能:8 只 LED 灯闪烁 8 次,8 只 LED 灯奇偶交替点亮 8 次,L1～L4 与 L5～L8 交替闪烁 8 次,8 只 LED 灯全灭 1 次。

(4) 闪烁周期时间自定。

(5) 发挥扩充功能:从左至右(或从右至左)轮流闪烁、拉幕功能等。

3. 设计制作任务

(1) 拟订总体设计制作方案。

(2) 设计硬件电路。

(3) 编制软件流程图及设计源程序。

(4) 仿真调试广告灯。

(5) 安装元器件,制作广告灯,调试功能指标。

(6) 完成项目报告。

1.3　相 关 知 识

1.3.1　单片机简介

计算机系统向巨型化、单片化、网络化方向发展。为了提高系统的可靠性、实现微型化，把计算机系统集成在一块半导体芯片上，这种单片计算机简称单片机。它的内部硬件结构和指令系统是针对自动控制应用而设计的，所以单片机又称为微控制器 MCU（Micro Controller Unit）。经历了由 4 位机到 8 位机再到 16 位机的发展过程，近年来 32 位机已进入实用阶段。但是，由于 8 位机的性价比占优势，因此仍是主流机型。

单片机的制造商很多，主要有美国的 Intel、Motorola、Zilog 等公司。Intel 公司推出的 MCS-51 系列单片机使用最为广泛，拥有多种芯片，分为 51 和 52 两个子系列，如表 1-1 所示。其中 51 子系列是基本型，52 子系列是增强型。MCS-51 系列单片机中，Atmel 公司的 AT 89××系列更实用：其片内存储器是 Flash 工艺，可以在线擦除、改写。对开发设备的要求低，开发时间大大缩短。国内市场 51 内核的单片机还有 STC 系列，其学习与应用也比较广泛。

表 1-1　MCS-51 单片机系列

子系列	片内 ROM 形式			ROM 容量/KB	RAM 容量/B	寻址 范围/KB	I/O 口端口			中断源
	无	ROM	EPROM				计数器	并行口	串行口	
51 系列	8031	8051	8751	4	128	2×64	2×16	4×8	1	5
	80C31	80C51	87C51	4	128	2×64	2×16	4×8	1	5
52 系列	8032	8052	8752	8	256	2×64	3×16	4×8	1	6
	80C32	80C52	87C52	8	256	2×64	3×16	4×8	1	6

单片机各个方面的性能不断提高，不仅应用于通信、网络、金融、交通、医疗、消费电子、仪器仪表、制造业控制等领域，还应用于航天、航空、军事装备领域。

1.3.2　数制与编码

1. 数制

数制也称计数制，是用一组固定的符号和统一的规则来表示数值的方法。数制中表示基本数值大小的不同数字符号称为数码。例如，十进制有 10 个数码：0、1、2、3、4、5、6、7、8、9。任何一个数制都要包含两个基本要素：基数和位权。基数是数制所使用数码的个数。例如，二进制的基数为 2；十进制的基数为 10。位权是数制中某一位上的 1 所表示数值的大小（所处位置的价值）。例如，十进制数 123，1 的位权是 100，2 的位权是 10，3 的位权是 1。

虽然计算机能极快地进行运算，但其内部并不和人类在实际生活中一样使用十进制，而是使用只包含 0 和 1 两个数值的二进制。人们输入计算机的十进制被转换成二进制进行计算，计算后的结果又由二进制转换成十进制，这都由操作系统自动完成，并不需要人们手工去做，学习单片机编程技术，就必须了解二进制、十六进制等数制。

1）十进制数

十进制以 10 为基数，共有 0～9 十个数码，计数规律为低位向高位逢十进一。各数码在不同位的权不一样,值不相同。例如 444,三个数码虽然都是 4,但百位的 4 表示 400,即 4×10^2;十位的 4 表示 40,即 4×10^1;个位的 4 表示 4,即 4×10^0;其中 10^2、10^1、10^0 称为十进制数百位、十位、个位的权。一个十进制数可按每一位数展开相加,例如 585.5 可表示为

$$(585.5)_{10}=5\times10^2+8\times10^1+5\times10^0+5\times10^{-1}$$

2)二进制数

计算机中经常采用二进制。二进制的基数为 2,共有 0 和 1 两个数码,计数规律为低位向高位逢二进一。各数码在不同位的权不一样,其值不同。二进制数用下标"B"或"2"表示,如一个二进制数 101.101 按每一位数展开可表示为

$$(101.101)_2=1\times2^2+0\times2^1+1\times2^0+1\times2^{-1}+0\times2^{-2}+1\times2^{-3}$$

3)八进制数

在八进制数中,基数为 8。因此,在八进制数中出现的数字字符有 8 个:0~7。每一位计数的原则为"逢八进一",用下标"0"或"8"表示。

4)十六进制数

在十六进制数中,基数为 16。因此,在十六进制数中出现的数字字符有 16 个:0~9 和 A~F,其中 A、B、C、D、E、F 分别表示值 10、11、12、13、14、15。十六进制数中每一位计数原则为"逢十六进一",用下标 H 表示。在 C51 编程中常用 0x(英文)开头表示是十六进制数,例如 0x3F。

2. 各数制之间的转换

1)R(R 表示任何数制的基数)进制数转换为十进制数

二进制、八进制和十六进制数转换为等值的十进制数,采用按权相加法。用多项式表示并在十进制下进行计算,所得的结果就是十进制数。

例如,将二进制数 1011101 转换为十进制数:

$$(1011101)_2=(1\times2^6+0\times2^5+1\times2^4+1\times2^3+1\times2^2+0\times2^1+1\times2^0)_{10}$$
$$=(64+0+16+8+4+0+1)_{10}$$
$$=(93)_{10}$$

2)十进制数转换为 R 进制数

十进制数转换为等值的二进制、八进制和十六进制数,需要对整数部分和小数部分分别进行转换。其整数部分用连续除以基数 R 取余数倒排法来完成,小数部分用连续乘以基数 R 取整顺排法来实现。

例如,将十进制数 44.375 转换成二进制数(取小数点后三位)。

根据转换规则,整数部分 44 用除 2 取余倒排法:

$$(44)_{10}=(101100)_2$$

小数部分 0.375 采用乘 2 取整顺排法：

$$(0.375)_{10} = (0.011)_2$$

所以

$$(44.375)_{10} = (101100.011)_2$$

3）二进制数与八进制数、十六进制数的转换

二进制数与八进制数的转换应按"3 位二进制数对应 1 位八进制数"的原则进行；二进制数与十六进制数的转换应按"4 位二进制数对应 1 位十六进制数"的原则进行。

例如，$(101100)_2$ 转换成十六进制数：

$$(101100)_2 = (2C)_H$$

4）二进制数的运算原则

加法：逢二进一；减法：借一当二；乘法：与算术乘法形式相同；除法：与算术除法形式相同。

3. 数据类型及数据单位

1）数据的两种类型

计算机中的数据可分为两大类：数值型数据和字符型数据。所有的非数值型数据都要经过数字化后才能在计算机中存储和处理。

2）数据单位

在计算机中通常使用三个数据单位：位、字节和字。位是最小的存储单位，英文名称是 bit，常用小写 b 或 bit 表示。8 位二进制数作为表示字符和数字的基本单元，称为 1 字节，英文名称是 byte。其通常用大写字母 B 表示。

1B（字节）＝8bit（位）

1KB（千字节）＝1024B（字节）

1MB（兆字节）＝1024KB（千字节）

字长称为字或计算机字，计算机进行数据处理时，一次存取、加工和传送的数据长度称为字（word）。一个字通常由一个或多个（一般是字节的整数位）字节构成。

4. 编码

1）8421BCD 码

用 4 位二进制数码表示 1 位十进制数，简称二-十进制码，又叫 BCD 码。其中 8421BCD 码是最常用的 BCD 码，它和 4 位自然二进制码相似，各位的权值为 8、4、2、1，与 4 位自然二进制码不同的是：它只选用了 4 位二进制码中前 10 组代码，即用 0000～1001 分别代表它所对应的十进制数 0～9，余下的六组代码不用，如表 1-2 所示。

表 1-2　8421BCD 码表

十进制数	0	1	2	3	4	5	6	7	8	9
8421 码	0000	0001	0010	0011	0100	0101	0110	0111	1000	1001

2）ASCII 码

ASCII 码使用指定的 7 位或 8 位二进制数组合来表示 128 种或 256 种可能的字符。标准 ASCII 码也叫基础 ASCII 码，使用 7 位二进制数来表示所有的大写和小写字母，数字 0～9，标点符号，以及在美式英语中使用的特殊控制字符。

0～31 及 127(共 33 个)是控制字符或通信专用字符(其余为可显示字符),如控制符: LF(换行)、CR(回车)、FF(换页)、DEL(删除)、BS(退格)、BEL(响铃)等;通信专用字符: SOH(文头)、EOT(文尾)、ACK(确认)等;ASCII 值为 8、9、10 和 13 分别转换为退格、制表、换行和回车字符。它们并没有特定的图形显示,但会依不同的应用程序而对文本显示有不同的影响。

32～126(共 95 个)是字符(32 是空格),其中 48～57 为 0～9 十个阿拉伯数字。

65～90 为 26 个大写英文字母,97～122 为 26 个小写英文字母,其余为一些标点符号、运算符号等。

在标准 ASCII 中,其最高位(b7)用作奇偶校验位。后 128 个称为扩展 ASCII 码,目前许多基于 x86 的系统都支持使用扩展(或"高")ASCII 码。扩展 ASCII 码允许将每个字符的第 8 位用于确定附加的 128 个特殊符号字符、外来语字母和图形符号。

1.3.3 MCS-51 单片机引脚与资源

1. MCS-51 单片机的引脚

MCS-51 单片机为 40 引脚的集成芯片,其双列直插封装(DIP)形式引脚排列如图 1-1 所示。

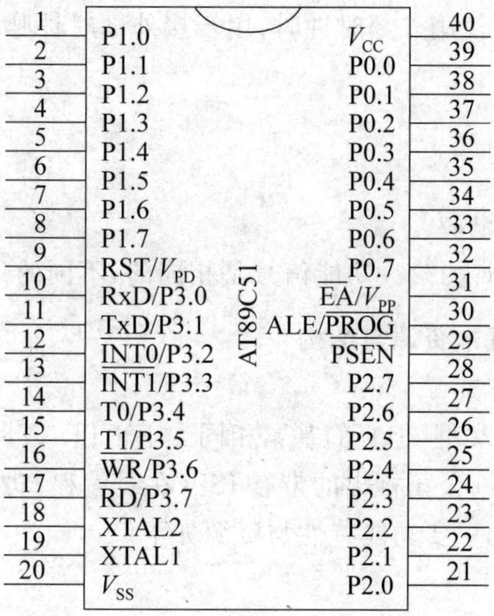

图 1-1 AT89C51 单片机引脚

1) I/O 口引脚

AT89C51 有 4 个 8 位并行 I/O 接口,共 32 条 I/O 线。

P0 口 8 条 I/O 线:P0.0～P0.7(39～32 脚)。

P1 口 8 条 I/O 线:P1.0～P1.7(1～8 脚)。

P2 口 8 条 I/O 线:P2.0～P2.7(21～28 脚)。

P3 口的 8 条 I/O 线:P3.0～P3.7(10～17 脚)。

P1、P2、P3 内置上拉电阻,P0 口需外接 10kΩ 左右的上拉电阻。P0～P3 口作输入口时,必须先写入"1"。

2）控制信号引脚

ALE/$\overline{PROG}$(30 脚)：地址锁存允许输出信号。在系统存储器扩展时，ALE 用于控制锁存器锁存 P0 口输出的低 8 位地址，ALE 高电平期间，P0 输出地址信息，ALE 下降沿到来时，P0 口的地址信息被外接锁存器锁存，接着出现指令和地址信息，以实现低 8 位地址和数据的隔离。CPU 不执行访问外部存储器时，ALE 以时钟频率 1/6 为固定频率输出的正脉冲，可作为外部时钟或外部定时脉冲使用。此引脚的第二功能是对单片机内部 EEPROM 编程时的编程脉冲输入线。

$\overline{PSEN}$(29 脚)：外部程序存储器读选通信号输出。在读外部 ROM 时 $\overline{PSEN}$ 有效（低电平），以实现外部 ROM 单元的读操作。

$\overline{EA}$/V_{PP}(31 脚)：访问程序存储控制信号。当 $\overline{EA}$ 信号为低电平时，对 ROM 的读操作限定在外部程序存储器；而当 $\overline{EA}$ 信号为高电平时，则对 ROM 的读操作是从内部程序存储器开始，并可延至外部程序存储器。此引脚第二功能为编程电源线。

RST(9 脚)：复位信号输入端，用以完成单片机的复位操作。当单片机振荡器工作时，连续输入 2 个机器周期以上的高电平，单片机恢复到初始状态。

3）外接晶振引脚

XTAL1(18 脚)和 XTAL2(19 脚)：外接晶振引线端。当使用芯片内部时钟时，用于外接石英晶体和微调电容；当使用外部时钟时，用于接外部时钟脉冲信号。

4）电源引脚

GND(20 脚)：电源地。

V_{CC}(40 脚)：电源+5V。

RST/V_{PD}(9 脚)：备用电源。

各种型号的芯片，其引脚的第一功能信号是相同的，不同的只在引脚的第二功能信号。

2. MCS-51 单片机的基本资源与结构

1）MCS-51 单片机基本资源

MCS-51 单片机有很多类型，但它们基本相同。下面以 AT89C51 为例介绍单片机的内部结构。AT89C51 是 Atmel 公司推出的带有 ISP(在线编程)功能的 8 位单片机，是目前应用的首选机型。该单片机的主要功能特性与资源如下。

- 完全兼容 51 系列。
- 工作频率 0~24MHz。
- 4KB Flash ROM，并且可在线编程。
- 128B RAM。
- 32 个 I/O。
- 5 个中断源。
- 2 个 16 位定时/计数器。
- 1 个全双工串行通信端口。
- 看门狗定时器。
- 双数据指针。
- 片内时钟振荡器。

> 具有多种封装方式。

2）MCS-51 单片机结构

AT89C51 总体框图如图 1-2 所示。

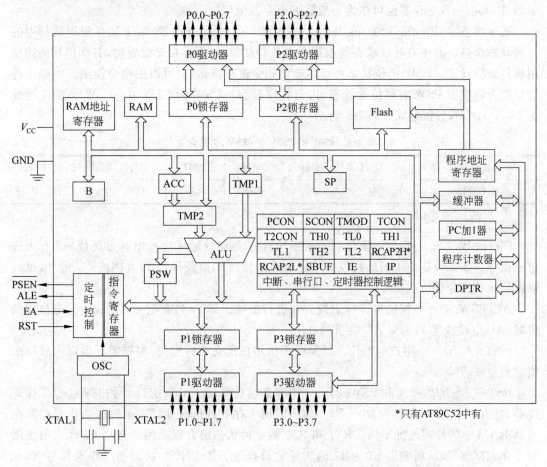

图 1-2 AT89C51 总体框图

3）中央处理器

中央处理器是单片机内部的核心部件,是一个 8 位的中央处理单元,主要由运算器、控制器和若干寄存器组成,通过内部总线与其他功能部件相连接。

（1）运算器

运算器用来完成算术运算和逻辑运算功能,它是 AT89C51 内部处理各种信息的主要部件。运算器主要由算术逻辑运算单元 ALU、累加器 ACC、寄存器 B、暂存器和标志寄存器 PSW 组成。

算术逻辑单元 ALU 是一个 8 位的运算器,它可以完成算术运算与逻辑运算,具有数据传送、移位、判断与程序转移等功能。它还有一个位运算器,可以对 1 位二进制数进行置位、清零、求反、判断、移位等逻辑运算。

累加器 ACC 简称 A,是一个 8 位的寄存器,用来存放操作数或运算的结果。在 MCS-51 指令系统中,绝大多数指令都要求累加器 A 参与处理。

暂存器存放参与运算的操作数,不对外开放。

寄存器 B 是专为乘法和除法设置的寄存器,也是 8 位寄存器。乘法运算时,B 是存放乘数。乘法操作后,乘积的高 8 位存于 B 中,除法运算时,B 是存放除数。除法操作后,余数存于 B 中。此外,B 寄存器也可作为一般数据寄存器使用。

程序状态字(Program Status Word,PSW)是一个 8 位寄存器,用于储存程序运行中的各种状态信息。其中有些位状态是根据程序执行结果,由硬件自动设置的,有些位状态则使用软件方法设定。PSW 的位状态可以用专门指令进行测试,也可以用指令读出。一些条件转移指令将根据 PSW 有些位的状态,进行程序转移。PSW 的 PSW.0~PSW.7 的位地址为 D0H~D7H,各位定义如表 1-3 所示。

表 1-3 PSW 的 PSW.0~PSW.7 的含义

PSW 位地址	D7H	D6H	D5H	D4H	D3H	D2H	D1H	D0H
字节地址 D0H	CY	AC	F0	RS1	RS0	OV		P

注:PSW.1 位保留未用。

CY(PSW.7)——进位标志位。表示累加器 A 在加减运算过程中其最高位 A7 有无进位或借位。如果操作结果的最高位产生进位或借位,CY 由硬件置 1,否则清 0。另外,也可以由位运算指令置位或清零。

AC(PSW.6)——辅助进位标志位。在进行加减运算中,当有低 4 位向高 4 位进位或借位时,AC 由硬件置 1,否则 AC 位被清 0。

F0(PSW.5)——用户标志位。这是一个供用户定义的标志位,根据需要可以用软件来使它置位或清除。

RS1 和 RS0(PSW.4 和 PSW.3)——寄存器组选择位。AT89C51 片内共有 4 组工作寄存器,每组 8 个,分别命名为 R0~R7。编程时用于存放数据或地址。但每组工作寄存器在内部 RAM 中的物理地址不同。RS1 和 RS0 的 4 种状态组合就是用于选择 CPU 当前使用的工作寄存器组,从而确定 R0~R7 的实际物理地址。RS1、RS0 状态与工作寄存器 R0~R7 的物理地址关系如表 1-4 所示。

表 1-4 RS1、RS0 与 R0~R7 的物理地址关系

RS1 RS0	寄存器组	片内 RAM 地址
0 0	第 0 组	00H~07H
0 1	第 1 组	08H~0FH
1 0	第 2 组	10H~17H
1 1	第 3 组	18H~1FH

这两个选择位由软件设置,被选中的寄存器组即为当前通用寄存器组。单片机上电或复位后,RS1 RS0=00。

OV(PSW.2)——溢出标志位。当执行算术指令时,由硬件自动置位或清零,表示累加器 A 的溢出状态。在带符号数运算结果超过范围(−128~+127),无符号数运算结果超过范围(255),乘法运算中积超过 255,除法运算中除数为 0,4 种情况下该位为 1。

判断该位时,通常用运算中次高位向最高位的进(借)位 C6 和最高位向前的进(借)位

C7(也就是 CY)的异或来表示 OV,即 OV=C6 ⊕ C7。

P(PSW.0)——奇偶标志位。表明累加器 A 内容的奇偶性,如果 A 中有奇数个 1,则 P 置 1,若 1 的个数为偶数,则 P 为 0。凡是改变累加器 A 中内容的指令均会影响 P 标志位。

例如,执行下列两条指令:

```
MOV A,＃67H              ;将立即数送入累加器 A 中
ADD A,＃58H              ;将 A 的值与立即数 58H 相加,结果存入 A 中
```

实现 67H 与 58H 相加。

67H=01100111B、58H=01011000B,加法过程为

$$
\begin{array}{r}
0110\ 0111 \\
+\quad 0101\ 1000 \\
\hline
1011\ 1111=0BFH
\end{array}
$$

执行后,A=0BFH,硬件标志位自动设置为 CY=0、AC=0、OV=C6 ⊕ C7,P=1,如无关位为 0,则 PSW=05H。

(2) 控制器

控制器是单片机内部按一定时序协调工作的控制核心,是分析和执行指令的部件。控制器主要由程序计数器(PC)、指令寄存器、指令译码器和定时控制逻辑电路等构成。

程序计数器是专门用于存放将要执行的下一条指令的 16 位地址,可寻址 64KB 范围的 ROM。CPU 根据 PC 中的地址到 ROM 中去读取程序指令码和数据,并送给指令寄存器进行分析。PC 的内容具有自动加 1 的功能,用户无法对其进行读写,只能用指令改变 PC 的值,实现程序的跳转。

指令寄存器用于存放 CPU 从 ROM 读出的指令操作码。

指令译码器是用于分析指令操作的部件,指令操作码经译码后产生相应的信号。

定时控制逻辑电路用来产生脉冲序列和多节拍脉冲。

(3) 寄存器

寄存器是单片机内部的临时存放单元或固定用途单元,包括通用寄存器组和专用寄存器组。通用寄存器组用于存放运算过程中的地址和数据,专用寄存器用于存放特定的操作数,指示当前指令的存放地址和指令运行的状态等,51 单片机共有 4 组 32 个通用寄存器,21 个专用寄存器。对于特殊功能寄存器,前面介绍了累加器 A、寄存器 B 和标志寄存器 PSW,下面介绍数据指针(DPTR)和堆栈指针(Stack Pointer,SP),其余的在后面项目中介绍。

数据指针(地址)寄存器为 16 位寄存器,寻址范围达 64KB。它既可以按 16 位寄存器使用,也可以按寄存器 DPH(高 8 位)DPL(低 8 位)作两个寄存器使用。DPTR 专门用来寄存片外 RAM 及扩展 I/O 口进行数据存取时用的地址。

堆栈是一个特殊的存储区,用来暂存数据和地址,它只有一个数据进/出端口,按"先进后出"的原则存取数据。堆栈的底部叫栈底,数据的进出口叫栈顶,栈顶的地址叫堆栈指针,用 8 位寄存器 SP 来存放,系统复位后 SP 的内容为 07H,但是一般把堆栈开辟在内部 RAM 的 30H～7FH 单元中,空栈时栈底的地址等于栈顶的地址。

数据进入堆栈的操作叫进栈,首先 SP 的内容加 1 送入 SP,然后再向堆栈存储器写入数据。

数据读出堆栈的操作叫出栈,堆栈存储器读出数据,然后 SP 的内容减 1 送入 SP。

4）存储器结构

MCS-51 单片机的芯片内部有 RAM 和 ROM 存储器，外部可以扩展 RAM 和 ROM，在物理上分为 4 个空间。逻辑上分为程序存储器（内、外统一编址，使用 MOVC 指令访问）、内部数据存储器（使用 MOV 指令访问）和外部数据存储器（使用 MOVX 指令访问）。

（1）内部数据存储器 RAM

对于普通 8051 单片机，内部 RAM 有 256B，用于存放程序执行过程的各种变量及临时数据。低 128B 可用直接寻址或间接寻址方式进行访问，分为工作寄存器区、位寻址区、用户区和堆栈区 4 个区域，高 128B 为特殊功能寄存器区，其配置如图 1-3 所示。

① 工作寄存器区。00H～1FH 地址单元，共有 4 组寄存器，每组 8 个寄存单元（均为 8 位），都以 R0～R7 作寄存单元编号。寄存器常用于存放操作数及中间结果等，在任一时刻，CPU 只能使用其中的一组寄存器，由程序状态字寄存器 PSW 中 RS1、RS0 位的状态组合来选择，正在使用的那组寄存器称为当前寄存器组。

② 位寻址区。20H～2FH 单元为位寻址区，既可作为一般 RAM 单元进行字节操作，也可以对单元中每一位进行位操作。位寻址区共有 16 个 RAM 单元，计 128 位，位地址为 00H～7FH，如表 1-5 所示。

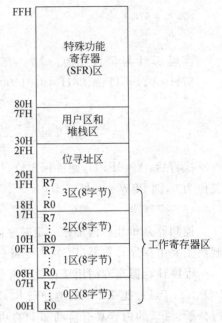

图 1-3　片内 RAM 的配置

表 1-5　位寻址区

位地址/位名称								字节地址
D7	D6	D5	D4	D3	D2	D1	D0	
7F	7E	7D	7C	7B	7A	79	78	2FH
77	76	75	74	73	72	71	70	2EH
6F	6E	6D	6C	6B	6A	69	68	2DH
67	66	65	64	63	62	61	60	2CH
5F	5E	5D	5C	5B	5A	59	58	2BH
57	56	55	54	53	52	51	50	2AH
4F	4E	4D	4C	4B	4A	49	48	29H
47	46	45	44	43	42	41	40	28H
3F	3E	3D	3C	3B	3A	39	38	27H
37	36	35	34	33	32	31	30	26H
2F	2E	2D	2C	2B	2A	29	28	25H
27	26	25	24	23	22	21	20	24H
1F	1E	1D	1C	1B	1A	19	18	23H
17	16	15	14	13	12	11	10	22H
0F	0E	0D	0C	0B	0A	09	08	21H
07	06	05	04	03	02	01	00	20H

③ 用户区堆栈区。在内部 RAM 低 128 单元中,剩下 80 个单元,地址从 30H~7FH,为供用户使用的 RAM 区,对用户 RAM 区的使用没有任何规定或限制,在一般应用中常把堆栈开辟在此区中。

④ 特殊功能寄存器区。80H~FFH(高 128B)集合了表 1-6 所示的一些特殊用途的寄存器,专门用于控制、管理片内算术逻辑部件、并行 I/O 口、串行 I/O 口、定时/计数器、中断系统等功能模块的工作。

表 1-6　特殊用途的寄存器

寄存器	位地址/位定义(MSB→LSB)								字节地址
B	F7	F6	F5	F4	F3	F2	F1	F0	F0H
ACC	E7	E6	E5	E4	E3	E2	E1	E0	E0H
PSW	D7	D6	D5	D4	D3	D2	D1	D0	D0H
	CY	AC	F0	RS1	RS0	OV	F1	P	
IP	BF	BE	BD	BC	BB	BA	B9	B8	B8H
	—	—	—	PS	PT1	PX1	PT0	PX0	
P3	B7	B6	B5	B4	B3	B2	B1	B0	B0H
	P3.7	P3.6	P3.5	P3.4	P3.3	P3.2	P3.1	P3.0	
IE	AF	AE	AD	AC	AB	AA	A9	A8	A8H
	EA	—	—	ES	ET1	EX1	ET0	EX0	
P2	A7	A6	A5	A4	A3	A2	A1	A0	A0H
	P2.7	P2.6	P2.5	P2.4	P2.3	P2.2	P2.1	P2.0	
SBUF									(99H)
SCON	9F	9E	9D	9C	9B	9A	99	98	98H
	SM0	SM1	SM2	REN	TB8	RB8	TI	RI	
P1	97	96	95	94	93	92	91	90	90H
	P1.7	P1.6	P1.5	P1.3	P1.3	P1.2	P1.1	P1.0	
TH1									(8DH)
TH0									(8CH)
TL1									(8BH)
TL0									(8AH)
TMOD	GAT	C/T	M1	M0	GAT	C/T	M1	M0	(89H)
TCON	8F	8E	8D	8C	8B	8A	89	88	88H
	TF1	TR1	TF0	TR0	IE1	IT1	IE0	IT0	
PCON	SMO	—	—	—	—	—	—	—	(87H)
DPH									(83H)
DPL									(82H)
SP									(81H)
P0	87	86	85	84	83	82	81	80	80H
	P0.7	P0.6	P0.5	P0.4	P0.3	P0.2	P0.1	P0.0	

对专用寄存器只能使用直接寻址方式,书写时既可使用寄存器符号,也可使用寄存器单元地址。表 1-6 中字节地址不带括号的寄存器为可位寻址的寄存器,带括号的是不可位寻址的寄存器。

尽管还有许多空闲地址,但用户不能使用。程序计数器不占据 RAM 单元,它在物理上是独立的，因此是不可寻址的寄存器。

（2）外部数据存储器

MCS-51 单片机片内有 128B 或 256B 的数据存储器，当这些数据存储器容量不够时，可进行外部扩展，外部数据存储器最多可扩展到 64KB，地址范围为 0000H～0FFFFH，通过 DPTR 作数据指针间接寻址方式访问，对于低地址端的 256B，地址范围为 00H～0FFH，可通过 R0 或 R1 间接寻址方式访问。

（3）程序存储器

MCS-51 的程序存储器用于存放编好的程序和表格常数。8051 片内有 4KB 的 ROM，8751 片内有 4KB 的 EPROM，8031 片内无程序存储器。MCS-51 能扩展 64KB 程序存储器，片内外的 ROM 是统一编址的。如图 1-4 所示，$\overline{EA}$端接 V_{CC}（+5V），8051 的程序计数器在 0000H～0FFFH 地址范围内（即前 4KB 地址）是执行片内 ROM 中的程序，当 PC 在 1000H～FFFFH 地址范围时，自动执行片外程序存储器中的程序；当$\overline{EA}$接地，则 CPU 直接从外部存储器取指令，这时，从$\overline{PSEN}$引脚输出负脉冲作外部程序存储器的读选通信号。

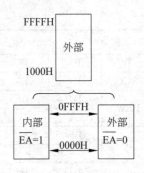

图 1-4 程序存储器选择图

MCS-51 的程序存储器中有些单元具有特殊功能，如 0000H～0002H，系统复位后，PC=0000H，单片机从 0000H 单元开始取指令执行程序。如果程序不从 0000H 单元开始，应在这三个单元中存放一条无条件转移指令，以便直接转去执行指定的程序。0003H～002AH，共 40 个单元，这 40 个单元分为五段，为五个中断源的中断地址区。

0003H～000AH：外部中断 0 中断地址区。

000BH～0012H：定时/计数器 0 中断地址区。

0013H～001AH：外部中断 1 中断地址区。

001BH～0022H：定时/计数器 1 中断地址区。

0023H～002AH：串行中断地址区。

中断响应后，按中断源自动转到各中断区的首地址（即中断入口地址）去执行程序。在中断地址区中存放中断服务程序。一般情况下，8 个单元难以存放一个完整的中断服务程序，可以在中断地址区的首地址存放一条无条件转移指令，中断响应后，通过中断地址区的入口地址转到中断服务程序的实际入口地址。

5）并行输入输出接口

MCS-51 系列单片机有 4 个 8 位的并行 I/O 接口：P0、P1、P2 和 P3 口。无外部扩展时 4 个并行接口作通用 I/O 口，既可以作输入，也可以作输出，既可按字节处理，也可按位方式使用，输出时具有锁存能力，输入时具有缓冲功能。有外部扩展时，并行 I/O 接口用作系统总线。

（1）P0 口

P0 口有 8 条端口线，从低位到高位分别为 P0.0～P0.7。P0 口每一条端口线由一个数据输出锁存器、两个三态数据输入缓冲器、输出驱动电路和控制电路组成，如图 1-5 所示。P0 口的输出驱动电路由 VT_1 和 VT_2 形成推挽式结构，带负载能力大大提高。具有驱动 8 个 LSTTL 负载的能力，输出电流不大于 $800\mu A$。输出级是漏极开路，必须外接 4.7～10kΩ 的上拉电阻到电源。P0 口作为通用 I/O 口时,属于准双向口。

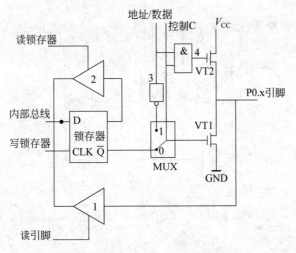

图 1-5 P0 口的一位结构图

当系统进行存储器扩展时,控制信号 C 为高电平"1",P0 口用作地址(低 8 位)/数据分时复用总线。此时 P0 口是一个真正的双向口。

(2) P1 口

P1 口有 8 条端口线,从低位到高位分别为 P1.0～P1.7,每条线由一个输出锁存器、两个三态输入缓冲器和输出驱动电路组成,如图 1-6 所示。P1 口是准双向口,只能用作通用 I/O 接口。输出高电平时,能向外提供拉电流负载,不需外接上拉电阻。当 P1 口用作输入时,须先向端口锁存器写入 1。P1 口具有驱动 4 个 LSTTL 负载的能力。

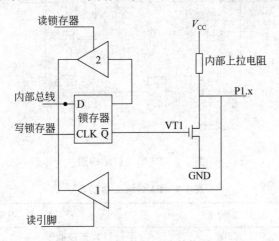

图 1-6 P1 口的一位结构图

(3) P2 口

P2 口有 8 条端口线,从低位到高位分别为 P2.0～P2.7。P2 口也是准双向口,它有两种用途:通用 I/O 接口和高 8 位地址线。不需外接上拉电阻,如图 1-7 所示。

当外扩展存储器时,P2 口作地址线的高 8 位,不扩展存储器时,P2 口作通用 I/O 口,带负载能力与 P1 口相同。

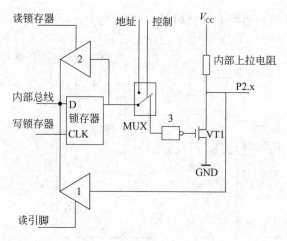

图 1-7　P2 口的一位结构图

（4）P3 口

P3 口有 8 条端口线，从低位到高位分别为 P3.0～P3.7。如图 1-8 所示，是一个多用途的准双向口。第一功能是作通用 I/O 接口使用，负载能力与 P1、P2 相同。第二功能是作控制和特殊功能口使用，这时 8 条端口线所定义的功能各不相同，如表 1-7 所示。

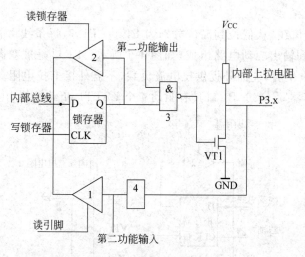

图 1-8　P3 的一位结构图

表 1-7　P3 口第二功能表

P3 口各位	第 二 功 能	功 能 说 明
P3.0	RxD	串行口数据接收端
P3.1	TxD	串行口数据发送端
P3.2	$\overline{INT0}$	外部中断 0 请求输入端,低电平有效
P3.3	$\overline{INT1}$	外部中断 1 请求输入端,低电平有效
P3.4	T0	定时/计数器 0 外部计数脉冲输入端
P3.5	T1	定时/计数器 1 外部计数脉冲输入端
P3.6	$\overline{WR}$	外部数据存储器写控制信号,低电平有效
P3.7	$\overline{RD}$	外部数据存储器读控制信号,低电平有效

1.3.4 MCS-51单片机时钟、工作方式与最小系统

1. MCS-51 的 CPU 时钟系统

1）时钟电路

为保证单片机内部各部件之间协调工作,其控制信号必须在统一的时钟信号下按一定时间顺序发出,这些控制信号在时间上的关系就是 CPU 的时序。产生统一的时钟信号的电路就是时钟电路。AT89C51 单片机在内部反相放大器的输入端 XTAL1(18 脚)和输出端 XTAL2(19 脚)外接石英晶体(频率在 1~24MHz)和微调电容(20pF 左右)构成内部振荡器作为时钟电路,如图 1-9(a)所示。也使用外部振荡器向内部时钟电路输入固定频率的时钟信号,如图 1-9(b)所示,图中上拉电阻为 5.1kΩ。

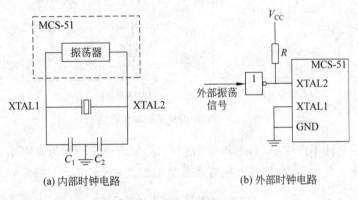

(a) 内部时钟电路　　　　　　　(b) 外部时钟电路

图 1-9　时钟电路

2）振荡周期

振荡周期是时钟电路(片内或片外振荡器)所产生的振荡脉冲的周期,即单片机提供的时钟信号的周期。设时钟源信号的频率为 f_{osc},则振荡周期为 $1/f_{\text{osc}}$。通常在分析单片机时序时,也定义为节拍(用 P 表示)。

3）时钟周期

振荡脉冲经过二分频后,就是单片机的时钟信号的周期,称为时钟周期,又称状态周期。一个状态周期包含 2(P1、P2)个节拍来完成不同的逻辑操作。

4）机器周期

机器周期是单片机的基本操作(如取指令等)周期,通常记作 T_{CY}。一个机器周期由 6 个(S1~S6)状态周期组成,因此,一个机器周期共有 12 个节拍(即 12 个振荡周期)。可用下面关系式表示:

$$T_{\text{CY}} = 12 \text{ 个振荡周期} = 12/f_{\text{osc}}$$

5）指令周期

执行一条指令所需要的时间称为指令周期。MCS-51 单片机通常可以分为单周期指令、双周期指令和四周期指令 3 种。机器周期数越少,指令执行速度越快。

如时钟频率为 12MHz 时,振荡周期为 $1/12\mu s$、时钟周期为 $1/6\mu s$、机器周期为 $1\mu s$、指令周期为 $1~4\mu s$。

2. 工作方式

1) 复位方式

单片机的复位是使 CPU 和系统中的其他功能部件都处在初始状态,并从初始状态开始工作。MCS-51 单片机的复位是外部电路来执行的,在 RST 引脚(9 脚)加上持续 2 个机器周期(即 24 个振荡周期)以上的高电平就执行状态复位。常见的复位方式有上电复位和按键复位两种,复位电路如图 1-10 所示。

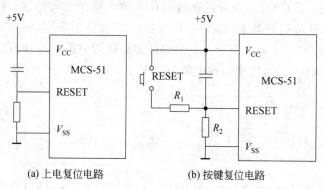

(a) 上电复位电路   (b) 按键复位电路

图 1-10 单片机常见的复位电路

单片机复位期间不产生 ALE 和 $\overline{\text{PSEN}}$ 信号,即 ALE 和 $\overline{\text{PSEN}}$ 为高电平,单片机复位期间没有取指操作。复位后,内部各专用寄存器状态如表 1-8 所示。

表 1-8 专用寄存器复位后状态

寄 存 器	状 态	寄 存 器	状 态
PC	0000H	IE	0 ** 00000B
ACC	00H	TMOD	00H
B	00H	TCON	00H
PSW	00H	TH0	00H
SP	07H	TL0	00H
DPTR	0000H	TH1	00H
P0～P3	FFH	TL1	00H
IP	*** 00000B	SCON	00H
SBUF	不定	PCON	0 *** 0000B

注: * 表示无关位。

2) 程序执行方式

程序执行方式是单片机的基本工作方式,系统复位后,PC 的内容为 0000H,程序从 ROM 的 0000H 地址单元开始取指令,然后根据指令的操作要求执行下去。

3) 低功耗操作方式

CMOS 型单片机有两种低功耗操作方式:节电方式和掉电方式。节电方式下,CPU 停止工作,振荡器保持工作,输出时钟信号到定时器、串行口、中断系统,使它们继续工作,RAM 内部保持原值。掉电方式下,备用电源仅给 RAM 供电。只有外部中断继续工作,芯片中程序未涉及的数据存储器和特殊功能寄存器中的数据都将保持原值,其他电路停止工作。

节电方式和掉电方式可以通过软件设置,由电源控制寄存器(PCON)的有关位控制。

PCON 的字节地址为 87H,各位含义如图 1-11 所示。

SMOD	—	—	POF	GF1	GF0	PD	IDL

图 1-11 电源控制寄存器

以下为主要与节电、掉电方式控制相关的位。

GF1、GF0:用户通用标记。

PD:掉电方式控制位,PD=1 时进入掉电模式。

IDL:空闲方式控制位,IDL=1 时进入空闲方式。

POF:在 AT89C51 中是电源断电标记位,上电是为 1。

节电方式可由任一个中断或硬件复位唤醒,掉电方式只能由硬件复位唤醒。

3. 单片机最小系统

利用单片机本身的资源,外加时钟电路,复位电路及电源电路便可以构成单片机的最小配置硬件系统。在最小硬件系统的基础上,外接需要控制的电路和下载相应的程序到芯片存储器中就能正常工作。如图 1-12 所示,在以 AT89C51 为核心的最小系统上,再在 P1 口外接一只发光二极管,固化相应程序到 AT89C51 程序存储器中,将实现对发光二极管的控制功能。

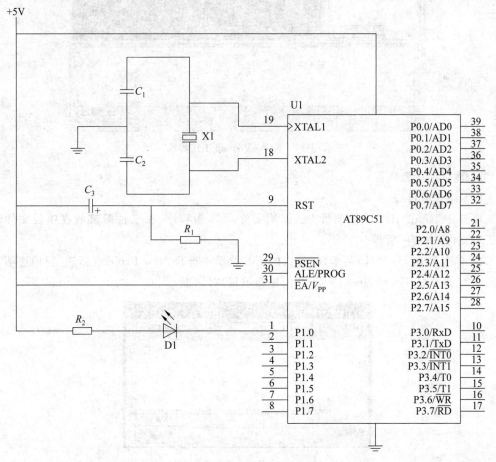

图 1-12 单片机最小系统图

1.3.5 MCS-51单片机常用开发工具及使用

Keil公司开发的编译器、调试器、实时操作系统及集成开发环境,全面支持8051等单片机。Keil C51开发平台 Keil μVision(2~5)软件功能齐全,能实现对51单片机的编辑、编译、调试。下面以 Keil μVision2 为例通过一个案例介绍其使用方法。

1. 应用 Keil μVision2 开发软件编辑、编译、调试 LED 闪烁程序

1)启动

双击 图标,进入图 1-13 所示界面。

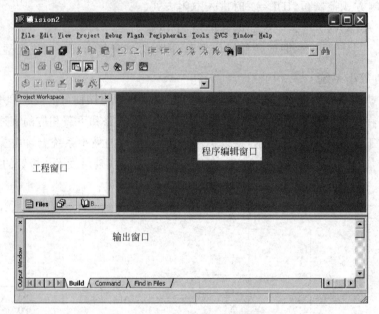

图 1-13　Keil μVision2 工作界面

2)建立和设置项目

(1)建立项目

Keil μVision2 IDE 中按项目方式组织文件,C51 源程序、头文件等都放在项目文件(又称工程文件)中统一管理。

① 单击 Project(项目)菜单,在弹出的下拉菜单中选择 New Project(新建项目)选项,弹出图 1-14 所示的 Creat New Project(创建新项目)对话框。

图 1-14　Creat New Project(创建新项目)对话框

② 在新建项目对话框中选择保存文件位置（如 C 盘 two-led 文件夹）和命名文件名称（如 led），文件类型默认为 ＊.uv2，单击"保存"按钮进行保存。

③ 保存项目文件后，弹出如图 1-15 所示对话框，在左侧 Data base 栏选择 Atmel 公司的 AT89C51 单片机型号，右侧显示窗口显示所选单片机型号的基本资源。单击"确定"按钮。

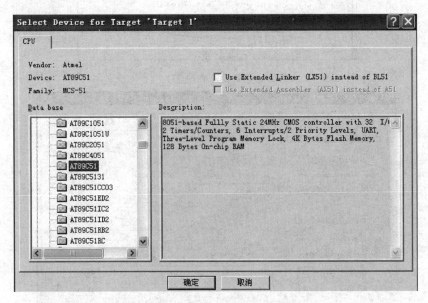

图 1-15 单片机内核选择对话框

（2）设置项目

建立项目文件后，通常要对项目进行设置，才能够对源程序进行编译等操作。

① 如图 1-16(a)所示，在项目工作界面上单击 Project 菜单，选择 Options for Target 'Target 1'。或选择工具条上 图标，弹出图 1-16(b)所示项目设置界面。

② 项目设置界面上部有多个选项卡，大多保留默认设置即可，一般只要设置 Target、Output 选项卡。Target 选项卡的 Xtal 项设置与系统相符的参数（如 12MHz）。Output 选项卡，选中 Create HEX File 复选框；在 HEX 后的文本框中选择 HEX-80；选中 Browse Information 复选框。

（3）源程序文件编辑

① 在项目工作界面，单击 File(文件)菜单，选中 New(新建)选项，打开新建源程序文件编辑窗口。

② 单击 File 菜单，选择 Save as(保存)选项，弹出保存文件对话框，在文件名栏输入自定义的文件名（如 led.c）。注意：必须输入正确的扩展名，如果用 C 语言编写程序，则扩展名必须为.c，如果用汇编语言编写程序，则扩展名必须为.asm。选择与项目文件一致的文件夹（如 C 盘 two-led 文件夹）进行保存，单击"保存"按钮保存程序文件。

③ 回到编辑界面后，如图 1-17 所示，在项目窗口单击 Target 1 前面的"＋"号，然后在 Source Group 1 上右击，在弹出的菜单中选择 Add Files to Group 'Source Group 1'命令。在弹出的对话框文件类型栏选择.c，在前面保存源程序的文件夹（C 盘 two-led 文件夹）选择

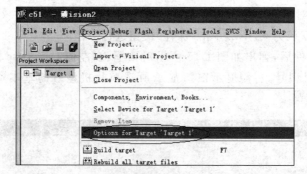

(a) 项目设置对话框(1)

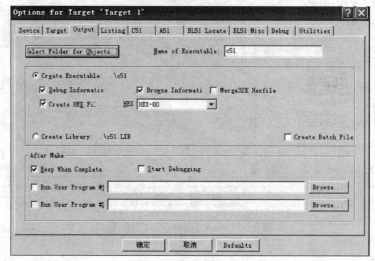

(b) 项目设置对话框(2)

图 1-16   设置项目

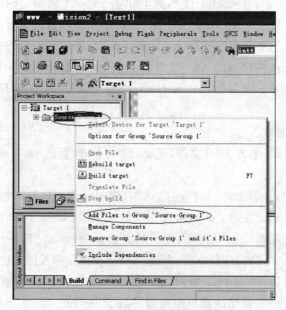

图 1-17   添加源程序到项目

要添加的源程序文件(如 led. c),单击 Add(添加)按钮,将源程序文件添加到项目,添加后的效果图如图 1-18 所示。

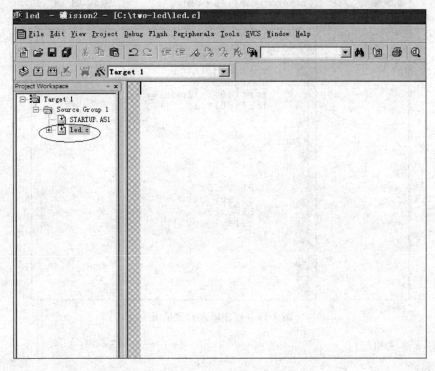

图 1-18　添加源程序后效果图

④ 在源程序编辑窗口输入下面 C 语言源程序,输入完后再保存一次文件。程序输入后效果如图 1-19 所示。

```c
#include < reg51. h >
void delay(unsigned int time)
{
    unsigned int i;
    unsigned char j;
    for(i = 0;i < time;i++)
      for(j = 0;j < 120;j++)
        ;
}
main()
{
    while(1)
    {
    P1 = 0xF0;
    delay(2000);
    P1 = 0x0F;
    delay(2000);
    }
}
```

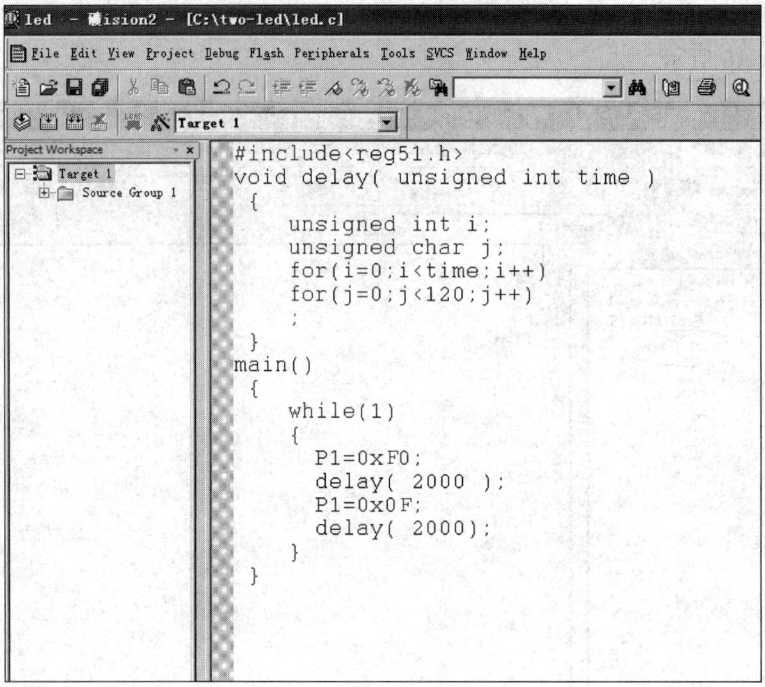

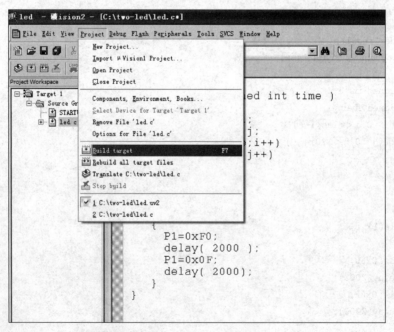

图 1-19　程序输入后效果图

3）编译调试和运行

（1）编译

如图 1-20 所示，添加源程序到项目后，在项目工作界面单击 Project 菜单，在下拉菜单中选择 Translate C:\two-led\led.c，编译当前文件；选中 Build target，将编译当前文件并

图 1-20　编译方式选择

生成应用；选中 Rebuild all target files 将重新编译所有文件并生成应用(也可在工具条中分别选中 、 、)。在输出窗口观察有无语法错误(0 Error(s))，如无错误，则可见到编译成机器码(如 creating hex file from "led")的提示，如图 1-21 所示。

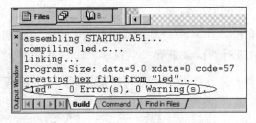

图 1-21 编译后输出窗口效果图

(2) 运行与调试

如图 1-22 所示，编译成功后，在项目工作界面选择 Debug 菜单项，在下拉菜单中选择 Start/Stop Debug Session 命令。选择 Step(单步)运行调试。选择 Step Over，将跳过函数单步运行。选择 Go，将运行到一个中断，也可在单击 工具图标后，再在工具条中选择 相应的调试工具进行调试。

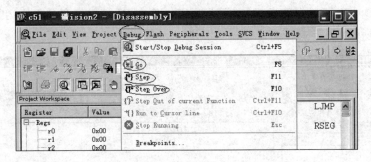

图 1-22 选择调试运行方式

如图 1-23 所示，单击 View 菜单，在弹出的下拉菜单中选择 Watch & Call Stack Window 命令，观察堆栈窗口；选择 Memory Window，观察内存窗口，在 Address 栏存储空间类型(C、D、I、X)及地址(如 C：00010)，观察指定空间(如 ROM 中 10H)的内容。

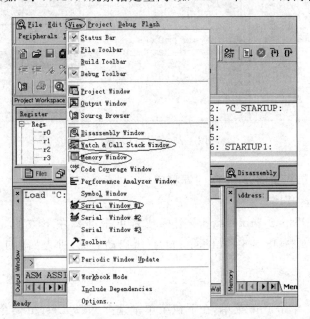

图 1-23 选择调试观察窗口

　　如图 1-24 所示，进入调试模式后，单击 Peripherals 菜单，在弹出的下拉菜单中分别选择 Interrupt、I/O-Ports、Serial、Timer 可以打开中断、I/O 口、串行口、定时器的设置观察窗口进行调试设置和效果观察。

图 1-24　选择外围模拟资源

　　例如，编译 LED 闪烁程序 led.c 后，在 Peripherals 菜单中选择 I/O-Ports 打开 P1 观察窗口，选择在 Debug 菜单中选择 Step（单步运行），将在 P1 端口观察到程序运行时的执行结果，如图 1-25 所示。

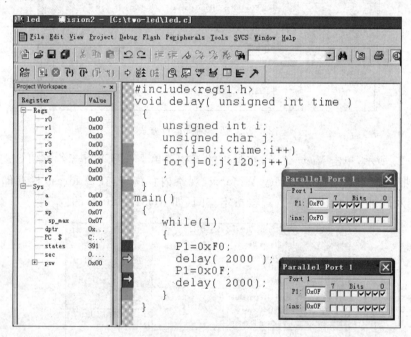

图 1-25　I/O 口调试

2. 用 Proteus 仿真案例— LED 闪烁程序

1）启动 Proteus ISIS

　　双击桌面上的 ISIS 6 Professional 图标或者单击屏幕左下方的"开始"→"程序"→Proteus 6 Professional→ISIS 6 Professional，出现启动界面，进入如图 1-26 所示的 Proteus ISIS 集成环境。

2）文件管理

　　（1）建立文件。单击 File 菜单，在下拉菜单中选择 New Design 命令，弹出设计纸张对话框选择纸张（例如 Landscape A4），进入如图 1-27 所示的设计工作环境。

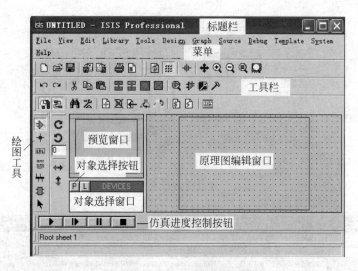

图 1-26 Proteus ISIS 集成环境

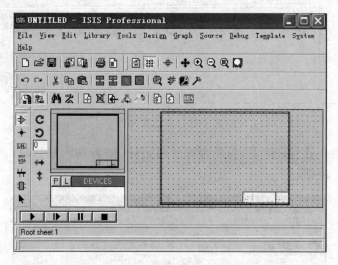

图 1-27 Proteus 设计工作环境

（2）保存文件。单击 File 菜单，在下拉菜单中选择 Save Design As 命令，弹出保存路径对话框，填写文件名和选择路径，单击"保存"按钮将保存文件。

（3）打开文件。单击 File 菜单，在下拉菜单中选择 Load Design 命令，弹出寻找路径对话框，找到待打开的设计文件，单击"打开"按钮将打开文件。

3）建立仿真模型

（1）建立元件库。选择设计工作环境界面工具箱上的 Component（元件选取工具）图标，如图 1-28（a）所示；单击对象选择器的 P 按钮（Pick Devices）元件，如图 1-28（b）所示，在打开的对话框 Keywords 文本框输入要找的元件（如 AT89C51），在备选对象中选择元件（如 AT89C51），单击 OK 按钮，元件将添加到库文件库，如图 1-29 所示。

常用元件的 Keywords 是：resististors（电阻）、capacitors（电容）、genleect（电解电容）、crysta（晶振）、led-red（红色发光二极管）。

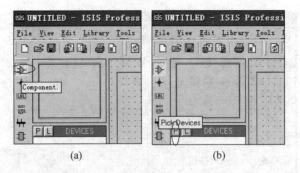

图 1-28　建立电路仿真元件库窗口

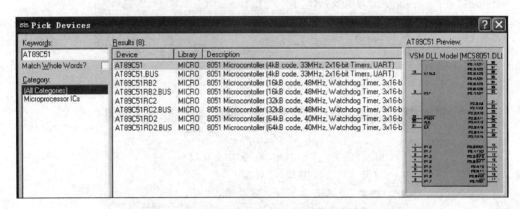

图 1-29　添加库元件

（2）放置元件。在元件库中，选择待放置的元件（如 AT89C51），单击电路图编辑窗口放置元件，如图 1-30 所示。

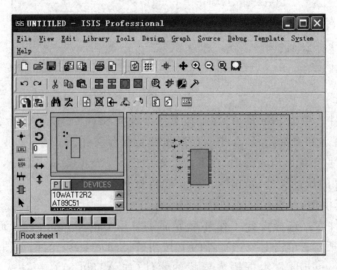

图 1-30　放置仿真元件

（3）元件编辑。在元件上右击选中元件，单击并按住左键将拖动元件移动；选择 ↺ ↻ 工具将调整元件放置方向；单击将弹出元件参数设置对话框，可以进行参数和序号设置等。

图 1-31 所示为 CPU 参数设置。其中 Program File 栏为添加 . hex 文件项,通过单击 📁 按钮浏览打开 . hex 文件(如 led. hex)添加。

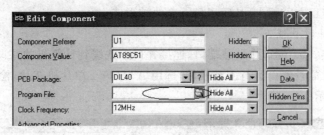

图 1-31　CPU 参数设置

(4) 电路连线。单击 ✏ 图标,把元件连接成仿真电路,如图 1-32 所示,为简单仿真电路模型。

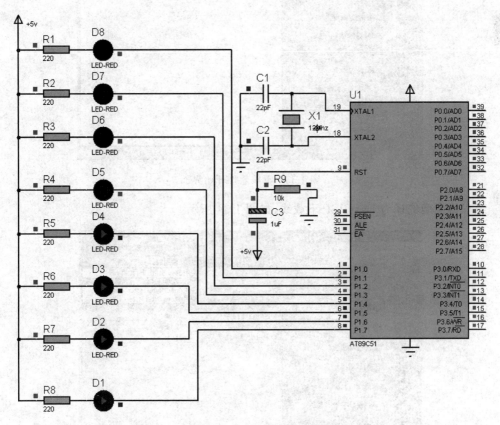

图 1-32　简单仿真电路模型

4) 仿真

单击 ▶▷▶▌▌■ 工具图标运行、暂停、停止仿真。可以观察仿真效果。

3. ISP 方式固化程序

目前,常用的单片机程序下载方式有专用编程器下载、ISP 下载等方式。其中 ISP(In-System Programming)即在线编程。具有 ISP 功能的单片机芯片,可以通过简单的下载线直接在电路板上给芯片写入或者擦除程序，并且支持在线调试。这是当前较为普遍的下载方式。

ISP 方式有并口下载与 USB 转串口下载两种形式。

1）ISP 方式并口下载

（1）硬件连接。P1 端口作下载端口，连接并口下载线到计算机的并口，接通电源。

（2）下载软件的设置。运行下载软件，选用 AT89C51 单片机芯片，检测芯片及初始化，界面如图 1-33 所示。

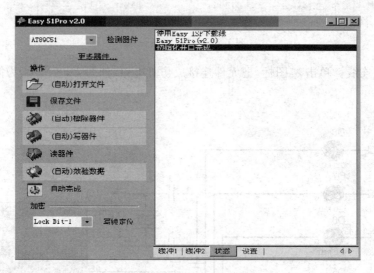

图 1-33　下载软件开始界面

编程器类型选择为 Easy ISP 下载线，如图 1-34 所示。

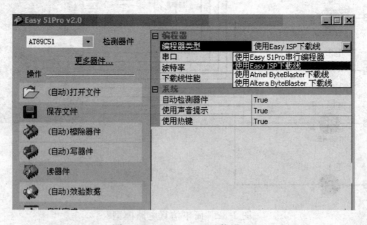

图 1-34　Easy ISP 下载设置

（3）下载固化程序。单击打开文件菜单，浏览文件位置，打开 .hex 文件，如图 1-35 所示。然后单击自动完成，将程序的机器码固化到单片机芯片。

2）ISP 方式 USB 转串口固化程序

51 内核的单片机，例如 STC 单片机可直接用串口固化程序，同样是通过硬件连接、软件设置、下载三步实现。

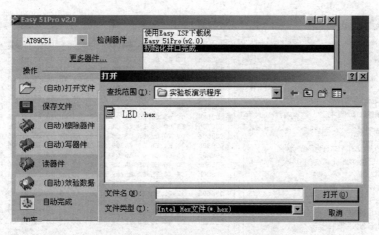

图 1-35　打开 .hex 文件(1)

（1）硬件连接。USB 转串口下载通过 USB 与计算机连接，下载器的 TxD、RxD 与单片机的 RxD、TxD 对应连接，地与地相连接，电源线与单片机的供电相连接。

（2）下载软件的设置。先安装 USB 驱动程序，再运行下载软件，对软件进行下载前的设置，界面如图 1-36 所示，设置包括选择单片机型号、下载的波特率、USB 下载器驱动对应的串口号。

（3）下载固化程序。单击打开程序文件，浏览文件位置，打开 .hex 文件，如图 1-37 和图 1-38 所示。然后单击"下载/编程"按钮，将程序的机器码固化到单片机芯片。在软件右下方状态栏显示相应的下载过程提示。

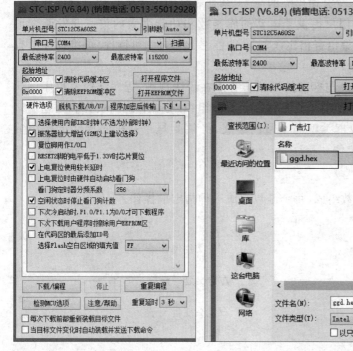

图 1-36　软件设置界面

图 1-37　打开 .hex 文件(2)

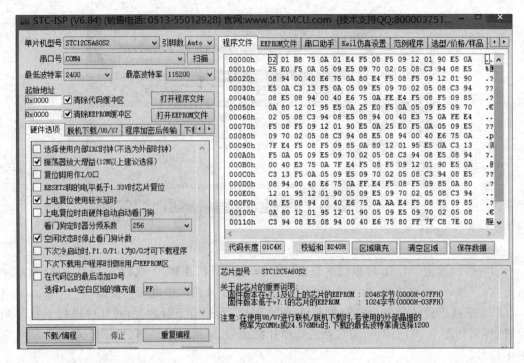

图 1-38 下载程序

1.3.6 Keil C51 程序设计

Keil C51 是美国 Keil Software 公司出品的与 51 系列兼容的单片机 C 语言软件开发系统。Keil C51 以软件包的形式向用户提供了丰富的库函数和功能强大的集成开发调试工具,生成的目标代码效率高,与汇编语言相比,C51 在功能上、结构性、可读性、可维护性上有明显的优势。

用 C 语言编写单片机应用程序与标准的 C 语言程序在语法规则、程序结构及程序设计方法等方面基本相同,虽然不用像汇编语言那样需要具体组织、分配存储器资源和处理端口数据,但在 C51 语言编程中,对数据类型与变量的定义,必须要与单片机的存储结构相关联,否则编译器不能正确地映射定位。

1. C51 程序结构

C51 源程序由一个或多个函数组成,每个函数完成一种指定的操作。

例如:

```
# include < reg51.h >                        //头文件包含
/ *********** 延时函数 *********** /
void delay(unsigned int time)                //定义延时函数
    {
        unsigned int i,j;                    //定义变量 i,j
        for(j = 0;j < time;j++)
            for(i = 0;i < 258;i++)
            ;                                //空语句
    }
```

```
/ ************ 主函数 ************* /
main(void)
{
  unsigned int i;
  unsigned char led_val;
  while(1)
  {
    led_val = 0x01;
    for(i = 0;i < 8;i++)
    {
      P0 = ~led_val;
      delay(100);
      led_val << = 1;
    }
  }
}
```

程序是由两个相互独立的函数组成,一个是 main()函数,一个是 delay(int time)函数。main()函数调用延迟函数实现在 P0 口每隔一定时间轮流输出低电平。可以看出程序实现了控制发光二极管按一定时间轮流显示的功能。

从上述程序可以看出 C51 程序的基本结构。

➢ C51 程序由函数构成。函数是构成 C51 程序的基本单位,每个 C51 程序由一个或多个函数组成,必须有且只有一个名为 main()的主函数。

➢ 每个函数的基本结构如下。

```
函数名( )
{
    语句 1;
    ⋮
    语句 n;
}
```

有的函数在定义时,函数名前面有返回值类型、函数名后面()里有形式参数。{}内是由若干语句组成的函数体,每个语句必须以“;”结束。

➢ 各函数相互独立,程序的执行总是从主函数开始。

2. 数据类型及转换

1) 标识符与关键字

C 语言中的标识符用来表示源程序中某个对象的名字,作为变量名、函数名、数组名、类型名或文件名,它由一个字符或多个字符组成。标识符的第一个字符必须是字母或下划线,随后的字符必须是字母、数字或下划线,例如 coun_t1。标识符的长度一般不多于 32 个字符。

程序中标识符的命名应当简洁明了、含义清晰,便于阅读理解,同时注意区分字母的大小写。

关键字是一种具有固定名称和特定含义的标识符。关键字又称保留字,因为这些标识符系统已经做了定义,用户不能将关键字用作自己定义的标识符。ANSI C 标准一共规定了 32 个关键字，如表 1-9 所示。C51 根据 8051 单片机扩展的关键字，如表 1-10 所示。

表 1-9　ANSI C 标准关键字

关　键　字	用　　途	说　　明
auto	存储种类声明	用以声明局部变量，默认值为此
break	程序语句	退出最内层循环体
case	程序语句	switch 语句中的选择项
char	数据类型声明	单字节整型数或字符型数据
const	存储类型声明	在程序执行过程中不可修改的变量值
continue	程序语句	转向下一次循环
default	程序语句	switch 语句中的失败选择项
do	程序语句	构成 do...while 循环结构
double	数据类型声明	双精度浮点数
else	程序语句	构成 if...else 选择结构
enum	数据类型声明	枚举
extern	存储种类声明	在其他程序模块中声明的全局变量
float	数据类型声明	单精度浮点数
for	程序语句	构成 for 循环结构
goto	程序语句	构成 goto 转移结构
if	程序语句	构成 if...else 选择结构
int	数据类型声明	基本整型数
long	数据类型声明	长整型数
register	存储种类声明	使用 CPU 内部寄存器的变量
return	程序语句	函数返回
short	数据类型声明	短整型数
signed	数据类型声明	有符号数，二进制数据的最高位为符号位
sizeof	运算符	计算表达式或数据类型的字节数
static	存储种类声明	静态变量
struct	数据类型声明	结构类型数据
switch	程序语句	构成 switch 选择结构
typedef	数据类型声明	重新进行数据类型定义
union	数据类型声明	联合类型数据
unsigned	数据类型声明	无符号数据
void	数据类型声明	无类型数据
volatile	数据类型声明	声明该变量在程序执行中可被隐含地改变
while	程序语句	构成 while 和 do...while 循环结构

表 1-10　C51 扩展关键字

关　键　字	用　　途	说　　明
_at_	地址定位	为变量进行存储器绝对空间地址定位
alien	函数特性声明	用以声明与 PL/M51 兼容的函数
bdata	存储器类型声明	可位寻址的 8051 内部数据存储器
bit	位变量声明	声明一个位变量或位类型的函数
code	存储器类型声明	8051 程序存储器空间

关　键　字	用　　途	说　　明
compact	存储器模式	指定使用 8051 外部分页寻址数据存储器空间
data	存储器类型声明	直接寻址的 8051 内部数据存储器
idata	存储器类型声明	间接寻址的 8051 内部数据存储器
interrupt	中断函数声明	定义一个中断服务函数
large	存储器模式	指定使用 8051 外部数据存储器空间
pdata	存储器类型声明	分页寻址的 8051 外部数据存储器
priority	多任务优先声明	规定 RTX51 或 RTX51 Tiny 的任务优先级
reentrant	重入函数声明	定义一个重入函数
sbit	位变量声明	声明一个可位寻址变量
sfr	特殊功能寄存器声明	声明一个 8 位的特殊功能寄存器
sfr16	特殊功能寄存器声明	声明一个 16 位的特殊功能寄存器
small	存储器模式	指定使用 8051 内部数据存储器空间
task	任务声明	定义实时多任务函数
using	寄存器组定义	定义 8051 的工作寄存器组
xdata	存储器类型声明	8051 外部数据存储器

2) 数据类型

数据是计算机的操作对象与处理的基本单元,我们把数据的不同格式称为数据类型。C51 扩展了数据类型:位型(bit/sbit)、特殊功能器数据类型(sfr/sfr16),如表 1-11 所示。其余数据类型:如基本类型(char、int、long、float),指针型,构造类型(数组类型、结构类型、联合类型、枚举类型),空类型与标准 C 相同。

表 1-11　Keil C51 的基本数据类型

数 据 类 型	长　　度	数 据 范 围
unsigned char	单字节	0～255
signed char	单字节	−128～127
unsigned int	双字节	0～65536
signed int	双字节	−32768～32767
unsigned long	4 字节	0～4294967295
signed long	4 字节	−2147483648～2147483647
float	4 字节	$\pm 1.175494E-38 \sim \pm 3.402823E+38$
*	1～3 字节	对象的地址
bit	位	0 或 1
sfr	单字节	0～255
sfr16	双字节	0～65536
sbit	位	0 或 1

bit 是 C51 编译器的一种扩充数据类型,用它可定义一个位变量,但不能定义位指针和位数组。如"bit * p;""bit [4];"是错误的。它的取值是一个二进制位,不是 0 就是 1。

sbit 也是 C51 特有的数据类型,用它可从字节中定义一个位寻址对象,来访问片内RAM 中的可寻址位或特殊功能寄存器中的可寻址位。

sfr 数据类型用来定义单片机内部 8 位的特殊功能寄存器，占用一个内存单元，值的范围为 0～255。

sfr16 类型用来定义 16 位的特殊功能寄存器。占用两个内存单元，取值范围为 0～65535。

int 类型为整型数据，占 2 字节。long int 为长整型数据类型，占 4 字节。数据在存储单元存放时，高字节存放在低地址，低字节存放在高地址。

unsigned int、unsigned long 为无符号整型数据类型和无符号长整型数据类型。在存储单元中，二进制位全表示存放数本身。signed int 表示带符号整型数据类型，用 msb 位作符号标志位，数值用二进制补码表示。

char 为字符型数据类型，占 1 字节。signed char 为带符号字符型数据类型，高位为符号位，数值用补码表示。unsigned char 为无符号字符型数据类型，8 位全为数据本身。

float 为浮点型数据类型，长度为 32 位，占 4 字节。

* 为指针型数据类型。在 C51 中，指针变量的长度一般为 1～3 字节。它也有类型之分，如"char * point;"表示 point 是一个字符型指针变量。使用指针型变量可以方便对物理地址直接进行操作。

3）数据类型转换

C51 在进行运算时，不同类型的数据要先转换成同一类型然后才能运算。数据类型的转换可分为以下两种。

（1）自动转换。当运算对象为不同类型时，按"向高看齐"的一致化规则进行，即类型级别较低以及字长较短的一方转换为类型级别较高的一方的类型。具体类型转换规则如图 1-39 所示。

（2）强制转换。利用强制类型转换运算符将一个表达式转换成所需类型，一般形式为：

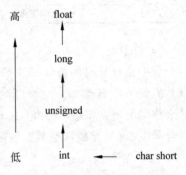

图 1-39　数据类型转换规则

（类型标识符）表达式

例如：

(int)(x + y)　　　　　　　　　　　　　　//将 x + y 的值转换成整型

对一个变量进行强制转换后，得到一个新类型的数据，但原来变量的类型不变。

3. 常量和变量

1）常量

数据有常量和变量之分。常量是指在程序运行过程中，其值不能改变的量。常量有整型、浮点型、字符型、字符串型、位常量和符号常量。常量用于不必改变值的场合，如固定的数据表、字库等。

（1）整型常量

整型常量有十进制整数，如 122、−4 等；十六进制整数，以 0x 开头，如 0x235 等；长整数常量是在数字后面加一个字母 L 表示，如 1345L 等。

（2）浮点型常量

浮点型常量有十进制形式和指数形式两种表示形式。十进制表示形式又称定点表示形式,由数字和小数点组成,如 0.314 等。这种形式,如果整数或小数部分为 0,可以省略不写,但小数点必须写,如 9.、.11 等。指数形式由整数部分、尾数部分和指数部分组成。指数部分用 E 或 e 开头,幂指数可以为负,如 5e-2 表示 5×10^{-2}。

（3）字符型常量

字符型常量是用一对单引号括起来的单个字节。如'a''c'等。在 C51 中字符是按所对应的 ASCII 码值来存储的,一个字符占 1 字节。

（4）字符串型常量

字符串型常量是用一对双引号括起来的一串字符,如"CDEF""1234"等。它在内存中存储时自动在字符串的末尾加一个串结束标志(\0),因此,如果字符数为 n,则它在内存中占有 n+1 字节。字符串常量首尾的双引号,起定界作用,当需要表示双引号字符时,可用双引号转义字符(\")来表示。

字符串常量与字符常量是不同的。它们的表示形式不同,在存储时也不同。例如字符'A'只占 1 字节,而字符串常量"A"占 2 字节。

（5）位常量

位常量是一位二进制数 0 或 1。

（6）符号常量

将程序中的常量定义为一个标识符,称为符号常量,一般使用大写英文字母表示。其定义形式为:

#define <符号常量名> <常量>

例如:

#define　PI　3.14

这条预处理命令定义了一个符号常量 PI,它的值为 3.14。

2）变量

变量是指在程序运行过程中,其值能改变的量。变量数据类型可以选用 C51 所有支持的数据类型。但是,只有 bit 和 unsigned char 两种数据类型可以直接支持机器指令,而其他的要经过复杂的变量类型和数据类型的处理,导致程序编译效率低、运行速度慢。

C51 中变量有全局变量和局部变量之分,全局变量是在函数外部定义的变量。它可以被多个函数共同使用,其有效作用范围是从它定义的位置开始到整个程序文件结束。如果全局变量定义在一个程序文件的开始处,则在整个程序文件范围内都可以使用它。如果一个全局变量不是在程序文件的开始处定义的,但又希望在它的定义点之前的函数中引用它,这时应在引用该变量的函数中用关键字 extern 将其说明为"外部变量"。另外,如果在一个程序模块文件中引用另一个程序模块文件中定义的变量时,也必须用 extern 进行说明。局部变量是函数中定义的变量,只能在本函数中使用它。

程序中使用变量必须"先定义后使用",在 C51 程序设计中,定义一个变量的格式如下:

[存储种类]　数据类型　[存储器类型]　变量名;

其中方括号内的内容为可选项,数据类型和变量名不能省略。

（1）数据类型是指前面介绍的 C51 编译器所支持的各种数据类型。指定了数据类型后，编译器才能为才能为变量分配合适的内存空间。指定数据类型时要使变量的数值范围与数据类型表示数据范围相对应。在程序中应尽可量使用无符号字符变量和位变量。

（2）变量名为变量的标识。要按前面的介绍使用合法的标识符。

（3）存储器类型是说明数据在单片机的存储区域情况，为变量选择了存储器类型就是指定了它在 MCS-51 单片机中使用的存储区域。如表 1-12 所示，Keil C51 编译器识别的存储器类型有 DATA、BDATA、IDATA、PDATA、XDATA、CODE。

表 1-12　存储器类型

存储器类型	与物理存储空间的对应关系
DATA	直接寻址片内数据存储器的低 128B，访问速度快
BDATA	DATA 区中可位寻址区域 20H～2FH(16B)，允许位与字节混合访问
IDATA	间接寻址片内数据存储区(256B)，可访问片内全部 RAM 空间
PDATA	外部数据存储区的开头 256B，通过 P0 端口的地址对其访问
XDATA	片外数据存储区(64KB)，通过 DPTR 访问
CODE	程序存储区(64KB)，通过 DPTR 访问

如果省略变量或参数的存储类型，系统按照编译器选择的存储模式指定默认存储器类型。

small 模式：存储器类型为 DATA，空间最小，速度快。

compact 模式：存储器类型为 PDATA，空间与速度在中间状态。

large 模式：存储器类型为 XDATA，空间最大，速度最慢。

（4）存储种类是指变量在程序执行过程中的作用范围。C51 变量的存储种类有自动变量(auto)、寄存器变量(register)、外部变量(extern)、静态变量(static)4 种。

① 自动变量存储类。指定被说明的对象放在内存的堆栈中，在 C51 中，把函数中说明的内部变量指针以及函数参数表中的参数都放在堆栈中，它们随着函数的进入而建立，随着函数的退出而自动被放弃。在函数中被说明的局部变量，凡未加其他存储类说明的变量都是存储类，每次函数被调用时，都要重新在堆栈中分配，位置一般不同。

② 寄存器变量存储类。指将变量放在 CPU 的寄存器中，以求高速处理，一般不推荐使用。

③ 外部变量存储类。在 C51 中，定义在所有函数之外的变量是全局变量，编译时分配存储空间，其作用域为从定义点开始到本文件末尾。不带存储类别的外部变量说明称为变量的定义性说明，此时，相应的变量有对应的存储空间；而带有存储类别的外部变量说明称为变量的引用性说明，它不另外占据内存空间。在多个文件程序中，允许其他文件的函数引用在另一个文件中定义的全局变量，应该在需要引用它的文件中用 extern 做说明。

④ 静态变量存储类。在函数内部使用 static 对变量进行说明后，静态存储变量的存储空间在程序的整个运行期间是固定的；在函数每次被调用的过程中，静态内部变量的值具有继承性。如果在定义内部静态变量时不赋初值，则编译时自动赋值 0(对数值型变量)或空字符(对字符变量)。内部静态变量在程序中全程存在，但只在本函数内可取值，这样使变量在定义它的函数外部被保护。

3）特殊功能寄存器变量

在 C51 中，允许用户对单片机片内的特殊功能寄存器进行访问，访问时必须通过 sfr 或 sfr16 数据类型说明符进行定义，定义时指明它们所对应的片内 RAM 单元的地址，使定义后的特殊功能寄存器变量与 51 单片机的 sfr 对应。特殊功能寄存器变量定义格式如下：

```
sfr    8 位特殊功能寄存器名 = 特殊功能寄存器字节地址常数;
sfr16  16 位特殊功能寄存器名 = 特殊功能寄存器字节地址常数;
```

例如：

```
sfr    P0 = 0x80;                    //P0 口的地址是 80H
sfr16  DPTR = 0x82;                  //DPTR 的地址是 82H
```

4）位变量

在 C51 中，允许用户通过位类型符定义位变量。位类型符有两个：bit 和 sbit。可以定义两种位变量。

bit 位类型符用于定义一般的可位处理位变量。它的定义格式如下：

```
bit    位变量名;
```

位变量的存储器类型只能是 BDATA、DATA、IADTA。即位变量的空间只能是片内 RAM 的可位寻址区 20H～2FH，严格来说只能是 BDATA。

例如：

```
bit    data   a1;                    /* 正确 */
bit    bdata  a2;                    /* 正确 */
bit    pdata  a3;                    /* 错误 */
bit    xdata  a4;                    /* 错误 */
```

sbit 位类型符用于定义可位寻址字节或特殊功能寄存器中的位，定义时须指明其位地址，可以是位直接地址，可以是可位寻址变量带位号，也可以是特殊功能寄存器名带位号。定义格式如下：

```
sbit   位变量名 = 位地址常数;
```

例如：

```
sbit   CY = 0xD7;
sfr    P1 = 0x90;
sbit   P10 = P1^0;
```

在 C51 中，为了用户处理方便，C51 编译器把 MCS-51 单片机常用的特殊功能寄存器和特殊位进行了定义，并放在 reg51.h 或 reg51.h 的头文件中，当用户使用时，用 #include <reg51.h>预处理命令把头文件包含到程序中，然后就可以使用这些特殊功能寄存器和特殊位。

4. 运算符与表达式

运算符是一种程序记号，当它作用于操作数时，可以产生某种运算。操作数可以是常量、变量或函数，表达式是由运算符及运算对象所组成的具有特定含义的式子。

按运算符在表达式中所起的作用可分为算术运算符、关系运算符、增量与减量运算符、赋值运算符、逻辑运算符、位运算符、复合赋值运算符、逗号运算符、条件运算符、指针和地址运算符及 sizeof 运算符等。

按照表达式中运算符与操作数之间的关系，又可把运算符分为单目运算符、双目运算符和三目运算符。

1）算术运算符和表达式

算术运算符和表达式如表 1-13 所示。

表 1-13　算术运算符和表达式

运算符	功　能	举　例	功　能
＋	加	x＋y	求 x 与 y 的和
－	减	x－y	求 x 与 y 的差
*	乘	x＊y	求 x 与 y 的积
/	除	x/y	求 x 与 y 的商
%	取模	x%y	求 x 除以 y 的余数
－	取负运算	－x	取 x 的负数

用算术运算符将运算对象连接起来的式子称为算术表达式。

算术运算符的优先级如表 1-14 所示。当运算符的优先级相同时，按照从左向右的顺序进行计算。可以使用圆括号帮助限定运算顺序，不能使用方括号与花括号。可以使用多层圆括号，但左右必须配对，运算时从内到外依次计算表达式的值。

表 1-14　算术运算符的优先级

优先级	运算符	结合性	优先级
1	－		高
2	*、/、%	从左到右	↑
3	＋、－	从左到右	低

2）自增、自减运算符

自增、自减运算符如表 1-15 所示。自增运算符（＋＋）、自减运算符（－－）只能用于变量，而不能用于常量或表达式，例如，6＋＋是不合法的。＋＋和－－的结合方向是"自右至左"。例如，－i＋＋，相当于－(i＋＋)。

表 1-15　自增、自减运算符

运算符	功　能	例子(若 i＝3)	结　果
＋＋i	使用 i 之前先使 i 的值加 1	j＝＋＋i	j 为 4, i 为 4
－－i	使用 i 之前先使 i 的值减 1	j＝－－i	j 为 2, i 为 2
i＋＋	使用 i 之后先使 i 的值加 1	j＝i＋＋	j 为 3, i 为 4
i－－	使用 i 之后先使 i 的值减 1	j＝i－－	j 为 3, i 为 2

常用于循环语句中，使循环变量自动加 1；也用于指针变量，使指针指向下一个地址。

3）关系运算符与关系表达式

关系运算符用于对两个运算量进行比较。C51 关系运算符如表 1-16 所示。用关系运算符将运算符左边的操作数与右边操作数连接起来，称为关系表达式。在进行关系运算时，运算的结果为"真"(1)或为"假"(0)。关系运算符的优先级如表 1-16 所示。

表 1-16 关系运算符

运算符	功 能	举 例	结 果	优 先 级	
<	小于	2<9	真		高
<=	小于等于	2<=9	假	相同	↑
>	大于	2>9	假		
>=	大于等于	2>=9	假		
!=	不等于	2!=9	真	相同	
==	等于	2==9	假		低

4）逻辑运算符和逻辑表达式

C51 逻辑运算符如表 1-17 所示。"&&"与"‖"是双目运算符,它要求有两个运算量（操作数）。"!"是单目运算符,只要求有一个操作数。

表 1-17 逻辑运算符

运算符	功 能	优 先 级
!	逻辑非（相当于 NOT）作用后真变为假,假变为真	高
&&	逻辑与（相当于 AND）当且仅当两个条件同时为真时结果为真	↑
‖	逻辑或（相当于 OR）当且仅当任一个条件为真时结果为真	低

使用逻辑运算符将关系表达式或逻辑量连接起来,称为逻辑表达式,表 1-18 给出了 a 和 b 的值为不同组合时的运算结果。

表 1-18 a 和 b 为不同组合时的运算结果

a	b	!a	!b	a&&b	a‖b
0	0	1	1	0	0
0	1	1	0	0	1
1	0	0	1	0	1
1	1	0	0	1	1

逻辑运算符的优先级如表 1-17 所示。

5）赋值运算符与赋值表达式

赋值运算符的作用是将右边的表达式赋给左边的变量,用赋值运算符将一个变量与一个表达式连接起来的式子称为赋值表达式。

（1）赋值符号"="就是赋值运算符,赋值表达式的一般形式为:

变量名 = 表达式;

赋值符号"="不同于数学中使用的等号,它没有相等的意义,例如,"y=y+1;"的含义是取出 y 的变量中的值加 1 后,再存入 y 中。一个表达式中,可出现多个赋值运算符,其运算顺序是从右到左结合,例如,"a=b=2+5;"相当于"a=(b=2+5);"赋值表达式。进行赋值运算时,当赋值运算符两边的数据类型不同时,将由系统自动进行转换成运算符左边的数据类型。

（2）复合赋值运算符

C51可以在赋值运算符"＝"之前加上其他运算符，构成复合赋值运算，用以简化程序，提高编译的效率。其一般格式为：

变量 双目运算符＝表达式；

相当于：

变量＝变量 双目运算符 表达式；

运算时，首先对变量进行某种运算，然后将运算的结果再赋给该变量。常用的复合运算符有以下几种。

＋＝：加法赋值，例如a＋＝b相当于a＝a＋b。

－＝：减法赋值，例如a－＝b相当于a＝a－b。

＊＝：乘法赋值，例如a＊＝b相当于a＝a＊b。

/＝：除法赋值，例如a/＝b相当于a＝a/b。

<<＝：左移位赋值，例如a<<＝b相当于a＝a<<b。

>>＝：右移位赋值，例如a>>＝b相当于a＝a>>b。

&＝：逻辑与赋值，例如a&＝b相当于a＝a&b。

%＝：取模赋值，例如a%＝b相当于a＝a%b。

^＝：逻辑异或赋值，例如a^＝b相当于a＝a^b。

凡是双目运算符，都可以与赋值符一起组成复合赋值运算符，它的优先级具有右结合性。

6）位运算符

C51中共有6种位运算符，能对运算对象进行位操作，如表1-19所示。

表1-19 位运算符

位运算符	含 义	举 例				优先级
		a的取值	b的取值	位运算	结果	
~	取反	0x12		~a	0xED	高
<<	左移	0x12		a<<1	0x24	
>>	右移		0x21	b>>1	0x10	
&	按位与	0x12	0x21	a&b	0x00	
^	按位异或	0x12	0x21	a^b	0x33	
|	按位或	0x12	0x21	a|b	0x33	低

7）逗号运算符与表达式

逗号运算符的作用是把几个表达式连接起来，成为逗号表达式，它的一般形式为：

表达式1，表达式2，…，表达式n

在运算时，按从左到右的顺序，依次计算出各表达式的值，整个逗号表达式的值就是最右边表达式的值。例如，"x＝(y＝4,z＝6,y＋3);"将括号中的逗号表达式的值赋给x，其结果x＝7(y赋值4,z赋值6)。使用逗号运算符一次可完成几个赋值语句，由于逗号运算符的优先级最低,所以必须使用括号才能完成对 x 的赋值。

8) 条件运算符与表达式

条件运算符是 C51 语言一个独特的三目运算符。它是对 3 个操作数进行操作的运算符,用它将三个表达式连接构成一个条件表达式,它的一般形式是:

逻辑表达式?表达式 1: 表达式 2

运算符"?"作用是计算逻辑表达式,当值为真(1)时,将表达式 1 的值作为整个条件表达式的值;当逻辑表达式的值为假(0)时,将表达式 2 的值作为整个条件表达式的值。例如,"y='a'>'b'? 3: 5;"结果是赋给 y=5,因为'a'>'b'为假。

9) 指针和地址运算符

指针运算符"*"为单目运算符。必须在操作数的左侧,运算结果为指针所指地址的内容,指针运算的一般形式为:

变量 = *指针变量;

指针变量只能存放地址,不能将一个整型量或任何其他非地址值赋给一个指针变量。取地址运算符"&"为单目运算符,必须在操作数的左侧,作用是求表达式的地址。一般形式如下:

指针变量 = &目标变量;

将目标变量的地址赋给左边的指针变量。

主要运算符的优先级和结合性如表 1-20 所示。

表 1-20　运算符优先级列表

优先级	符　　号	含　　义	运算对象个数	结合方向
1	! ~ ++ －－ － (类型) * & sizeof	逻辑非运算符 按位取反运算符 自增运算符 自减运算符 负号运算符 类型转换运算符 指针运算符 取地址运算符 长度运算符	单操作数	自右向左
2	* / %	乘法运算符 除法运算符 求余运算符	双操作数	自左向右
3	+ －	加法运算符 减法运算符	双操作数	自左向右
4	<< >>	左移运算符 右移运算符	双操作数	自左向右
5	<、<=、>、>=	关系运算符	双操作数	自左向右
6	== !=	等于运算符 不等于运算符	双操作数	自左向右
7	&	按位与运算符	双操作数	自左向右

优先级	符　号	含　义	运算对象个数	结合方向
8	^	按位异或运算符	双操作数	自左向右
9	|	按位或运算符	双操作数	自左向右
10	&&	逻辑与运算符	双操作数	自左向右
11	||	逻辑或运算符	双操作数	自左向右
12	?:	条件运算符	三操作数	自右向左
13	=、+=、-=、*=、/=、%=、<<=、>>=、&=、|=、^=	赋值运算符	双操作数	自右向左
14	,	逗号运算符		自左向右

5. 绝对地址的访问

在 C51 可以使用存储单元的绝对地址来访问存储器。访问绝对地址的方法有三种。

1) 使用 C51 中绝对宏

C51 编译器提供了一组宏定义来对 51 系列单片机的 code、data、pdata 和 xdata 空间进行绝对寻址。在头文件 absacc.h 中定义了 8 个绝对宏，函数原型如下：

```
#define CBYTE    ((unsigned char volatile code  *) 0)
#define DBYTE    ((unsigned char volatile data  *) 0)
#define PBYTE    ((unsigned char volatile pdata  *) 0)
#define XBYTE    ((unsigned char volatile xdata  *) 0)
#define CWORD    ((unsigned int volatile code  *) 0)
#define DWORD    ((unsigned int volatile data  *) 0)
#define PWORD    ((unsigned int volatile pdata  *) 0)
#define XWORD    ((unsigned int volatile xdata  *) 0)
```

其中，CBYTE 以字节形式对 code 区寻址，DBYTE 以字节形式对 data 区寻址，PBYTE 以字节形式对 pdata 区寻址，XBYTE 以字节形式对 xdata 区寻址，CWORD 以字形式对 code 区寻址，DWORD 以字形式对 data 区寻址，PWORD 以字形式对 pdata 区寻址，XWORD 以字形式对 xdata 区寻址。访问形式如下：

```
宏名[地址]
```

宏名为 CBYTE、DBYTE、PBYTE、XBYTE、CWORD、DWORD、PWORD 或 XWORD。

在程序中，使用预处理命令"#include<absacc.h>"后就可使用其中定义的宏来访问绝对地址。

例如：

```
#include <absacc.h>            /*将绝对地址头文件包含在文件中*/
  void main(void)
    {
        unsigned char var1;
        unsigned int var2;
        var1 = XBYTE[0x0005];   //利用 XBYTE[0x0005]访问片外 RAM 的 0005H 字节单元,取单元内
                                //容赋值给变量 var1
```

```
        var2 = XWORD[0x0002];      //利用 XWORD[0x0002]访问片外 RAM 的 0002H 字单元
        …
    }
```

2）使用 C51 扩展关键字_at_

使用_at_对指定的存储器空间的绝对地址进行访问，一般格式如下：

[存储器类型] 数据类型说明符 变量名_at_ 地址常数；

例如：

```
data  char  x1 _at_ 0x40;      //在 data 区中定义字符变量 x1,它的地址为 40H
xdata  int  x2 _at_ 0x2000;    //在 xdata 区中定义整型变量 x2,它的地址为 2000H
xdata  char  x[2] _at_ 0x3000; //在 xdata 区中定义数组 x,它的首地址为 3000H
```

使用时应注意：这种绝对地址定义的变量不能被初始化；bit 型函数及变量不能用_at_指定；使用_at_定义的变量必须为全局变量。

3）通过指针访问

Keil C51 编译器允许使用者规定指针指向存储段，这种指针叫具体指针。采用具体指针的方法，可以实现在 C51 程序中对任意指定的存储器单元进行访问，而且能节省存储空间。

例如：

```
unsigned char data * p1;        //定义一个指向 data 区的指针 p1
p1 = 0x20;                      //p1 指针赋值,使 p1 指向 pdata 区的 20H 单元
* p1 = 0x30;                    //将数据 0x30 送到片外 RAM 的 20H 单元
```

6. C51 基本语句

语句是构成 C51 程序的最小单元，按功能分为表达式语句、空语句、复合语句、函数调用语句、控制语句等。

1）表达式语句

表达式后面加一个分号";"就构成了一个语句。如语句"x=8;",把 8 赋给变量 x。

2）空语句

表达式语句仅由分号";"组成,它表示什么也不做。

3）复合语句

由"{"和"}"把若干条变量说明或语句组合在一起称为复合语句。复合语句的一般形式为：

```
{
    语句 1;
    语句 2;
    ⋮
    语句 n;
}
```

复合语句在执行时，其中的各条单语句依次顺序执行。复合语句在语法上等价于一条单语句。

4）函数调用语句

由一个函数调用加上一个分号组成的语句称为函数调用语句。例如：

```
Delay();                      //调用延迟函数的语句
```

5）控制语句

控制语句主要分为选择语句、循环语句、转向语句三类。

选择语句主要有 if 语句、switch 语句；循环语句主要有 while 语句、do...while() 语句、for 语句；转向语句主要有 break（中止执行 switch 或循环）语句、continue（结束本次循环）语句、goto 转向语句、return（从函数返回）语句。

7. C51 控制语句及应用

1）C51 程序基本结构

C 语言是一种结构化程序设计语言，以函数为基本单位，每个函数的编程都由若干基本结构组成。归纳起来 C51 程序设计有三种基本结构：顺序结构、选择结构和循环结构，如图 1-40 所示。

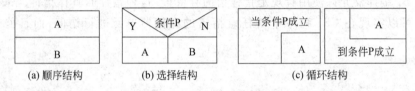

图 1-40 C51 程序基本结构

如图 1-40(a) 所示，顺序结构是最简单的程序结构，也是最常用的程序结构，只要按照解决问题的顺序写出相应的语句就行，它的执行顺序是自上而下，由 A 语句到 B 语句依次执行。

选择结构如图 1-40(b) 所示，根据条件 P 是否成立选择执行 A 或 B，当条件 P 成立时执行 A 语句，条件不成立时执行 B 语句。

循环结构如图 1-40(c) 所示，当条件 P 成立时，执行循环体的语句 A，当条件不成立时，跳出循环，执行循环结构后面的语句。循环结构分为当型循环和直到型循环两种：当型循环是先判断所给条件 P 是否成立，若 P 成立，则执行 A，再判断条件 P 是否成立，若 P 成立，则又执行 A，若此反复，直到某一次条件 P 不成立时为止。直到型循环是先执行 A，再判断所给条件 P 是否成立，若 P 不成立，则再执行 A，如此反复，直到 P 成立，该循环过程结束。

2）选择结构程序控制语句

通过选择结构，使我们能够改变程序的执行路线，在程序的执行过程中，在某个特定的条件下完成相应的操作。能够实现选择流程控制的语句有：if 语句和 switch...case 语句。

(1) if 语句

C51 提供四种形式的 if 语句。

① if(表达式)语句。语句格式如下：

```
if(表达式)
    语句
```

如果表达式的值为真(非零的数),则执行 if 后的语句,否则跳过 if 后的语句。其执行过程如图 1-41 所示。

例如:

```
# include < reg51. h>
main ()
{
  unsigned char n;
  P1 = 0xFF;
  n = P1;
  if(n > 4)
    P2 = 0x11;
  if(n <= 4)
    P2 = 0x01;
}
```

该程序功能是从 P1 口读入数据,如果读入数据大于 4(n>4),则 P2 口输出 0x11,否则输出 0x01。

② if...else 形式。语句格式如下:

```
if(表达式)
    语句 1
else
    语句 2
```

如果表达式的值为真,则执行语句 1,否则执行语句 2。其执行过程如图 1-42 所示。

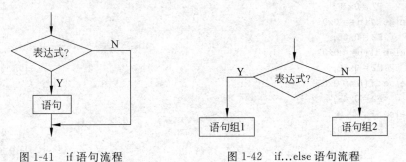

图 1-41　if 语句流程　　　　　　图 1-42　if...else 语句流程

当条件表达式的结果为真时,执行语句 1;反之就执行语句 2。

```
# include < reg51. h>
main ()
{
  unsigned char n;
  P1 = 0xFF;
  n = P1;
  if(n > 4)
    P2 = 0x11;
  else
    P2 = 0x01;
}
```

该程序功能也是从 P1 口读入数据，如果读入数据大于 4(n＞4)，则 P2 口输出 0x11，否则输出 0x01。

③ if...else if...else 形式。语句格式如下：

```
if(表达式 1)
  语句 1
  else if(表达式 2)
    语句 2
  else if(表达式 3)
    语句 3
     ⋮
  else
    语句 n
```

依次判断表达式的值，当出现某个值为真时，则执行其对应的语句。然后跳到整个 if 语句之外（语句 n 之后）继续执行程序。如果所有的表达式均为假，则执行语句 n，然后继续执行后续程序。

例如：

```c
# include < reg51.h>
main ()
{
    unsigned char n;
    P1 = 0xFF;
    n = P1;
    if(n == 0x00)
        P2 = 0x3F;
    else if(n == 0x01)
        P2 = 0x06;
    else if(n == 0x02)
        P2 = 0x5B;
    else if(n == 0x03)
        P2 = 0x4F;
    else
        P2 = 0x00;
}
```

该程序功能是从 P1 口读入数据，如果读入数据是 0～3，则 P2 口输出相应的（共阴数码管显示）断选码，否则输出 0x00。

④ if...if...else...else...形式。语句格式如下：

```
if(表达式 1)
    if(表达式 2)
        if(表达式 3)
            语句 1
        else
            语句 2
    else
        语句 3
else
    语句 4
```

这种形式实际上是 if...else 的嵌套。执行情况如表 1-21 所示。

表 1-21 if...else 嵌套执行情况

语　句	条　件
语句 1	表达式 1、2、3 成立
语句 2	条件表达式 1、2 成立，条件表达式 3 不成立
语句 3	条件表达式 1 成立，条件表达式 2 不成立
语句 4	条件表达式 1 不成立

在 4 种形式的 if 语句中，在 if 关键字之后均为表达式。该表达式通常是逻辑表达式或关系表达式，但也可以是其他表达式，如赋值表达式等，或者是一个变量。例如，"if(a=4)语句;if(b)语句;"都是允许的。只要表达式的值为非 0，即为"真"。如在"if(a=4);"语句中，表达式的值永远为非 0，所以其后的语句总是要执行的，这种情况在程序中不一定会出现，但在语法上是合法的。

在 if 语句中，条件判断表达式必须用括号括起来，在语句之后必须加分号。

在 if 语句的 4 种形式中，不为单个语句时，为语句组则必须把语句用{}括起来组成一个复合语句。但要注意的是在"}"之后不要加分号。

（2）switch...case 语句

```
switch(条件表达式)
{
 case 条件值 1: 语句 1;break;
 case 条件值 2: 语句 2;break;
  ⋮
 case 条件值 n: 语句 n;break;
 default: 语句 n + 1;break;
}
```

表达式的值必须为整数或字符，switch 以条件表达式的值逐个与各 case 的条件值相比较，当条件表达式的值与条件值相等时，即执行其后的语句，然后不再进行判断，不执行后面所有 case 后的语句。如条件表达式值与所有 case 后的条件值均不相同时，则执行 default 后的语句。每个语句必须有 break 语句。其执行流程如图 1-43 所示。

例如：

```
#include < reg51.h >
main ()
{
  unsigned char n;
  P1 = 0xFF;
  n = P1;
  switch(n)
  {
     case 0x01: P0 = 0x01;break;
     case 0x02: P0 = 0x02;break;
     case 0x04: P0 = 0x04;break;
     case 0x08: P0 = 0x08;break;
     case 0x10: P0 = 0x10;break;
     case 0x20: P0 = 0x20;break;
```

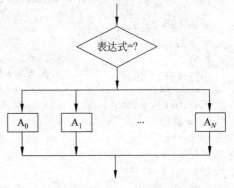

图 1-43 switch...case 执行流程

```
        case 0x40: P0 = 0x40;break;
        case 0x80: P0 = 0x80;break;
        default: P0 = 0x00;break;
    }
}
```

该程序功能是从 P1 口读入数据，从 P0 口输出数据。

switch...case 语句使用时，在 case 后的各条件值不能相同，否则会出现错误；在 case 后，允许有多个语句；各 case 和 default 子句的先后顺序可以变动，而不会影响程序执行结果；default 子句可以省略。

3）循环结构流程控制语句

C51 循环语句有 while、do...while、for。

（1）while 循环

while(表达式)语句

其中表达式是循环条件，语句为循环体。当条件表达式的结果为真时，程序就重复执行后面的语句，一直执行到条件表达式的结果为假时终止。这种循环结构首先检查所给条件，再根据检查结果，决定是否执行后面的语句。执行流程如图 1-44 所示。

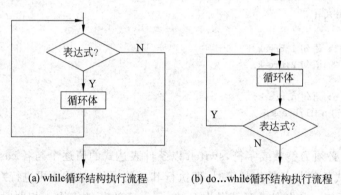

(a) while循环结构执行流程　　(b) do...while循环结构执行流程

图 1-44　while、do...while 执行流程

例如，从 1 加到 1000，并将结果打印出来。

```
# include < stdio. h >
main ()
{
    long sum = 0;              //因为 sum 的值超过 int 型变量能表示的范围，所以设置成长整型
    int i = 1;
    while (i < = 1000)
    { sum += i;
        i++;
    }
}
```

运行结果：500500。

此程序中循环条件是"i<＝1000"，循环体是"sum＋＝i;i＋＋;"。"sum＋＝i;"语句实现的是随着 i 的增加，将累加的结果存放在 sum 中，sum 起累加器的作用，共计 1000 次。

在表达式中使用的变量必须在执行到循环语句之前赋值,即变量初始化。循环体中的语句必须在循环过程中修改表达式中的变量的值。

while 语句在使用时,语句中的表达式一般是关系表达式或逻辑表达式,只要表达式的值为真(非 0)即可继续循环;循环体如包括有一个以上的语句,则必须用{}括起来,组成复合语句;应注意循环条件以避免永远为真,造成死循环。

(2) do...while 语句

```
do
{
    语句;
}while(表达式);
```

表达式是循环条件,其中语句是循环体,是直到型循环结构。

这种循环结构的执行过程是先执行给定的循环语句,然后再检查条件表达式的结果,当条件表达式的值为真时,则重复执行循环体语句,直到条件表达式的值变为假时为止。因此,do...while 循环结构在任何条件下,至少会被执行一次。执行流程如图 1-44 所示。

例如,求 $1+2+\cdots+1000$ 的和。

```
#include<stdio.h>
main()
{
    int i = 1;
    long sum = 0;
    do
        {
            sum += i;
            i++;
        }while (i <= 1000);
}
```

运行结果:500500。

运行结果和 while 循环一样。while 语句是先判断表达式是否成立,然后再执行循环体;do...while 语句是先执行循环体一次,然后再去判断表达式是否成立。

(3) for 语句

for([表达式 1:循环控制变量赋初值];[表达式 2:循环继续条件];[表达式 3:循环变量增值])
```
    {
        循环体语句组;
    }
```

三个表达式之间必须用分号";"隔开,其执行流程如图 1-45 所示。

例如,求 1~1000 之和。

```
#include<stdio.h>
main()
{
```

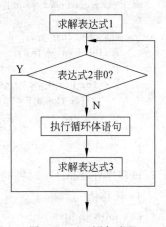

图 1-45 for 语句流程

```
    int i,n = 1000;
    long sum = 0;
    for (i = 1;i <= n;i++)
       sum += i;
}
```

for 循环的执行过程：先赋值"i＝1"，然后判断"i＜＝n"是否成立，若为真，执行循环体"sum＋＝i;"，转而执行"i＋＋"，如此反复，直到"i＜＝n"为假。

for 语句使用时，三个控制表达式只是语法上的要求，可以灵活应用，其中任何一个都允许省略，但分号";"不能省略，表达式 1 和表达式 3 可以是简单表达式、逗号表达式等；用空循环来延长时间，起到延时作用，例如，for(t＝0;t＜time;t＋＋){;}循环体是空语句。

例如：

```
# include < reg51.h>
main (unsigned char time)
{
    int i,j;
    for(i = 0;i < time;i++)
      for (j = 0;j < 120;j++)
      {
          ;
      }
}
```

该程序在 12MHz 时钟的系统实现 1ms×time 的延迟。

三个表达式都默认时，for(; ;)＜语句＞是一个无限循环。当循环次数预先不确定时，可用此方法，但在循环体内必须设置 break 语句跳出循环，否则将成死循环。

（4）循环的嵌套

一个循环体内又包含另一个完整的循环结构，称为循环的嵌套，在内嵌的循环中还可以嵌套循环，就形成了多层循环。while 循环、do...while 循环和 for 循环可以互相嵌套。

例如：

```
# include < reg51.h>
main (unsigned char count)
{
    unsigned char j,k;
    while(count -- != 0)
    {
        for (j = 0;j < 10;j++)
          for (k = 0;k < 72;k++)
             ;
    }
}
```

该程序在 12MHz 时钟的系统实现 10ms×count 的延迟。

4）转移语句

（1）goto 语句

goto 语句格式为：

goto 语句标号;

语句标号是按标识符规定书写的符号,放在某一语句行的前面,标号后加冒号(:)。goto 语句常与 if 语句连用,在满足某一条件时,程序就跳到标号处执行,这样可以实现循环。用 goto 语句可以一次跳出多层循环,但是 goto 语句的转移范围只能在同一函数内,从内层循环跳到外层循环,而不允许从外层循环跳到内层循环。不加限制地使用 goto 语句会造成程序结构的混乱,降低程序的可读性。

例如,求 1~100 的整数。

```
# include < stdio. h >
main ()
{
    int i = 1,sum = 0;
    loop: if(i < = 100)
    {
        sum += i;
        i++;
        goto loop;
    }
}
```

上例中,利用 if 语句和 goto 语句的配合实现循环,但这不是循环语句。

(2) break 语句

break 语句格式为:

```
break;
```

break 语句可以使流程从当前循环或 switch 结构中跳出,转移到该结构后面的第一个语句处;当有嵌套时,它只能跳出它所处的那一层循环,而不像 goto 语句可以直接从最内层循环跳出来。break 语句不能用在除了循环语句和 switch 语句之外的任何其他语句中。

(3) continue 语句

continue 语句格式为:

```
continue;
```

它是循环继续语句,只能用在循环结构中,作用是结束本次循环,即跳过当前一轮中 continue 语句之后的尚未执行的语句,将流程转到下一轮循环入口。它常与 if 语句一起使用,用来加速循环。

例如,把 1~20 不能被 3 整除的数输出。

```
# include < reg51. h >
main ()
{
    int n;
    for (n = 1;n < = 20;n++)
    {
        if(n % 3 == 0)
        continue;
```

```
        P0 = n;
    }
}
```

（4）返回语句

返回语句格式为：

```
return（表达式）;或 return;
```

如果 return 语句后边带有表达式，则要计算表达式的值。使用 return 语句只能向主调函数回送一个值。如果 return 后面不跟表达式，则该函数不返回任何值，只能控制流程返回调用处；如果函数体的最后一条语句为不带表达式的 return 语句，则该语句可以省略。即在这种情况下，当程序执行到最后一个界限符"}"处时，就自动返回主调用函数。

8. 函数

函数是 C51 程序的基本组成部分，C51 的程序是由一个主函数 main()和若干个子函数构成，由主函数 main()开始，根据需要来调用子函数，子函数也可以互相调用。在进行程序设计的过程中，同一个函数可以被一个或多个函数调用任意多次。当被调用函数执行完毕后，就返回原来函数执行。

C51 编译器还提供了丰富的运行库函数，用户可根据需要随时调用，在使用时，用户只需在程序中用预处理器伪指令将有关头文件包含进来即可，可提高编程效率和速度。

1）函数的说明与定义

C51 中所有函数与变量一样，在使用之前必须说明。说明是指说明函数是什么类型的函数，一般库函数的说明都包含在相应的头文件< *.h >中。

例如，标准输入输出函数包含在 stdio.h 中，非标准输入输出函数包含在 io.h 中，在使用库函数时必须先知道该函数包含在哪个头文件中，在程序的开头用 ♯include< *.h >或 ♯include" *.h"说明。

（1）函数声明

函数声明的格式如下：

```
函数类型  函数名(数据类型  形式参数,数据类型  形式参数,…);
```

函数类型是该函数返回值的数据类型，可以是整型（int）、长整型（long）、字符型（char）、浮点型（float）、无值型（void）、指针型。无值型表示函数没有返回值。函数名为函数的名称，需符合 C51 的标识符规则要求，圆括号中的内容为该函数的形式参数。例如：

```
int putlll(int x,int y,int z)     //说明一个整型函数
char * name(void);                //说明一个字符串指针函数
void student(int n, int m);       //说明一个不返回值的函数
```

（2）函数的定义

函数定义就是确定该函数完成什么功能以及怎么运行。C51 对函数的定义的一般形式为：

```
函数类型  函数名   (数据类型 形式参数,数据类型 形式参数…)
{
```

```
        函数体;
    }
```

例如:

```
int max(int x, int y)
{
    int z;                          //函数体中的说明部分,定义整型变量 z
    z = x > y?x:y;                  //x、y 中的最大数赋给 z
    return z;                       //返回 z 的值
}
```

定义了函数,函数名为 max,返回值类型为整型,形式参数为 x、y。函数体在{}内,实现求两个数中最大值的功能。

函数定义时,函数类型为函数返回值的类型,为 C51 的基本数据类型。无返回值为 void,为 int 型可省略。

函数名的命名必须遵循标识符规则,且易读。

形式参数必须用()括起来,每个形参必须有形参声明,数据类型为 C51 的基本数据类型。多个形参之间必须用","分隔,并不是所有函数都有形参。

函数体包括在花括号"{}"中,为 C51 语句的组合。所用函数体中使用到的除形参之外的变量,在开始部分进行变量的类型声明。

一个程序必须有一个主函数,其他用户定义的子函数可以是任意多个,函数的位置可以在 main()函数前,也可以在其后。

2) 函数参数与返回值

在定义函数时,函数名后面括号中的变量称为"形式参数"(简称形参);而在调用函数时,函数名后面括号中的变量称为"实际参数"(简称实参)。函数参数用于建立函数之间的数据联系。当一个函数被另一个函数调用时,实际参数传递给形式参数,以实现主调函数与被调函数之间的数据通信。

有的函数在被调用执行完后向主调函数返回一个执行结果,这个结果称为函数的返回值。函数的返回值用返回语句 return 实现。

例如,调用 max(int x,int y)函数求 7、8 的大数,并从 P0 输出。

```
# include < reg51.h >
int max(int x, int y)
{
    if(x > y)
    return x;
    else
    return y;
}
main()
{
    P0 = max(7,8);
}
```

函数 main()调用 max()函数时,实际的参数 7 和 8 传给了 x 和 y。用 return 返回函数值。

3）函数的调用

（1）函数的一般调用

函数的一般调用有语句调用和函数表达式调用两种。

函数语句调用是把函数调用作为一个语句。这种调用通常用于调用一个不带返回值的函数。一般形式为：

函数名(实参表);

函数表达式调用是用表达式形式调用函数,这种调用通常用于调用一个带有返回值的函数。一般形式为：

变量名 = 函数表达式;

例如：

```
# include < reg51.h >                        //头文件包含
/ ************ 延时函数 ************** /
  unsigned int add(unsigned char a,unsigned char b) //定义延时函数
    {
        unsigned int c;                      //定义变量 C
        c = a + b;
        return c;
    }
/ *********** 主函数 ************ /
main(void)
    {
        unsigned int i;
        i = add(3,5);
        P0 = i;
    }
```

程序实现 P0 口输出 3＋5 的和。其中,"i＝add(3,5);"调用 add(unsigned char a, unsigned char b)函数。

注意：C51 调用函数时,被调用的函数必须是已经存在的函数（库函数或用户自定义函数）。

（2）函数的参数传递

① 调用函数向被调用函数以形式参数传递。在调用函数时,一般主调函数和被调函数之间存在数据传递,这种数据传递是通过函数的参数实现的,实际参数将传递给形式参数。

例如,在上面主程序调用 add(unsigned char a,unsigned char b)函数时,是把实际参数 3 传给形式参数 a,5 传给形式参数 b。

注意：函数调用时实际参数必须与子函数中形式参数的数据类型、顺序和数量完全相同。

② 被调用函数向调用函数返回值。函数调用时,只有执行到被调函数的最后一条语句后或执行到语句 return 时才能返回。没有 return 语句,仅返回给调用函数一个 0。若要返回一个值,就必须用 return 语句,但 return 语句只能返回一个参数。例如,"i＝add(3,5);"就是把 add(3,5)的返回值赋给 i。

③ 用全局变量实现参数互传。例如,上述 unsigned int add(unsigned char a,unsigned char b)函数中的"unsigned int c;"语句定义的变量 c 就是局部变量。它只在 unsigned int add(unsigned char a,unsigned char b)函数中有效。

全局变量是指所有函数之外定义的变量,其作用范围从作用点开始。C51 中,根据变量的作用范围不同,可将变量分为局部变量和全局变量。

在函数内定义的变量以及形式参数均属局部变量。局部变量在定义它的函数内有效,直到程序结束。例如在程序开始部分声明语句:

```
unsigned char i;
unsigned char j;
unsigned char k;
```

定义了三个全局变量 i、j、k。

设置全局变量的目的是增加数据传递的渠道。将所要传递的参数定义为全局变量,可使变量在整个程序中对所有函数都使用。例如将 ge、shi、bai 定义为全局变量,实现了数据在 main()、change()、display()函数中传递。

注意:全局变量如果与局部变量同名,在局部变量的作用范围内,全局变量不起作用。

(3) 函数的嵌套调用与递归调用

函数的嵌套调用是指在调用一个函数的过程中,被调用的函数调用了另一个函数。

C51 允许函数自己调用自己,这种方式叫函数的递归调用,递归调用可以使程序简洁、紧凑。例如:

```
Int fact(n) ;
  {
    int n;
    int product;
    if(n == 1)
    return(1);
    product = fact(n-1) * n ;              //函数自身调用
    return(product);
  }
```

程序为了实现求 n!,用"product=fact(n-1)*n;"语句调用了函数本身 fact(n)。

4) 函数作用范围

C51 中每个函数都是独立的代码块,函数代码归该函数所有,除对函数的调用以外,其他任何函数中的任何语句都不能访问它。除非使用全局变量,否则一个函数内部定义的程序代码和数据,不会与另一个函数内的程序代码和数据相互影响。

C51 中不能在一个函数内再说明或定义另一个函数。但 C51 中只要先定义后使用,一个函数不必附加任何说明语句而被另一函数调用。如果一个函数在定义函数时,用 static 存储类说明符来进行声明,则为内部函数(也称静态函数),这样可以使函数只局限于所在文件。通常把只由同一文件使用的函数和外部变量放在一个文件中,用 static 使之局部化,其他文件不能引用。

如果用存储类说明符 extern 说明,则表明此函数为外部函数。

如果在定义函数时不进行存储类说明,则隐含为外部函数。在需要调用此函数的文件中,要用 extern 说明所用的函数是外部函数。

9. 预编译处理

C51 提供了编译预处理的功能,编译预处理是在编译前先对源程序中的预处理命令进行"预处理"，然后将预处理的结果和源程序一起再进行通常的编译处理，以得到目的代码。预处理命令以"#"打头，末尾不加分号。可以出现在程序的任何位置，作用范围是从出现处直到源文件结束。通常有三种预处理指令：宏定义、条件编译、文件包含。

1）宏定义

宏定义是用预处理命令 #define 指定的预处理。指用一个指定的符号来表示一个字符串，又称符号常量定义。一般形式为：

#define 标识符 常量表达式

其中，define 是关键字，它表示该命令是宏定义；"标识符"是指定的符号，一般大写，而"常量表达式"就是赋给符号的字符串。宏定义由于不是 C51 的语句，所以不用在行末加分号。

例如：

```
#define Pi 3.14          //指定符号 Pi 来代替 3.14,在预处理时,把程序在该命令以后的
                         //所有的 3.14 都用 Pi 来代替
```

常用 #define 定义数据类型。例如：

```
#define uchar unsigned char     //定义 uchar 就是 unsigned char 类型
```

也常用 #define 定义并行口，P0、P1、P2、P3 的定义在头文件 reg51.h 中，扩展的外部 RAM 和外部 I/O 口需要用户自定义。

例如：

```
#include <abasacc.h>
#define PA XBYTE [0xFFDE]
main()
{
    PA = 0x3B;               //将数据 0x3B 写入地址为 0xFFDE 的存储单元或 I/O 口
}
```

程序用预处理命令 #define 将 PA 定义为外部 I/O 口，地址为 0xFFDE，XBYTE 为一个指针，指向外部 RAM 的 0 地址单元，包含在 abasacc.h 头文件。

2）条件编译

在编译过程中，对程序源代码的各部分可以根据所求条件有选择地进行编译，即条件编译。条件编译可以选择不同的编译范围，从而产生不同的代码。C51 编译器的预处理器的常用条件编译命令有 #if、#elif、#else、#endif 等。一般形式是：

```
#if 常量表达式 1
   程序段 1
#elif 常量表达式 2
   程序段 2
   ⋮
#elif 常量表达式 n-1
   程序段 n-1
#else
   程序段 n
#endif
```

如果常量表达式 1 的值为真(非 0)时,就编译程序段 1,然后将控制传递给♯endif 命令,结束本次条件编译,继续下面的编译处理。否则,如果常量表达式 1 的值为假(0),程序段 1 不编译,而将控制传递给下面的一个♯elif 命令,对常量表达式 2 的值进行判断。如果常量表达式 2 的值为假(0),则将控制再传递给下一个♯elif 命令,直到遇到♯else 或♯endif 命令为止。

3) 文件包含

♯include 指令是让预处理器把源文件嵌入到当前源文件中的该点处(用指定文件的全部内容替换该预处理行)。格式如下:

♯include <文件名> 或 ♯include"文件名"

include 是关键字,文件名是被包含的文件名,应该使用文件全名,包括文件的路径和扩展名。文件包含命令一般习惯写在文件的开头,如果文件名用引号括起来,那么就在源程序所在位置查找该文件;如果用尖括号"<>"括起来,那么就按定义的规则来查找该文件。

例如:

♯include <abasacc.h>
♯include <reg51.h>

1.3.7 单片机程序设计的基本步骤

单片机程序设计的基本步骤如下。

(1) 分配存储空间、工作寄存器及有关端口地址。

(2) 画出程序流程图。程序的执行顺序常用流程图来表示,程序流程图是用符号表示程序执行流程的框图。表示符号有以下几种。

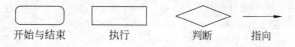

开始与结束　　　执行　　　判断　　　指向

(3) 编制源程序。

(4) 仿真、调试和优化程序。

(5) 固化程序。

1.3.8 Keil C51程序设计

1. 编写程序实现声光报警

1) 编程要求

声光报警电路如图 1-46 所示,编写程序实现:异常时 SW1 闭合,LED 灯亮灭交替闪烁,蜂鸣器发声报警。

2) 编程思路

先检测 P1.0 的电平状况,异常时闭合,即输入为低电平,按要求报警。正常时断开,即输入为高电平,按要求不报警。因此,先读取 P1.0 的电平状态,再根据高低电平状态来决定报警还是不报警。其主程序流程如图 1-47 所示。

报警时,用单片机的 P2.0 每隔一定时间轮流输出高低电平控制 LED 实现亮灭交替闪烁,再用单片机的 P2.1 每隔一定时间轮流输出高低电平给蜂鸣器信号放大电路实现蜂鸣器发声。不报警时 P2.0、P2.1 均输出高电平可以实现。

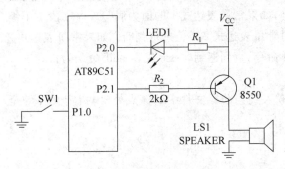

图 1-46　声光报警电路

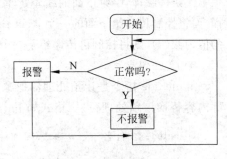

图 1-47　报警主程序流程

3）编写程序

根据编程思路,按流程图设计参考程序如下:

```c
# include < reg51. h>
sbit SW1 = P1^0;
sbit LED1 = P2^0;
sbit FMQ = P2^1;
/ ************** 延迟函数 ************** /
void delay(unsigned int time)
{
  unsigned int i,j;
  for(i = 0;i < time;i++)
    for(j = 0;j < 120;j++)
      ;
}
/ ************** 报警函数 ************** /
void Call_police(void)
{
  LED = ! LED;
  FMQ = ! FMQ;
  delay(500);
}
/ ************** 正常不报警函数 ************** /
void normal(void)
{
  LED1 = 1;
  FMQ = 1;
}
/ ************* 主函数 ************* /
main()
{
  LED1 = 1; //初始状况为正常状况(可省)
  FMQ = 1;
  while(1)
  {
    if(SW1 == 0)
    Call_police();
```

```
        else
        normal();
    }
}
```

2. 编写程序实现端口状态检测并显示

1) 编程要求

电路如图 1-48 所示，编写程序实现功能：当单片机的 P1.0 检测到低电平时，只有绿灯亮，检测到高电平时，只有红灯亮。

2) 编程思路

先读取端口状态，然后判断状态，如果状态为高电平，让 P2.1 输出低电平点亮红灯，P2.0 输出高电平，熄灭绿灯。如果状态为低电平，让 P2.0 输出低电平点亮绿灯，P2.1 输出高电平，熄灭红灯，程序流程如图 1-49 所示。

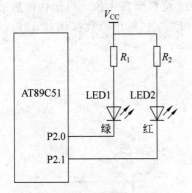

图 1-48 端口状态指示电路

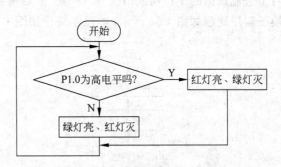

图 1-49 端口状态检测程序流程

3) 编写程序

根据编程思路，按流程图设计参考程序如下：

```
#include<reg51.h>
    sbit led_g = P2^0;         //绿
    sbit led_r = P2^1;         //红
    sbit Testing = P1^0;
/****************** 低电平状态指示函数 ****************** /
void state_low(void)
    {
        led_g = 0;
        led_r = 1;
    }
/****************** 高电平状态指示函数 ****************** /
void state_hig(void)
    {
        led_g = 1;
        led_r = 0;
    }
/****************** 主函数 ****************** /
main()
{
```

```
    while(1)
      {
        if(Testing == 1)
        state_hig();
        else
        state_low();
      }
  }
```

3. 编写程序实现十进制数转换成 BCD 码

1）编程要求

编写程序，把某十进制数（二位数）转换成 BCD 码，并把十进制数和 BCD 码分别从两个端口输出。

2）编程思路

先把待转换的数据的十位求出，屏蔽高 4 位后，把低 4 位移到高 4 位。再把移位后结果与十进制数据的个位相或构成 BCD 码。然后通过 P1 和 P2 端口输出原数据和 BCD 码。转换子程序流程如图 1-50 所示，主程序流程如图 1-51 所示。

图 1-50　转换子程序流程

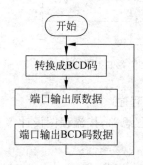

图 1-51　主程序流程

3）编写程序

根据编程思路，按流程图设计参考程序如下：

```
#include<reg51.h>
/****************** 十进制转 BCD 码函数 ******************/
unsigned char INT_to_BCD(unsigned char dat)
{
  unsigned char dat_BCD;
  dat_BCD = (((dat/10)&0x0F)<<4)|(dat%10);
  return(dat_BCD);
}
main()
{
    unsigned char dat; //表示待转换的二位十进制数
```

```
        unsigned char dat_BCD;
        while(1)
        {
            dat_BCD = INT_to_BCD(dat);
            P1 = dat;
            P2 = dat_BCD;
        }
    }
```

4. 编写程序实现把 BCD 码转换成十进制数

1）编程要求

编写程序，把某 BCD 码转换成十进制数，并把 BCD 码和十进制数分别从两个端口输出。

2）编程思路

把 BCD 码的高 4 位分离出来乘以 10 再与低 4 位相加。然后通过 P1 和 P2 端口输出原数据和 BCD 码。转换程序流程如图 1-52 所示。

3）编写程序

根据编程思路，按流程图设计参考程序如下：

图 1-52 转换程序流程

```
#include<reg51.h>
/ ***************** BCD 码转十进制函数 ***************** /
unsigned char BCD_to_INT (unsigned char BCD)
{
    unsigned char dat;
    dat = ((BCD&0xF0)>>4) * 10|BCD&0x0F;
    return(dat);
}
/ ***************** 主函数 ***************** /
main()
{
    unsigned char dat;
    unsigned char BCD;
    while(1)
    {
        dat = BCD_to_INT (BCD);
        P1 = dat;
        P2 = BCD;
    }
}
```

1.4 项 目 实 施

1.4.1 广告灯总体设计

基本功能部分的实现思路是：用 AT89C51 单片机构建最小系统；单片机的一个并行口外接 LED 灯，周期性的输出广告灯控制信号，实现广告灯显示效果，总体框图如图 1-53 所示。

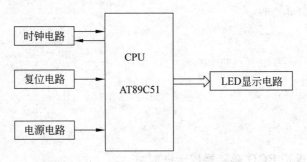

图 1-53 广告灯总体框图

1.4.2 设计广告灯硬件电路

AT89C51 单片机采用上电复位形式，时钟电路采用 12MHz，20pF 电容作微调电容，P1 口作为广告灯显示，外接 8 只 LED，硬件电路如图 1-54 所示。

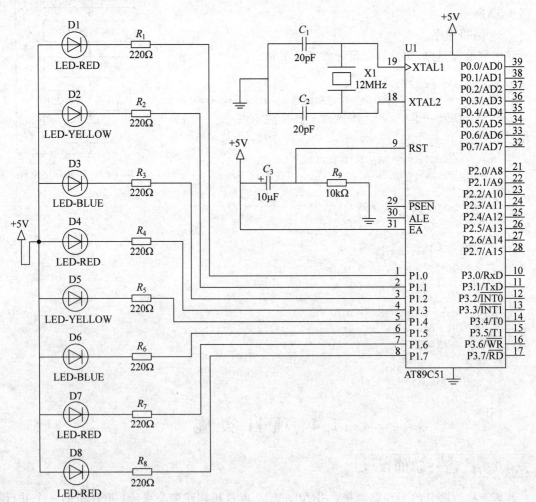

图 1-54 广告灯电路

1.4.3　设计广告灯程序

1. 程序设计思路

用端口输出高低相反的电平(0x00、0xFF),并延迟一定时间,实现 LED 开关 8 次,实现 8 灯闪烁,从端口奇数、偶数引脚轮流输出高低相反的电平(0x55、0xAA),并延迟一定时间,实现左右奇偶闪烁。分 2 次对 L1~L4、L5~L8 分别输出高低电平(0x0F、0xF0),并延迟一定时间,实现 L1~L4、L5~L8 交互闪烁,全部输出高电平(0xFF),实现全灭。主程序参考流程如图 1-55 所示。

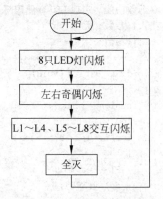

图 1-55　广告灯主程序参考流程

2. 设计程序

根据编程思路,按流程图设计参考程序如下:

```
#include<reg51.h>        //51 系列单片机定义文件
void delay(unsigned int time);    //声明延时函数
unsigned char led_val;
/ *************************
函数名称: 延迟函数
函数功能: 延迟 time * 10ms
入口参数: time 延迟量
出口参数: 无
************************* /
void delay(unsigned int time)
{
    unsigned int i,j;
    for(i = 0;i < time;i++)
      for(j = 0;j < 120;j++)
        ;
}
/ *************** **************** /
函数名称: LED 开关 8 次函数
函数功能: 实现 LED 开关 8 次
入口参数: 无
出口参数: 无
/ ****************************** /
void led_on_off(void)
{
    unsigned char i;
    led_val = 0xFF;
    for(i = 0;i < 8;i++)
    {
        P1 = led_val;
        delay(100);
        P1 = ~led_val;
        delay(100);
    }
}
```

```
/ ********************************* /
函数名称：LED 奇偶闪烁 8 次函数
函数功能：实现 LED 奇偶闪烁 8 次
入口参数：无
出口参数：无
/ ********************************* /
void led_Parity (void)
{
    unsigned char i;
    led_val = 0x55;
    for(i = 0; i < 8; i++)
    {
        P1 = led_val;
        delay(100);
        P1 = ~led_val;
        delay(100);
    }
}
/ ********************************* /
函数名称：L1~L4 与 L5~L8 闪烁 8 次函数
函数功能：L1~L4 与 L5~L8 闪烁 8 次
入口参数：无
出口参数：无
/ ********************************* /
void led_About (void)
{
    unsigned char i;
    led_val = 0x0F;
    for(i = 0; i < 8; i++)
    {
        P1 = led_val;
        delay(100);
        P1 = ~led_val;
        delay(100);
    }
}
/ ********************************* /
函数名称：全灭函数
函数功能：实现 L1~L8 闪烁全灭
入口参数：无
出口参数：无
/ ********************************* /
void led_off (void)
{
    led_val = 0xFF;
    P1 = led_val;
    delay(100);
}
/ *************************
函数名称：主函数
************************* /
```

```
main(void)
{
    while(1)
    {
        led_on_off();
        led_Parity();
        led_About();
        led_off();
    }
}
```

3. 编辑编译程序

1）新建广告灯项目

运行 Keil μVision2 工具软件，单击 Project 菜单，选择 New Project，选择 Atmel 公司 AT89C51 型号单片机，建立广告灯项目文件，命名为 Advertising_lamp。

2）编辑广告灯源程序

单击 File→New 菜单，打开源程序编辑界面，在程序编辑区编辑广告灯的源程序。编辑完成后单击 File/Save 进入保存界面，选择保存项目文件所在的文件夹，在文件名栏目输入文件名 Advertising_lamp.c（也可自己命名）保存文件，最后将程序文件 Advertising_lamp.c 添加到项目。

3）编译广告灯程序

在广告灯项目环境中单击 Project 菜单，在下拉菜单中选择 Built Target 选项，编译程序，如果源程序中有错误，则不能通过编译，错误会在输出窗口中报告出来，双击该错误，就可以定位到源程序的出错行，对源程序进行反复修改，再编译，直到没有语法错误，注意，每次修改源程序后一定要再保存一次。

1.4.4 仿真调试广告灯

1. 调试

编译成功后，单击 Project 菜单，在下拉菜单中单击 Start/Step Debug Session 进行调试。打开 I/O 口 P1 观察窗口，如图 1-56 所示。

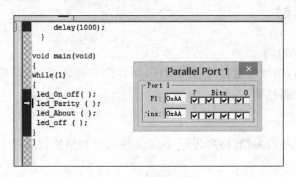

图 1-56 程序调试界面

选择 ⏸ ⏭ 两种方式，通过单步（step）调试，可查看寄存器的数据。选择观察 P1 端口输出数据，判断程序设计的正确性，修改程序直至正确。单击 🏗 工具或 Project/ReBuild

Target，编译输出广告灯.hex文件。

2.仿真

1）建立仿真模型

运行 Proteus 仿真软件，添加库元件、放置元件、按电路图连接电路，建立如图 1-57 所示广告灯参考仿真模型。

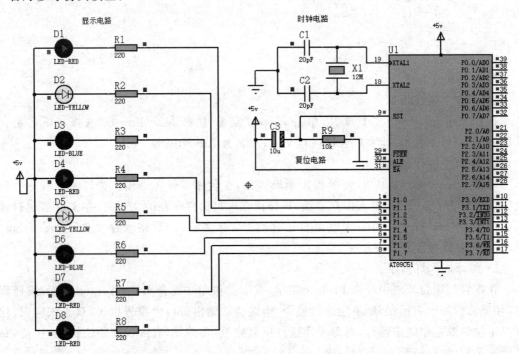

图 1-57 广告灯参考仿真模型

2）仿真运行

单击 ▶ 运行按钮，仿真广告灯，测试功能指标，修改硬件设计和程序设计，使仿真效果与设计要求趋于一致。

1.4.5 调试广告灯

1.安装元器件及检测

仿真调试成功后，按硬件电路安装元器件，制作广告灯样机（单片机芯片最好用芯片插座），并进行静态和动态检测。

2.固化程序

仿照前面固化程序的案例，将广告灯.hex文件固化到单片机芯片中。

3.运行广告灯

首先断开电源，断开下载线；然后再接通电源，运行广告灯系统。测试通行的状态指示和通行时间。对比、分析是否达到性能指标，如没有达到要求，修改、优化程序，调整延迟时间，重新调试、下载、运行程序，测试功能，直到实现基本的功能。

1.5 拓 展 训 练

1. 设计制作一个能输出两种声音(频率自定)的警笛声音发生器,同时用两个不同颜色的发光二极管实现发光模拟。

2. 如图 1-58 所示,设计交通方向指示灯程序,实现 3 组指示灯按 1、12、123 的方式点亮、指示方向,时间间隔自定。

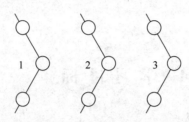

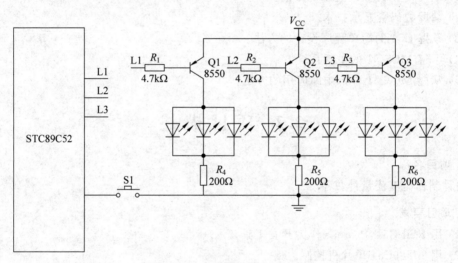

图 1-58 交通方向指示灯电路

3. 设计制作十字路口交通控制灯,主道通行 30s,从道通行 20s,主从道过渡时间为 2s,用黄灯闪烁 2 次。

设计制作游客流量计数器

2.1 学习目标

(1) 掌握 C51 的数组应用的方法。

(2) 掌握数码管显示技术。

(3) 掌握 C51 的简单程序设计的方法。

(4) 了解 MCS-51 的中断系统。

(5) 掌握 MCS-51 外部中断应用的方法。

2.2 项目描述

1. 项目名称

设计制作游客流量计数器

2. 项目要求

(1) 用 Keil C51、Proteus 作为开发工具。

(2) 用 AT89C51 单片机控制。

(3) 能自动统计游客流量总人数与景区实时人数,游客流量人数范围为 0～1000,并用数码管显示。

(4) 使用外部中断响应。

(5) 发挥扩充功能,如消隐功能(高位为 0 则不显示)等。

3. 设计制作任务

(1) 拟订总体设计制作方案。

(2) 设计硬件电路。

(3) 编制软件流程图及设计源程序。

(4) 仿真调试游客流量计数器。

(5) 安装元件,制作游客流量计数器,调试功能。

(6) 完成项目报告。

2.3　相　关　知　识

2.3.1　数组

数组是一组有序数据的集合,数组中每一个元素的类型相同,数组必须先定义后使用。常用数组有一维数组、二维数组和字符数组。

1. 一维数组的定义与引用

数组是一组有相同类型数据的有序集合。例如,单片机系统的数码管显示段选码表、LED 点阵显示字形码表、对传感器的非线性参数进行补偿时的表格可以用数组表示。数组必须先定义后使用。同一数组中的元素具有相同的数据类型、相同的数组名和不同的下标。

1) 一维数组的定义

一维数组的定义为:

<存储类型>　类型说明符　数组名　[常量表达式];

其中,"存储类型"包括 static、extern 和 auto,可默认,默认时与变量处理格式相同。

"类型说明符"说明数组元素的数据类型,可以是整型、字符型等。

"数组名"是整个数组的标识符,它的命名与变量相同。在说明一个数组后,系统会在内存中分配一段连续的空间用于存放数组元素。

"常量表达式"指明了数组的长度,即数组中元素的个数。它必须用方括号"[]"括起来,不能含有变量,必须是一个整型值。

例如:

a[0]	第一个元素
a[1]	第二个元素
a[2]	第三个元素

```
int a[3];      //它表示数组名为 a,有 3 个整型元素,数组元素
               //在内存中的存放顺序如图 2-1 所示
```

2) 一维数组的引用

C51 中,使用数值型数组时,只能逐个应用数组元素而不能一次引用整个数组。数组元素的引用是通过数组名和下标来实现的,一维数组中数组元素的引用形式是:

图 2-1　一维数组元素存放图

数组名[下标表达式]

"下标表达式"表示数组中的某个元素的顺序序号,数组元素的下标总是从 0 开始的。若数组长度为 n,第一个元素的下标为 0,最后一个为 n-1。下标表达式可以是任何整型常量、整型变量或返回整型量的表达式。

例如,对数组 a[3] 的引用分别为 a[0]、a[1]、a[2]。通过数组元素的引用,数组元素就可以进行赋值和算术运算以及输入和输出操作。

例如:

```
#include<reg51.h>
main()
{
    unsigned char n,a[3];
```

```
for (n = 0;n < 2;n++)
a[n] = n;
a[2] = 4;
}
```

程序使 a[0]、a[1]、a[2]分别赋值为 0、1、4。

3）一维数组的初始化

一维数组的初始化可通过以下几种形式。

（1）对数组全部元素初始化，例如"static int a[3]＝{0,1,2};"。

（2）可以只给一部分元素赋值，例如"static int a[3]＝{0,1};"，后面元素自动赋 0。

（3）如果想使一个数组中全部元素值为"0"，例如"static int a[3]＝{0,0,0};"对 static 数组不赋初值，系统会对所有数组元素自动赋予"0"值，即"static int a[3];"。

（4）在对全部数组元素赋初值时，可以不指定数组长度。例如"static int a[]＝{0,1,2};"，在括号中有 3 个数，系统就会据此自动定义 a 数组的长度为 3。

2. 二维数组的定义与引用

1）二维数组的定义

定义二维数组的一般形式为：

类型说明符 数组名[常量表达式 1][常量表达式 2];

例如：

```
int a[2][2];
```

定义一个名为 a 的 2 行 2 列的整型数据数组。a 数组中的元素在内存中的排列顺序为按行存放，如图 2-2 所示。

a[0][0]	第一行第一列的元素
a[0][1]	第一行第二列的元素
a[1][0]	第二行第一列的元素
a[1][1]	第二行第二列的元素

图 2-2　二维数组元素存放图

2）二维数组的引用

二维数组元素的引用与一维数组元素的引用相似，其形式为：

数组名[下标表达式 1][下标表达式 2]

下标表达式也可以是任何整型常量、整型变量或返回整型量的表达式。

若二维数组第一维的长度为 n，第二维的长度为 m，第一个元素的下标为[0][0]，最后一个下标为[n−1][m−1]。

3）二维数组的初始化

（1）在定义二维数组时，分行对各元素赋初值，第一个{}内元素赋给第一行的元素，第二个{}内元素赋给第二行的元素以此类推。例如：

```
int b[2][2] = {{1,2}{3,4}};
```

（2）可以将所有的值写在一个大括号内，按数组在内存中排列的顺序对各元素赋值。例如：

```
int b[2][2] = {1,2,3,4};
```

（3）可以只对部分元素赋值，其余元素自动为 0。例如：

```
int b[2][2] = {{1}{3}};
```

这时，b[0][0]的值为 1，b[0][1]的值为 0，b[1][0]的值为 3，b[1][1]的值为 0。

（4）如果对全部元素都赋值，则定义数组时第一维长度可以省略。例如：

```
int a[2][2] = {{1,2},{3,4}};等价于 int a[ ][2] = {{1,2 },{3,4}};
```

3. 字符数组

用来存放字符数据的数组称为字符数组。字符数组中的每个元素就是一个字符。既具有普通数组的一般性质，又具有某些特殊性质。

1）字符数组的定义与初始化

（1）字符数组的定义

字符数组的定义与数值型数组的定义相类似，它的一般形式为：

```
char   字符数组名[字符长度];
```

例如：

```
char ch[2];
```

定义了一个名为 ch，长度为 2 的字符数组。注意，字符数组中的每个元素只能存放一个字符，例如：

```
ch[0] = 'o';
ch[1] = 'k';
```

（2）字符数组的初始化

方法一：通过为每个数组元素指定初值字符来实现。例如：

```
char a [3] = {'0','n','e'};
```

如果赋初值的个数大于数组长度，则作为语法错误处理。如果提供的初值个数与预定的数组长度相同，在定义时可以省略数组长度，系统会自动根据初值个数确定数组长度。如果初值个数小于数组长度，则只将这些字符赋给数组中前面那些元素，其余的元素自动定为空字符（即'\0'）。

方法二：用字符串常量对字符数组初始化。例如：

```
char ch[] = "happy";
```

2）字符数组的引用

字符数组的引用和数值数组相类似，形式如下：

```
数组名[下标]
```

3）字符串和字符串结束标志

字符串是指若干有效字符的序列，字符串不能存放在一个变量中，只能存放在一个字符型数组中，为了测定字符串的实际长度，在 C51 中规定以'\0'字符作为字符串结束标志，在字符数组中占一个空间位置。在字符串常量末尾，编译系统会自动加上'\0'作为结束符。

例如：

static char a[2] = {"12"};　经赋值后 mum 数组中各元素的值为：

1	2	\0

由于空字符作为结束标志，因此说明字符数组长度时，应为所需长度加 1。

2.3.2　LED 数码管显示

1. LED 数码显示

LED 数码显示器是由若干个发光二极管组成的，当发光二极管导通时，相应的点或线段发光，将这些二极管排成一定图形，控制不同组合的二极管导通，显示出不同的字形，常作为数码显示用，根据公共引脚接供电和接地的方式分为共阴和共阳两种，单个数码管外观和结构如图 2-3 所示。

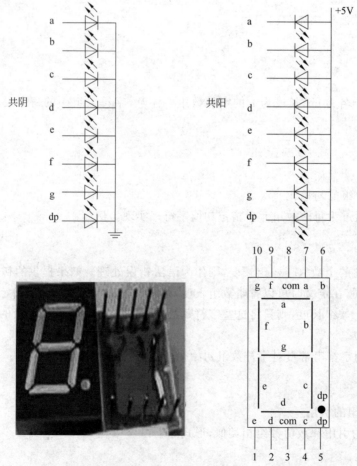

图 2-3　数码管外观和结构

显示时,必须在 8 位段选线(a、b、c、d、e、f、g、dp)上加上相应的电平组合,即一个 8 位数据,这个数据叫字形码(又叫字符的段选码),通常用的段选码规则如表 2-1 所示(不用小数点,则为七段 LED 数码管)。

表 2-1　七段 LED 段选码

显示字符	共阴极段选码	共阳极段选码	显示字符	共阴极段选码	共阳极段选码
0	3FH	C0H	b	7CH	83H
1	06H	F9H	C	39H	C6H
2	5BH	A4H	d	5EH	A1H
3	4FH	B0H	E	79H	86H
4	66H	99H	F	71H	8EH
5	6DH	92H	P	73H	8CH
6	7DH	82H	U	3EH	C1H
7	07H	F8H	y	6EH	91H
8	7FH	80H	Γ	31H	CEH
9	6FH	90H	8.	FFH	00H
A	77H	88H	灭	00H	FFH

因此,在显示时需把待显示的数字转换成相应的字形码,这个过程叫译码。译码有硬件译码和软件译码两种方法。硬件译码时常用 74LS47、74LS48、74LS49、74LS164 等译码电路实现,软件译码常用查表法实现。

1) 静态显示

静态显示是数码管一直处于点亮状态,因此功耗大,而且占用硬件资源多,几乎只能用在显示位数极少的场合。在数码管的 a、b、c、d、e、f、g 引脚上输入段选码输入段码,公共脚 3(8)输入或接对应电平,保持不变,数码管将一直显示对应段码的内容。

例如,下面程序实现在共阳数码静态显示 H。

```
# include< reg51.h>
sbit LINE = P1^0;
main()
{
  while(1)
  {
    P2 = 0x91; //H 字形码 10010001
    LINE = 1;
  }
}
```

2) 动态显示

动态显示是多只数码管共享段选线,依次输出段选码,同时逐位进行扫描(依次为数码管的公共端加合适的显示电平),数码管处于亮和灭的交替中,利用人眼的视觉惰性,实现显示的方式。占用硬件资源少,功耗小。但是,扫描周期必须控制在视觉停顿时间内,否则会出现闪烁或跳动现象。

例如:

```
# include< reg51.h>
```

```
unsigned char
table[] = {0x3F,0x06,0x5B,0x4F,0x66,0x6D,0x7D,0x07,0x7F,0x6F,0xc0};
void delay(unsigned int i)
{
    unsigned int j,k;
    for(j = 0;j < i;j++)
      for(k = 0;k < 120;k++)
        ;
}
main()
{
  while(1)
  {
    P2 = 0xFF;
    P1 = table[3];                    //显示个位
    P2 = 0xFD;
    delay(1);
    P2 = 0xFF;                        //显示十位
    P1 = table[5];
    P2 = 0xFB;
    delay(1);
  }
}
```

程序实现数码管显示 35。

2. LED 点阵显示

LED 点阵显示器以发光二极管为像素，结构如图 2-4 所示，引脚实物如图 2-5 所示。按内部电路结构和外形规格分共阳与共阴两种。

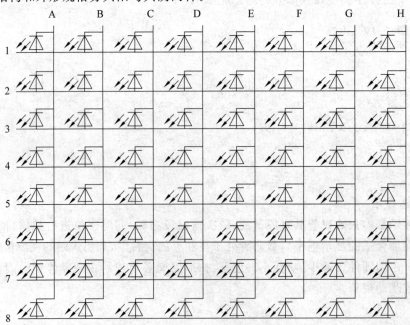

图 2-4　点阵结构图

　　它用高亮度发光二极管芯阵列组合后,用环氧树脂和塑模封装而成,具有高亮度、功耗低、引脚少、视角大、寿命长、耐湿、耐冷热、耐腐蚀等特点。

　　LED 点阵显示器可显示红、黄、绿、橙等颜色,按显示颜色多少分为单色和双色两类,规格有 4×4、4×8、5×7、5×8、8×8、16×16、24×24、40×40 等多种。根据像素的数目分为单基色、双基色、三基色等。单基色点阵只能显示固定色彩,如红、绿、黄等单色。双基色和三基色点阵显

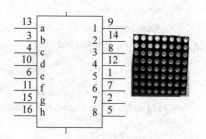

图 2-5　点阵引脚及实物图

示内容的颜色,由像素内不同颜色发光二极管点亮组合方式决定,如红绿都亮时可显示黄色。如果用脉冲方式控制二极管的点亮时间,则可实现 256 或更高级灰度显示,即可实现真彩色显示。

　　由于 LED 管芯大多为高亮度型,因此某行或某列的单体 LED 驱动电流可选用窄脉冲,但其平均电流应限制在 20mA 内。多数点阵显示器的单体 LED 的正向压降在 2V 左右。但大亮点的点阵显示器单体 LED 的正向压降约为 6V。

　　LED 点阵显示器单块使用时,既可代替数码管显示数字,也可显示各种中西文字、符号、图形。用多块点阵显示器组合则可构成大屏幕显示器。

　　在实际应用中一般采用动态显示方式,动态显示采用扫描的方式工作,由峰值较大的窄脉冲驱动,从上到下逐次不断地对显示屏的各行进行选通,同时又向各列送出表示图形或文字信息的脉冲信号,反复循环以上操作,就可显示各种图形或文字信息。

　　如图 2-6 所示,在 8×8 点阵的行线上依次输入如下字形码:0x18、0x18、0x18、0x18、0x18、0x18、0x18、0x18,同时在 8×8 点阵的列线上轮流输入低电平,则在 8×8 共阴 LED 点阵上显示汉字"1"。

字形码				行线输入数据				
0x18	0	0	0	1	1	0	0	0
0x18	0	0	0	1	1	0	0	0
0x18	0	0	0	1	1	0	0	0
0x18	0	0	0	1	1	0	0	0
0x18	0	0	0	1	1	0	0	0
0x18	0	0	0	1	1	0	0	0
0x18	0	0	0	1	1	0	0	0
0x18	0	0	0	1	1	0	0	0

图 2-6　汉字点阵示意图

用 P1 口作为字符数据输出端口,P2 口作为扫描控制字输出端口,显示代码如下:

```
# include < reg51.h>
unsigned char Font[8] = {0x18,0x18,0x18,0x18,0x18,0x18,0x18,0x18};
unsigned char rank[8] = {0xFE,0xFD,0xFB,0xF7,0xEF,0xDF,0xBF,0x7F};
/ *************** 延迟函数 ************* /
void delay(unsigned char time)
```

```
{
    unsigned char i;
    for(i = 0;i < time;i++)
    ;
}
/ ************** 显示函数 ************** /
void display(unsigned char dat,unsigned char rank)
{
    P2 = 0xFF;
    P1 = dat;                              //输出字形码,显示 1
    P2 = rank;
    delay(200);
}
/ ************** 主函数 ************** /
main()
{
    unsigned char i;
    while(1)
    {
        for(i = 0;i < 8;i++)
        display(Font[i],rank[i]);
    }
}
```

2.3.3 数码管与点阵应用

1. 编写程序实现数码管显示 4 位数的班级编号

1）编程要求

编写程序显示自己的 4 位数班级编号。

2）编程思路

首先分别求出 4 位数班级编号的各位：个、十、百、千,存入数组。数据处理的程序流程如图 2-7 所示,然后动态显示方式,从数组中读出每一位数据并译码显示,一位数据译码显示程序流程如图 2-8 所示,主程序流程如图 2-9 所示。

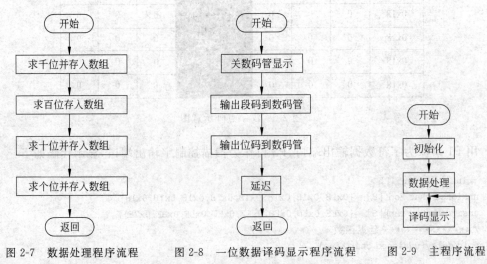

图 2-7　数据处理程序流程　　图 2-8　一位数据译码显示程序流程　　图 2-9　主程序流程

3）设计程序

根据流程图设计程序，参考程序如下：

```c
# include < reg51. h>
unsigned char seg_dm[10] = {0x3F,0x06,0x5B,0x4F,0x66,0x6D,0x7D,0x07,0x7F,0x6F};
unsigned char display_dat[4];
/ ************** 延迟函数 ************ /
    void delay(unsigned int time)
    {
        unsigned int i,j;
        for(i = 0;i < time;i++)
          for(j = 0;j < 120;j++)
            ;
    }

/ ************** 数据处理函数 ************ /
void change_dat(int bj_dat)
{
  display_dat[0] = bj_dat/1000;
  display_dat[1] = bj_dat % 1000/100;
  display_dat[2] = bj_dat % 1000 % 100/10;
  display_dat[3] = bj_dat % 1000 % 100 % 10;
}
/ ************ 显示一位数据函数 ************ /
void display(unsigned char dat,unsigned char bit_code)
{
  P2 = 0xFF;                        //关断
  P1 = seg_dm[dat];                 //输出 dat 的段码
  P2 = bit_code;                    //输出位码
  delay(10);                        //延迟
}
/ ************ 班级编号显示函数 ************ /
main()
{
  change_dat(1301);                 //处理班级编号 1301
  while(1)
  {
    display(display_dat[0],0xFE);   //显示班级编号
    display(display_dat[1],0xFD);
    display(display_dat[2],0xFB);
    display(display_dat[3],0xF7);
  }
}
```

2. 编写程序实现在 8×8 点阵上显示汉字

1）编程要求

编写程序在 8×8 点阵上轮流显示汉字"电子技术"。

2）编程思路

首先以"电子技术"字形码构建数组，然后以一定速度（一个字显示的时间等于显示一次的时间乘以次数）依次读出显示即可，主程序流程如图 2-10 所示。

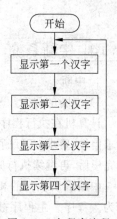

图 2-10　主程序流程

3) 设计程序

根据流程图设计程序，参考程序如下：

```c
#include<reg51.h>
unsigned char Font[32] = {0x00,0x7C,0x54,0xFF,0x55,0x55,0x7D,0x03,    //电
                          0x10,0x90,0x91,0xBF,0xFE,0xD0,0x90,0x10,    //子
                          0x29,0xFF,0x29,0x51,0x5F,0xF2,0x5D,0x51,    //技
                          0x22,0x24,0x38,0xFF,0xFF,0xAC,0xE6,0x22     //术
                         };
unsigned char rank[8] = {0xFE,0xFD,0xFB,0xF7,0xEF,0xDF,0xBF,0x7F};    //列控制码
/*************** 延迟函数 ************* /
void delay(unsigned int time)
{
    unsigned int i,j;
    for(i = 0;i<time;i++)
      for(j = 0;j<120;j++)
        ;
}
/*************** 显示一列函数 ************* /
void display(unsigned char dat,unsigned char rank)
{
  P2 = 0xFF;
  P1 = dat;
  P2 = rank;
  delay(1);
}
/*************** 主函数 ************* /
main()
{
    unsigned char i,j,k;
    while(1)
    {
        for(j = 0;j<4;j++)
        for(k = 0;k<200;k++)                                          //每个字显示200次
        for(i = 0;i<8;i++)
        display(Font[i + 8 * j],rank[i]);
    }
}
```

2.3.4 中断系统

1. 中断

1) 中断的概念

计算机在执行程序的过程中，当出现 CPU 以外的某种情况，由服务对象向 CPU 发出中断请求信号，要求 CPU 暂时停止当前程序的执行，转去执行其他相应的处理程序，待其他程序执行完毕后，再继续执行原来被停止的程序。这种程序在执行过程中被打断的情况称为中断。

中断后所执行的相应的处理程序称为中断服务或中断处理函数，原来正常运行的程序称为主程序。主程序被断开的位置（或地址）称为断点。引起中断的事件或装置称为中断源。中断源的服务请求称为中断请求。

调用中断服务程序的过程类似于调用函数,其区别在于调用函数在程序中是事先安排好的;而何时调用中断服务程序事先却无法确定,因为中断的发生是由外部因素决定的。

2)中断的功能

分时操作。中断可以解决 CPU 与外设之间速度不一致的矛盾,使 CPU 和外设同时工作。CPU 在启动外设工作后,继续执行主程序,同时外设也在工作,每当外设做完一件事就发出中断申请,请求 CPU 中断它正在执行的程序,转去执行中断服务程序,中断处理完之后,CPU 恢复执行主程序。这样就提高了 CPU 的效率。

实时处理。在实时控制中,现场的各种参数、信息均随时间和现场而变化。这些外界部件可根据要求随时向 CPU 发出中断申请,请求 CPU 及时处理,如中断条件满足,CPU 就响应,进行相应的处理,从而实现实时处理。

故障处理。针对难以预料的情况或故障,如掉电、存储出错、运算溢出等,可通过中断系统由故障源向 CPU 发出中断请求,再由 CPU 转到相应的故障处理程序进行处理。

2. MCS-51 的中断系统

1)中断系统的组成

MCS-51 中断系统由 4 个与中断相关的特殊功能寄存器(TCON、SCON、IE、IP)、中断入口、中断顺序查询逻辑电路等组成,如图 2-11 所示。

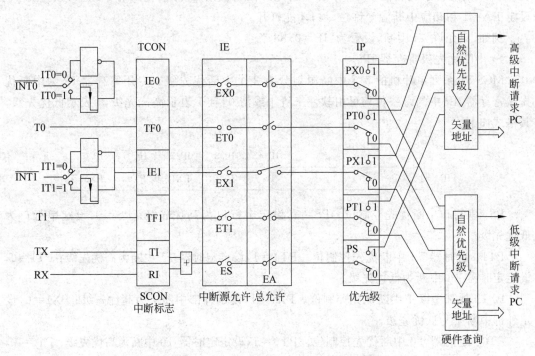

图 2-11　MCS-51 中断系统内部结构示意图

当中断发生时,相应中断源的中断标志置位"1",如果相应中断源和中断允许总控制位被允许,CPU 就会响应中断请求。

2)中断源

MCS-51 共有 5 个中断源,两个外部中断($\overline{\text{INT0}}$、$\overline{\text{INT1}}$),两个定时器溢出中断(T0 溢

出、T1 溢出）和一个串行口中断。

3）中断的允许与禁止

MCS-51 系列单片机的 5 个中断源，都是可屏蔽中断，其中断系统内部设有一个专用寄存器 IE 用于控制 CPU 对各中断源的开放或屏蔽。IE 寄存器各位定义如下。

	IE.7			IE.4	IE.3	IE.2	IE.1	IE.0
IE:								
(A8H)	EA			ES	ET1	EX1	ET0	EX0

EA：总中断允许控制位。EA＝1，开放所有中断；EA＝0，禁止所有中断。

ES：串行口中断允许位。ES＝1，允许串行口中断；ES＝0 禁止串行口中断。

ET1：定时器 T1 中断允许位。ET1＝1，允许 T1 中断；ET1＝0，禁止 T1 中断。

EX1：外部中断 1（INT1）中断允许位。EX1＝1，允许外部中断 1（INT1）中断；EX1＝0，禁止外部中断 1 中断。

ET0：定时器 T0 中断允许位。ET0＝1，允许 T0 中断；ET0＝0，禁止 T0 中断。

EX0：外部中断 0（INT0）中断允许位。EX0＝1，允许外部中断 0 中断；EX0＝0，禁止外部中断 0（INT0）中断。

8051 单片机系统复位后，IE 中各中断允许位均被清 0，即禁止所有中断。只有用指令设定 EA＝1 和相应中断源允许位＝1，才能打开。

例如，只允许 TI 中断，设置为"IE＝0x88;"。

4）中断优先级寄存器 IP

MCS-51 系列单片机的 5 个中断源划分为 2 个中断优先级。专用寄存器 IP 为中断优先级寄存器，IP 中的每一位均可由软件来置 1 或清 0，且 1 表示高优先级，0 表示低优先级，其格式如下。

	IP.4	IP.3	IP.2	IP.1	IP.0
IP:					
	PS	PT1	PX1	PT0	PX0

PS：串行口中断优先控制位。PS＝1，设定串行口为高优先级；PS＝0，设定串行口为低优先级。

PT1：定时器 T1 中断优先控制位。PT1＝1，设定定时器 T1 中断为高优先级；PT1＝0，设定定时器 T1 中断为低优先级。

PX1：外部中断 1 中断优先控制位。PX1＝1，设定外部中断 1 为高优先级；PX1＝0，设定外部中断 1 为低优先级。

PT0：定时器 T0 中断优先控制位。PT0＝1，设定定时器 T0 中断为高优先级；PT0＝0，设定定时器 T0 中断为低优先级。

PX0：外部中断 0 中断优先控制位。PX0＝1，设定外部中断 0 为高优先级；PX0＝0，设定外部中断 0 为低优先级。

当系统复位后，IP 低 5 位全部清 0，所有中断源均设定为低优先级。可通过编程确定高、低优先级。例如，要设定串行口中断为最高优先级，则设置为"IP＝0x10;"。

如果几个同一优先级的中断源，同时向 CPU 申请中断，CPU 通过内部硬件查询逻辑，按自然优先级顺序确定先响应哪个中断请求。自然优先级由硬件形成,顺序如表 2-2 所示。

表 2-2　MCS-51 系列单片机中断优先级

中　断　源	同级自然优先级
外部中断 0	最高级
定时器 T0 中断	
外部中断 1	
定时器 T1 中断	
串行口中断	最低级

　　多个中断源,如果程序中没有中断优先级设置指令,则按自然优先级进行排列。实际应用中常把 IP 寄存器和自然优先级相结合使用。

　　当 CPU 响应某一中断时,若有更高优先级的中断源发出中断请求,则 CPU 能中断正在进行的中断服务程序,并保留程序的断点,响应高级中断,高级中断处理结束以后,再继续进行被中断的中断服务程序,如图 2-12 所示,这个过程称为中断嵌套。如果发出新的中断请求的中断源的优先权级别与正在处理的中断源同级或更低时,CPU 不会响应这个中断请求,直至正在处理的中断服务程序执行完以后才能去处理新的中断请求。

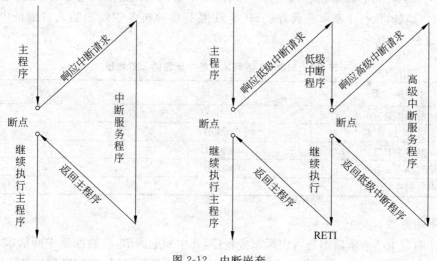

图 2-12　中断嵌套

3. 中断处理过程

中断处理过程可分为中断响应、中断处理和中断返回三个阶段。

1)中断响应

中断响应是 CPU 对中断源中断请求的响应,包括保护断点和将程序转向中断服务程序的入口地址。CPU 响应中断请求,必须满足以下条件。

(1)有中断源发出中断请求。

(2)中断总允许位 EA=1。

(3)申请中断的中断源允许。

满足以上基本条件,CPU 一般会响应中断,但若有下列任何一种情况存在,则中断响应会受到阻断。

(1) CPU 正在响应同级或高优先级的中断。

(2) 当前指令未执行完。

(3) 正在执行 RETI 中断返回指令或访问专用寄存器 IE 和 IP 的指令。

若存在上述任何一种情况，中断查询结果即被取消，CPU 不响应中断请求而在下一机器周期继续查询中断。

如果中断请求被阻断，则中断响应时间将延长。例如，一个同级或更高级的中断正在进行，则附加的等待时间取决于正在进行的中断服务程序的长度。如果正在执行的一条指令还没有进行到最后一个机器周期，则附加的等待时间为 1～3 个机器周期(因为一条指令的最长执行时间为 4 个机器周期)。如果正在执行的指令是 RETI 指令或访问 IE 或 IP 的指令，则附加的等待时间在 5 个机器周期之内。

若系统中只有一个中断源，则中断响应时间为 3～8 个机器周期。

2) 中断处理

中断处理包括保护断点和将程序转向中断服务程序的入口地址。首先，中断系统通过自动调用指令(LACLL)，该指令将自动把断点地址压入堆栈保护(不保护累加器 A、状态寄存器 PSW 和其他寄存器的内容)，然后，将对应的中断入口地址装入程序计数器，程序转向该中断入口地址，执行中断服务程序。MCS-51 系列单片机各中断源的入口地址由硬件事先设定，如表 2-3 所示。

表 2-3　MCS-51 系列单片机中断源的入口地址

中　断　源	入口地址	中断号
外部中断INT0	0x0003	0
定时器 T0 中断	0x000B	1
外部中断INT1	0x0013	2
定时器 T1 中断	0x001B	3
串行口中断	0x0023	4

3) 中断返回

CPU 响应中断请求后即进入中断服务程序，在中断返回前，应撤除该中断请求，否则会引起重复中断。MCS-51 各中断源中断请求撤除的方法各不相同，中断请求的撤除如下。

(1) 定时器中断请求的撤除

对于 T0 或 T1 溢出中断，CPU 在响应中断后即由硬件自动清除其中断标志位 TF0 或 TF1，无须采取其他措施。

(2) 外部中断请求的撤除

对于边沿触发的外部中断 0 或 1，CPU 在响应中断后由硬件自动清除其中断标志位 IE0 或 IE1，无须采取其他措施。

对于电平触发的外部中断，其中断请求撤除方法较复杂。因为对于电平触发外部中断，CPU 在响应中断后，硬件不会自动清除其中断请求标志位 IE0 或 IE1，同时，也不能用软件将其清除，所以，在 CPU 响应中断后，应立即撤除INT0或INT1引脚上的低电平，否则会引起重复中断。

（3）串行口中断请求的撤除

对于串行口中断，CPU 在响应中断后，硬件不能自动清除中断请求标志位 TI、RI，必须在中断服务程序中用软件将其清除。

4. 中断服务函数与寄存器组定义

C51 编译器通过扩展关键字 interrupt 可将函数转化为中断服务函数，这时 C51 自动为函数加上汇编码中断程序头段和尾段，并根据中断号找到中断入口地址，它的一般形式为：

函数类型 函数名(形式参数表)[interrupt n] [using n]

（1）关键字 interrupt 后面的 n 是中断号，表 2-4 为 8051 中断号与中断向量(中断入口地址)。

表 2-4 8051 中断号与中断向量

中断号	中 断 源	中断向量
0	外部中断 0	0003H
1	T0	000BH
2	外部中断 1	0013H
3	T1	001BH
4	串行口	0023H

关键字 interrupt 不允许用于外部函数。

（2）using n 可以指定在函数内部使用的寄存器组，n 的取值为 0～3 分别选中 8051 单片机片内 RAM 中使用的 4 个不同的工作寄存器组。

2.3.5 外部中断源

1. 外部中断源概述

$\overline{INT0}$ 的中断请求由 P3.2 脚输入，$\overline{INT1}$ 的中断请求由 P3.3 脚输入。外部中断 0 中断号为 0，入口地址为 0003H，外部中断 1 中断号为 2，入口地址为 0013H。

2. 外部中断源的控制寄存器的设置

外部中断触发方式、中断的禁止与允许、优先级的高低由中断请求、中断允许、中断优先级 3 个方面的寄存器控制。

1）触发方式设置

外部中断源的触发方式有电平触发和边沿触发两种，通过定时和外部中断控制寄存器 TCON 的 IT0 和 IT1 位设定，TCON 的结构如下所示。

TCON	8FH	8EH	8DH	8CH	8BH	8AH	89H	88H
(88H):	TF1		TF0		IE1	IT1	IE0	IT0

IT0、IT1 分别为外部中断 0($\overline{INT0}$)和外部中断 1($\overline{INT1}$)触发方式选择位。当设定 IT0(IT1) 为"0"时，为电平(低电平)触发方式；当设定 IT0(IT1)为"1"时，为边沿(下降沿)触发方式。

IE0、IE1 分别为外部中断 0($\overline{INT0}$)和外部中断 1($\overline{INT1}$)的中断标志位。当 $\overline{INT0}$

$(\overline{INT1})$输入信号有效,引发了中断,IE0(IE1)由硬件置位,标志位为"1",否则复位为"0"。

例如,设置外部中断0($\overline{INT0}$)为边沿方触发式,外部中断1($\overline{INT1}$)为电平方触发式,设置如下:

```
TCON = 0x01;          //设置的二进制码为00000001(其他位未用时设置为0)
```

2) 中断源的允许与禁止

外部中断源的允许与禁止通过对中断允许寄存器 IE 中 EA、EX0、EX1 三位进行设置。IE 结构如下所示。

	IE.7			IE.4	IE.3	IE.2	IE.1	IE.0
IE:	EA			ES	ET1	EX1	ET0	EX0

EA:总中断允许控制位。

EX1:外部中断1($\overline{INT1}$)中断允许位。EX1=1,允许外部中断1中断;EX1=0,禁止外部中断1中断。

EX0:外部中断0($\overline{INT0}$)中断允许位。EX0=1,允许外部中断0中断;EX0=0,禁止外部中断0中断。

例如,设置$\overline{INT0}$为允许,$\overline{INT1}$为禁止,设置如下:

```
IE = 0x81;          //设置的二进制码为00000001(其他位未用时设置为0)
```

或

```
EA = 1;EX0 = 1;EX1 = 0;
```

3) 优先级的设置

外部中断源优先级由优先级寄存器 IP 的 PX0、PX1 进行设定,IP 的结构如下所示。

		IP.4	IP.3	IP.2	IP.1	IP.0
IP:		PS	PT1	PX1	PT0	PX0

PX1:外部中断1中断优先控制位。PX1=1,外部中断1为高优先级;PX1=0,外部中断1为低优先级中断。

PX0:外部中断0中断优先控制位。PX0=1,外部中断0为高优先级中断;PX0=0,外部中断0为低优先级中断。

例如,设定外部中断1为最高优先级,设置为"IP=0x04;"。

3. 外部中断源的扩展

8051 单片机只有两个外部中断请求输入端$\overline{INT0}$和$\overline{INT1}$,在实际应用中,若外部中断源超过两个,则需扩展外部中断源。常用两种方法扩展中断源。

(1)用定时/计数器扩展中断源。例如,在键盘程序设计中常用定时器溢出产生中断,在中断程序用查询方式识别按键。

(2)中断和查询相结合扩展中断源。外部中断引入端通过一个与门连接至外部中断输入端($\overline{INT0}$或$\overline{INT1}$脚)。同时利用并行输入端口作为多个中断源的识别端口,当外部中断引入端全部为高时,与门输出高,没有中断申请,当外部中断引入端中任何一个由高变低时,与门输出将由高变低,产生中断申请信号,CPU 即可以响应中断,其电路图如图 2-13 所示。

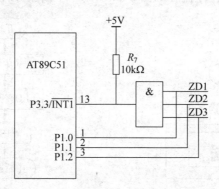

图 2-13　一个外中断扩展成多个外中断的电路图

4. 外部中断源设置流程

外部中断的应用主要是对中断源进行初始化准备与中断服务程序的设计。其中中断源初始化就是在主程序中设置外部中断源的触发方式,允许中断,设置优先级等,为触发中断做好准备。

例如,要求外部中断 1 为电平触发方式,允许中断,优先级最高,则初始化如下:

```
TCON = 0x00;
IE = 0x84;
IP = 0x04;
```

中断服务程序主要完成中断请求需要做的事情,外部中断服务函数的格式如下:

```
函数类型 函数名(形式参数表)[interrupt 中断号(0 或 2)] [using n]
{
    …;            //关中断,防止重复中断
    …;            //中断请求
    …;            //开中断
}
```

例如,假设外部中断 1 请求 P1.0 外接的 LED 点亮,中断服务函数如下:

```
void LED_on() interrupt 2 using 1
{
    EX1 = 0;
    LED = 0;
    EX1 = 1;
}
```

5. 编写程序实现外部中断 0 控制 LED 亮灭

1) 程序要求

当外部中断 0 遇到下降沿时,P1.0 外接的 LED(负端与 I/O 相连)亮灭翻转。

2）编程思路

首先对外部中断0进行初始化：设置为边沿触发方式，开中断。然后在中断服务程序控制 LED 的亮灭变化。主程序流程如图 2-14 所示。中断服务程序流程如图 2-15 所示。

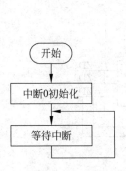

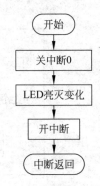

图 2-14　主程序流程　　　　图 2-15　中断服务程序流程

3）设计程序

根据流程图设计程序，参考程序如下：

```
#include<reg51.h>
sbit LED = P1^0;
void Int0_init()
{
  TCON = 0x01;
  IE = 0x81;
  IP = 0x01;
}
main()
{
  Int0_init();
  while(1);
}
void LED_on_off()interrupt 0 using 1
{
  EX0 = 0;
  LED = ! LED;
  EX0 = 1;
}
```

2.4　项 目 实 施

2.4.1　游客流量人数计数器总体设计

计数器基本功能实现思路是：用 AT89C51 单片机构建最小系统；它的两个外部中断源分别作为加 1 与减 1 计数请求端口。入口感应装置与出口感应装置在有人通过时输出低电平信号，无人通过时输出高电平信号，产生的低电平和下降沿可作为外部中断触发信号。

每进出 1 人中断一次,人数计算值进行加 1 或减 1,游客在内人数为入口人数与出口人数之差,用数码管显示,2 位数码管显示入口总人数,2 位数码管显示游客出来后内部总人数。总体框图如图 2-16 所示。

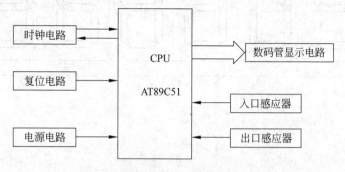

图 2-16   游客流量人数计数器总体框图

2.4.2   设计游客流量人数计数器硬件电路

AT89C51 单片机采用上电复位形式,时钟电路采用 12MHz 的振荡频率,22pF 电容作微调电容,P1 口作为显示段码输出端口,P2 口作为位码输出端口,高 4 位数码管显示进入景区总人数,低 4 位显示景区内人数,入口感应装置和出口感应装置分别与外部中断源 0、中断 1 相接口,游客流量人数计数器电路如图 2-17 所示。

2.4.3   设计游客流量人数计数器程序

1) 编程思路

外部中断 0 作为入口人数计数请求中断源,外部中断 1 作为出口人数计数请求中断源,均采用边沿触发方式,每进出 1 人则中断一次,在外部中断 0 服务程序里完成人数加 1 计算,在外部中断 1 服务程序里完成人数减 1 计算。显示采用动态显示方式。中断服务程序流程如图 2-18 所示,主程序流程如图 2-19 所示。

2) 程序设计

根据程序流程,参考程序如下:

```
# include < reg51. h>
unsigned char seg_dm[10] = {0xC0,0xF9,0xA4,0xB0,0x99,
                    0x92,0x82,0xF8,0x80,0x90};
unsigned char bit_line[8] = {0x01,0x02,0x04,0x08,0x10, 0x20,0x30,0x40};
unsigned char data_disply[8];
unsigned char dat_Total = 0;        //定义总人数 dat_Total
unsigned char dat_Quantity = 0;     //定义进人数 dat_Quantity
/ ************************
    函数名称:延迟函数
    函数功能:延迟 time * 10ms
    入口参数:延迟时间
    出口参数:无
    ************************ /
delay(unsigned char time)
```

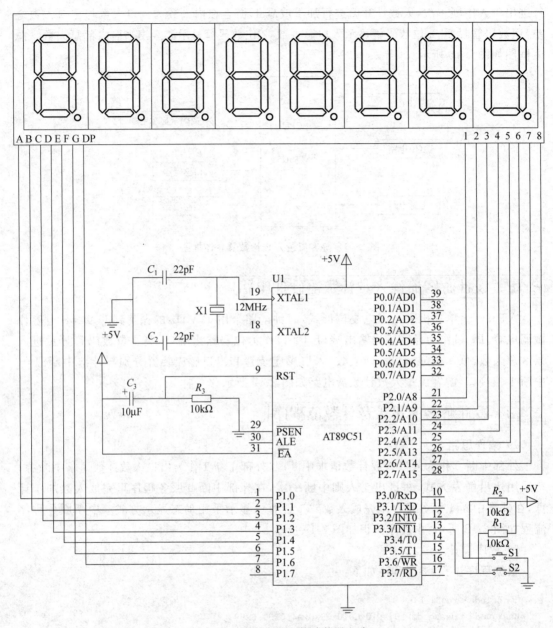

图 2-17　游客流量人数计数器电路

```
{
    unsigned char i,j;
    for(i = 0;i < time;i++)
    for(j = 0;j < 120;j++)
    ;
}
/ ***************************
```

函数名称：数据处理函数

函数功能：求出数据的各位存入数组

入口参数：无

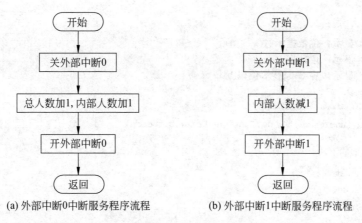

(a) 外部中断0中断服务程序流程　　　　　(b) 外部中断1中断服务程序流程

图 2-18　中断服务程序流程

出口参数: 无
*********************** /

```
void data_change(void )
{
data_disply[0] = Total/1000;
data_disply[1] = Total % 1000/100;
data_disply[2] = Total % 1000 % 100/10;
data_disply[3] = Total % 1000 % 100 % 10;
data_disply[4] = Inside/1000;
data_disply[5] = Inside % 1000/100;
data_disply[6] = Inside % 1000 % 100/10;
data_disply[7] = Inside % 1000 % 100 % 10; }
```

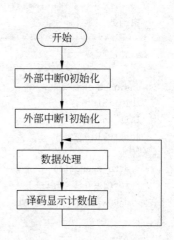

图 2-19　主程序流程

/ ************************
　函数名称: 外部中断 INT0 初始化函数
　函数功能: 外部中断 INT0 设置
　入口参数: 无
　出口参数: 无
　*********************** /

```
void INT0_init(void)
{
    IT0 = 1;            //触发方式
    EA = 1;             //开中断
    EX0 = 1;
}
```

/ ************************
　函数名称: 外部中断 INT1 初始化函数
　函数功能: 外部中断 INT1 设置
　入口参数: 无
　出口参数: 无
　*********************** /

```
void INT1_init(void)
{
    IT1 = 1;
    EA = 1;
    EX1 = 1;
```

```
}
/ **************************
   函数名称：显示一位数据函数
   函数功能：显示一位数据
   入口参数：显示内容 dat,显示位码 bit_code
   出口参数：无
   ************************* /
void display(unsigned char dat,unsigned char bit_code)
{
  P2 = 0x00;
  P1 = seg_dm[dat];
  P2 = bit_code;
  delay(5);
}
/ *************************
   主函数
   ************************* /
main()
{
  unsigned char i;
  INT0_init();
  INT1_init();
  while(1)
  {
    data_change();
    for(i = 0;i < 8;i++)
    display( data_disply[i],bit_line[i]);
  }
}
/ *************** 外部中断 0 服务程序 ***************** /
void Init0() interrupt 0 using 0
{
  EX0 = 0;
  dat_Total++;          //总人数加 1
  dat_Quantity++;       //进人数加 1
  EX0 = 1;
}
/ *************** 外部中断 1 服务程序 ***************** /
void Init1() interrupt 2 using 1
{
  EX1 = 0;
  dat_Quantity -- ;     //进人数减 1
  EX1 = 1;
}
```

2.4.4　仿真游客流量人数计数器

按照硬件电路,用按键代替入口与出口感应装置,用 Proteus 建立如图 2-20 所示仿真模型。

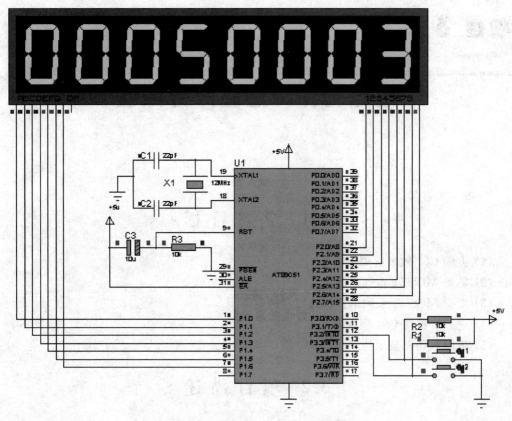

图 2-20 游客流量人数计数器仿真模型

2.4.5 调试游客流量人数计数器

（1）仿真调试成功后，按硬件电路在实验板上安装元件并进行检测。

（2）烧录 hex 文件，运行程序。

（3）以按键代替进出入感应装置，进行模拟游客流量人数计数，观察程序是否正常运行。

（4）根据运行情况，调整电路或元件参数、优化程序，重新调试，达到较好的效果。

2.5 拓 展 训 练

1．编写程序检测 P1.0 的电平状态，用数码管显示 H、L 表示高低电平。

2．用外部中断源设计制作啤酒装箱器，用 6 位数码管作为显示，其中 4 位数码管显示箱数，2 位数码管显示散装瓶数（每 12 瓶为 1 箱）。

3．用 8×8 点阵设计一个小点阵显示屏，能动态显示 0～9 十个数字，显示间隔为 1s。

项目 **3**

设计制作啤酒生产计数器

3.1 学 习 目 标

(1) 巩固 C51 数组应用。

(2) 熟悉 MCS-51 系列单片机定时/计时器工作方式。

(3) 掌握 MCS-51 系列单片机计数器的应用。

(4) 进一步熟练 C51 程序设计。

(5) 巩固数码管显示技术。

3.2 项 目 描 述

1. 项目名称

设计制作啤酒生产计数器

2. 项目要求

(1) 用 Keil C51、Proteus 作为开发工具。

(2) 用 AT89C51 单片机控制。

(3) 数码管作为显示器,用 4 位数码管显示箱数,2 位数码管显示当前箱瓶数。

(4) 能测试某啤酒装箱装置每检测到一瓶啤酒输出一个脉冲,以 12 瓶为 1 箱计算,统计啤酒的箱数与散装瓶数。

(5) 发挥扩充功能,如高位消隐等。

3. 设计制作任务

(1) 拟订总体设计制作方案。

(2) 设计硬件电路。

(3) 编制软件流程图及设计相应源程序。

(4) 仿真调试啤酒生产计数器。

(5) 安装元件,制作啤酒生产计数器,调试功能指标。

(6) 完成项目报告。

3.3 相 关 知 识

3.3.1 定时/计数器

定时/计数器是单片机的重要部件,MCS-51 内部有两个可编程的 16 位定时/计数器可以进行精确的定时与计数,广泛用于工业检测与控制中。

1. MCS-51 单片机的定时/计数器

8051 单片机内部有两个 16 位的可编程定时/计数器 T0 和 T1。T0 由 TH0 和 TL0 构成,T1 由 TH1 和 TL1 构成。TL0、TL1、TH0、TH1 的访问地址依次为 8AH~8DH,每个寄存器均可单独访问。

T0 或 T1 用作计数器时,对芯片引脚 T0(P3.4)或 T1(P3.5)上输入的脉冲计数。用作定时器时,对内部机器周期脉冲计数。

2. 定时与计数功能

定时/计数器 T0 和 T1 其核心是计数器,基本功能是加 1。在特殊功能寄存器 TMOD 中都有一个控制位来选择 T0 或 T1 作为定时器还是计数器使用。

作为计数器使用时,对来自输入引脚 T0(P3.4)或 T1(P3.5)的外部信号计数,外部脉冲的下降沿将触发计数,计数器加 1,新计数值于下一个机器周期装入计数器中。因而识别一个计数脉冲需要两个机器周期,外部脉冲的最高频率为振荡频率的 1/24。

作为定时器使用时,计数器对内部机器周期计数,每过一个机器周期,计数器加 1。

3. 定时/计数器的工作方式

8051 单片机,通过对 TMOD 寄存器中 M0、M1 位进行设置,可选择以下 4 种工作方式。

1) 方式 0

方式 0 构成一个 13 位定时/计数器,最大计数值 $M=2^{13}=8192$,T0 逻辑电路结构如图 3-1 所示。T1 的结构和操作与 T0 完全相同。

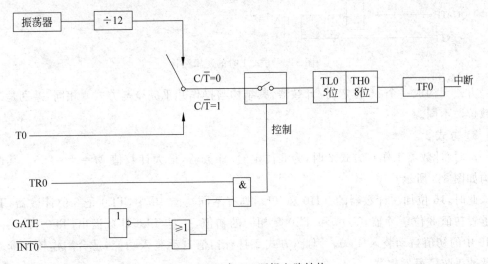

图 3-1 T0(或 T1)逻辑电路结构

16 位加法计数器（TH0 和 TL0）只用了 13 位。其中，TH0 占高 8 位、TL0 占低 5 位（高 3 位未用）。当 TL0 低 5 位溢出时自动向 TH0 进位，而 TH0 溢出时，中断位 TF0 自动置位，并申请中断。

当 $C/\overline{T}=0$ 时，多路开关连接 12 分频器输出，T0 对机器周期计数，此时，T0 为定时器。

当 $C/\overline{T}=1$ 时，多路开关与 T0(P3.4)相连，T0 为计数器。外部计数脉冲由 T0 脚输入，当外部信号电平发生由 0 到 1 的跳变时，计数器加 1。

当 GATE＝0 时，或门被封锁，$\overline{INT0}$ 信号无效。或门输出常"1"，打开与门，TR0 直接控制 T0 的启动和关闭。TR0＝1，接通控制开关，T0 从初值开始计数直至溢出。溢出时，16 位加法计数器为 0，TF0 置位，申请中断。若要循环计数，则 T0 需重置初值，且需用软件将 TF0 复位。TR0＝0，则与门被封锁，控制开关被关断，停止计数。

当 GATE＝1 时，与门的输出由 $\overline{INT0}$ 的输入电平和 TR0 位的状态来确定。若 TR0＝1 则与门打开，外部信号电平通过 $\overline{INT0}$ 引脚直接开启或关断定时器 T0，当 $\overline{INT0}$ 为高电平时，允许计数，否则停止计数；若 TR0＝0，则与门被封锁，控制开关被关断，停止计数。

2）方式 1

定时器工作在方式 1 时，是 16 位的定时计数器，最大计数值 $M=2^{16}=65\,536$，其逻辑结构如图 3-2 所示。

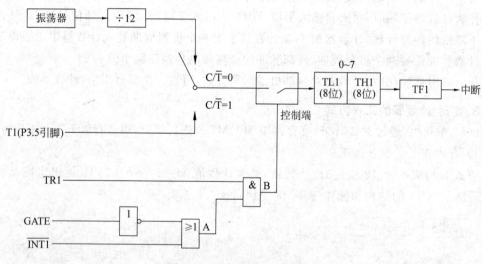

图 3-2　方式 1 时的逻辑结构

方式 1 构成一个 16 位定时/计数器，其结构与操作几乎完全与方式 0 相同，差别是二者计数位数不同。

3）方式 2

定时/计数器工作在方式 2 时，为 8 位定时/计数器，最大计数值 $M=2^8=256$。其逻辑结构如图 3-3 所示。

此时，16 位加法计数器的 TH0 和 TL0 具有不同功能，其中，TL0 是 8 位计数器，TH0 是重置初值 8 位缓冲器，TH0 和 TL0 赋相同的初值，一旦 TL0 计数溢出，TF0 将被置位，TH0 中的初值自动装入 TL0。因此，方式 2 具有初值自动装入功能，适合用作较精确的定时脉冲正弦信号发生器。

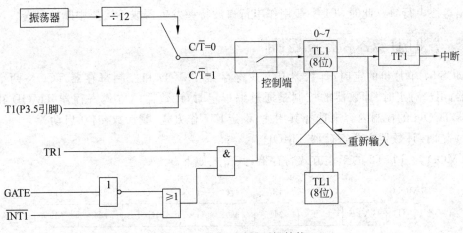

图 3-3　方式 2 时的逻辑结构

4) 方式 3

定时/计数器工作在方式 3 时，T0 被分解成两个独立的 8 位计数器 TL0 和 TH0，最大计数值 M 值均为 256。其逻辑结构如图 3-4 所示。其中，TL0 占用原 T0 的控制位、引脚和中断源。除计数位数与方式 0、方式 1 不同外，其功能、操作与方式 0、方式 1 相同，可定时、计数。而 TH0 占用原定时器 T1 的控制位 TF1 和 TR1，同时还占用了 T1 的中断源，其启动和关闭仅受 TR1 置 1 或清 0 控制，TH0 只能对机器周期进行计数，因此，TH0 只能用作简单的内部定时，不能用作对外部脉冲进行计数，是定时器 T0 附加的一个 8 位定时器。

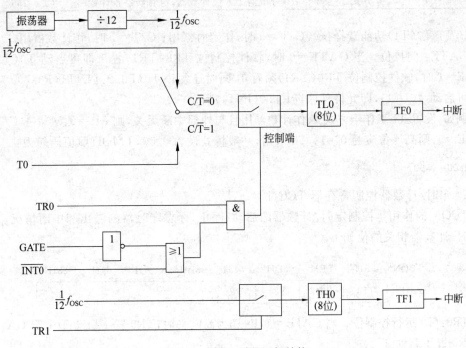

图 3-4　方式 3 时的逻辑结构

方式 3 时，T1 仍可设置为方式 0、方式 1 或方式 2。但由于 TR1、TF1 及 T1 的中断源已被定时器 T0 占用。T1 仅由控制位 C/$\overline{T}$ 切换其定时或计数功能，当计数器溢出时，只能将输出送往串行口。此时，T1 一般用作串行口波特率发生器或不需要中断的场合。

3.3.2 定时/计数器寄存器设置

MCS-51 单片机的定时/计数器有方式寄存器 TMOD 和控制寄存器 TCON 两个工作寄存器，用户对定时/计数器的控制是通过编程定时/计数器的方式寄存器 TMOD 和控制寄存器 TCON 的控制内容来选择其用途、设定其工作方式、赋计数初值、启动等。

1）定时/计数器方式寄存器 TMOD

TMOD 为 T1、T2 的工作方式寄存器，其格式如下。

TMOD:	D7	D6	D5	D4	D3	D2	D1	D0
(89H)	GATE	C/$\overline{T}$	M1	M0	GATE	C/$\overline{T}$	M1	M0
		T1				T0		

TMOD 的低 4 位为 T0 的方式字段，高 4 位为 T1 的方式字段，它们的含义完全相同。

M1 和 M0：方式选择位，定义如表 3-1 所示。

表 3-1 计数器工作方式

M1	M0	工作方式	功 能 说 明	最大计数值
0	0	方式 0	13 位计数器	$2^{13} = 8192$
0	1	方式 1	16 位计数器	$2^{16} = 65536$
1	0	方式 2	自动再装入 8 位计数器	$2^8 = 256$
1	1	方式 3	T0 分成两个 8 位计数器，定时器停止计数	$2^8 = 256$

C/$\overline{T}$：T0(T1)功能选择位。C/$\overline{T}=0$ 时，作定时器用；C/$\overline{T}=1$ 时，作计数器用。

GATE：门控位。当 GATE$=0$ 时，软件控制位 TR0(TR1)置 1 即可启动 T0(T1)；当 GATE$=1$ 时，软件控制位 TR0(TR1)须置 1，同时还须$\overline{INT0}$(P3.2)($\overline{INT1}$(P3.3))为高电平方可启动 T0(T1)，即允许外中断$\overline{INT0}$($\overline{INT1}$)启动 T0(T1)。

例如，设置 T1 工作于方式 1、作计数器用且与外部中断无关，则 M1$=0$、M0$=1$、C/$\overline{T}=1$、GATE$=0$，则高 4 位应为 0101；T0 未用，一般将其设为 0000，TMOD 赋值语句为：

```
TMOD = 0x50;
```

2）定时/计数器控制寄存器 TCON

TCON 的作用是控制定时/计数器的启动、停止，标志定时器的溢出和中断情况。其中与定时/计数器相关的位如下。

TCON	8FH	8EH	8DH	8CH	8BH	8AH	89H	88H
(88H):	TF1	TR1	TF0	TR0				

TR0：T0 运行控制位。当 GATE$=1$，$\overline{INT0}$为高电平时，TR0 置 1 启动 T0；当 GATE$=0$ 时，TR0 置 1 启动 T0。

TF0：T0 溢出标志位。当 T0 计数满产生溢出时，由硬件自动置 TF0$=1$。在中断允许时，向 CPU 发出 T1 的中断请求，进入中断服务程序后，由硬件自动清 0。在中断屏蔽时，TF0 可作查询测试用，此时只能由软件清 0。

TR1：T1 运行控制位。其功能及操作同 TR0。

TF1：T1 溢出标志位。其功能及操作同 TF0。

TCON 中的低 4 位用于控制外部中断，与定时/计数器无关。TCON 的字节地址为 88H,可位寻址,例如：TR1＝0;启动 T1 计数。

3.3.3　定时/计数器作为计数器应用

1. 定时/计数器作为计数器的初始化

在使用定时/计数器前,必须确定其用途、工作方式、中断允许、赋计数初值,这个过程称为定时/计数器初始化。

定时/计数器作为计数器应用时,初始化工作主要是选择定时/计数器用途、工作方式,预置计数的初值,设置计数溢出中断是否开启,启动计数。

确定工作方式——对 TMOD 赋值。例如：

```
TMOD = 0x50;              //设定 T1 作为计数器,工作于方式 1
```

预置计数的初值——将初值写入 TH0、TL0 或 TH1、TL1。对 TL1、TH1 赋值语句为：

```
TL1 = 0;
TH1 = 0;
```

根据需要开启计数器溢出中断——直接对 IE 寄存器赋值。例如："IE＝0x88;"或 "EA＝1;","ET0＝1;"(ET1＝1;)开 T1 中断,或"IE＝0x00;"或"EA＝0;","ET0＝0;" (ET1＝0;)开 T1 关中断。

启动定时/计数器工作——将 TR0 或 TR1 置"1"。例如："TR1＝1;"启动计数。

2. 编写程序实现计数器对外部脉冲个数进行计数

1) 程序要求

当定时/计数器 T0 遇到一个脉冲时,脉冲个数加 1,假设脉冲个数范围为 0～9999,用数码管显示脉冲个数。

2) 编程思路

首先对定时/计数器作为计数器使用进行初始化(不需要进行中断设置)。然后对计数值进行数处理与译码显示。主程序流程如图 3-5 所示。

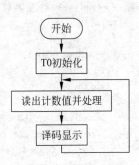

图 3-5　主程序流程

3) 设计程序

根据流程图设计程序,参考程序如下：

```
# include < reg51. h >
unsigned char seg_dm[10] = {0xC0,0xF9,0xA4,0xB0,0x99,0x92,0x82,0xF8,0x80,0x90};
unsigned char bit_line[4] = {0x02,0x04,0x08,0x10};
unsigned char data_disply[4];
unsigned int dat_count = 0;
/ *********** 延迟函数 ************ /
delay(unsigned char time)
{
    unsigned char i,j;
```

```
        for(i = 0;i < time;i++)
        for(j = 0;j < 120;j++)
        ;
}
/ *********** T0 初始化函数 *********** /
void T0_init(void)
  {
    TMOD|= 0x05;                          //0000 0101, T0 计数,方式 1
    TH0 = 0;
    TL0 = 0;
    TR0 = 1;
  }
/ *********** 4 位数数据处理函数 *********** /
void data_change(unsigned char dat )
{
 data_disply[0] = dat % 10000 % 1000 % 100 % 10;
 data_disply[1] = dat % 10000 % 1000 % 100/10;
 data_disply[2] = dat % 10000 % 1000/100;
 data_disply[3] = dat % 10000/1000;
}
/ *********** 显示一位数据函数 *********** /
void display(unsigned char dat,unsigned char bit_code)
{
  P2 = 0x00;
  P1 = seg_dm[dat];
  P2 = bit_code;
  delay(5);
}
/ *********** 主函数 *********** /
main()
{
  unsigned char i;
  T0_init();
  while(1)
  {
    dat_count = TH0 * 256 + TL0;        //读数据
    data_change(dat_count);
    for(i = 0;i < 4;i++)
    display(data_disply[i],bit_line[i]);
  }
}
```

3.4 项 目 实 施

3.4.1   啤酒生产计数器总体设计

啤酒生产计数器基本功能实现思路是：用 AT89C51 单片机构建最小系统；用一个定时/计数器作为计数器,对啤酒生产线计数脉冲信号进行计数。每 1 个脉冲对应 1 瓶啤酒数,把总瓶数转换为箱数和散装瓶数。经译码用数码管显示,总体框图如图 3-6 所示。

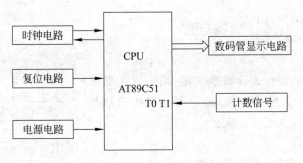

图 3-6　啤酒生产计数器总体框图

3.4.2　设计啤酒生产计数器硬件电路

AT89C51 单片机采用上电复位形式,时钟电路采用 12MHz 的振荡频率,22pF 电容作微调电容,P1 口作显示段码输出端口,P2 口作位码输出端口,啤酒生产线计数脉冲输出信号通过 T0 输入计数,啤酒生产计数器电路如图 3-7 所示。

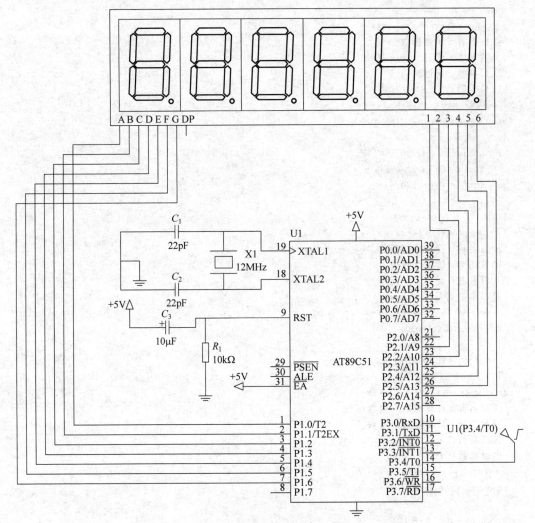

图 3-7　啤酒生产计数器硬件电路

3.4.3 设计啤酒生产计数器程序

1）编程思路

用一个定时/计数器作为计数器使用，用方式1对啤酒装箱装置输出的计数脉冲计数，然后再计数出箱数与散装瓶数，主程序流程如图3-8所示。

2）设计程序

根据流程图设计程序，参考程序如下：

```c
# include < reg51. h>
unsigned char seg_dm[10] =
{0x3F,0x06,0x5B,0x4F,0x66,0x6D,0x7D,0x07,0x7F,0x6F};
unsigned char bit_array[] = {0xFD,0xFB,0xF7,0xEF,0xDF,0xBF};
unsigned char dat_display[6];
unsigned char dat_pj;
unsigned char dat_ps;
unsigned int dat_xs;
/ ***********************
 函数名称：延迟函数
 函数功能：延迟 time * 10ms
 入口参数：延迟时间
 出口参数：无
 *********************** /
void delay(unsigned int time)
{
    unsigned int i,j;
    for(i = 0;i < time;i++)
    for(j = 0;j < 120;j++)
    ;
}
/ ***********************
 函数名称：读计数值函数
 函数功能：读出计数值
 入口参数：无
 出口参数：无
 *********************** /
void read_dat(void)
{
    dat_pj = TH0 * 256 + TL0;
}
/ ***********************
 函数名称：计算瓶数与箱数函数
 函数功能：计算瓶数与箱数
 入口参数：无
 出口参数：无
 *********************** /
void dat_xs_ps(void)
{
    dat_ps = dat_pj % 12;
```

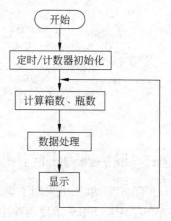

图 3-8　啤酒装箱计数主程序流程

```
    dat_xs = dat_pj/12;
}
/ ************************
    函数名称：数据处理函数
    函数功能：获得处理瓶数的个位、十位与箱数的个、十、百、千位
    入口参数：瓶数 dat_ps, 箱数 dat_xs
    出口参数：无
    ************************ /
void dat_change(unsigned char dat_ps, unsigned int dat_xs)
{
    dat_display[5] = dat_ps % 10;         //瓶数处理
    dat_display[4] = dat_ps/10;
    dat_display[3] = dat_xs % 10;         //箱数处理
    dat_display[2] = dat_xs % 1000 % 100/10;
    dat_display[1] = dat_xs % 1000/100;
    dat_display[0] = dat_xs/1000;
}
/ ************************
    函数名称：显示一位数据函数
    函数功能：显示一位数据
    入口参数：显示数据 dat, 显示位置 bit_code
    出口参数：无
    ************************ /
void display(unsigned char dat,unsigned char bit_code)
{
    P2 = 0xFF;
    P1 = seg_dm[dat];
    P2 = bit_code;
    delay(10);
}
/ ************************
    函数名称：T0 初始化函数
    函数功能：实现 T0 初始化设置
    入口参数：无
    出口参数：无
    ************************ /
void T0_init()
{
    TMOD = 0x05;                         //T0 方式 1、计数
    TH0 = 0;
    TL0 = 0;
    TR0 = 1;
}
/ ********** 主函数 ************ /
main()
{
    unsigned char i;
    T0_init();
    while(1)
    {
        read_dat();
```

```
dat_xs_ps();
dat_change(dat_ps,dat_xs);
for(i = 0;i < 6;i++)
    {
      display(dat_display[i],bit_array[i]);
    }
 }
}
```

3.4.4 仿真啤酒生产计数器

按照硬件电路用 Proteus 软件,选择数码管 7SEG-MPX8-CC-
BLUE、瓷片电容 CERAMIC22P、10μF 电解电容、电阻 RES、晶振
CRYSTAL、CPU AT 89C51,用信号源代替生产线上啤酒瓶经过所
产生的脉冲信号如图 3-9 所示,建立如图 3-10 所示的仿真模型。

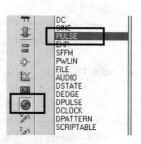

图 3-9　信号源选择

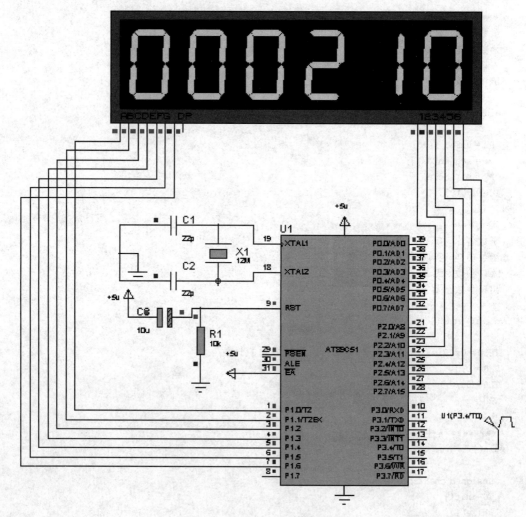

图 3-10　啤酒生产计数器仿真模型

3.4.5　调试啤酒生产计数器

（1）仿真调试成功后，按硬件电路在实验板上安装元件并进行检测。

（2）烧录 hex 文件，运行程序。

（3）以信号源代替生产线啤酒瓶数检测输出信号，进行生产啤酒瓶数计数，观察程序是否正常运行并测试计数精度与显示效果。

（4）根据运行情况，调整电路或元件参数、优化程序，重新调试，达到较好的效果。

3.5　拓　展　训　练

1. 用单片机计数器设计项目 2"游客流量人数计数器"。

2. 某机器齿轮每转 1 圈输出 2 个脉冲，设计程序实现对齿轮转数计数，每转 10 圈，输出一个 1s 的方波。

3. 如图 3-11 所示，当物料经过时，红外检测装置会输出 1 个低电平，利用这个特点，设计程序对物料件数计数，并用数码管显示件数的各个位数。

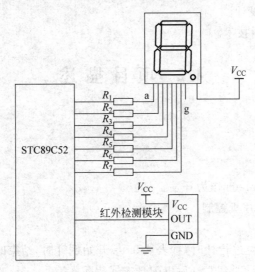

图 3-11　物料件数计数器

项目 **4**

设计制作 9.9秒表

4.1 学习目标

(1) 理解 C51 指针应用。

(2) 进一步熟悉定时/计数器工作方式。

(3) 掌握 MCS-51 系列定时/计数器作为计数器应用。

(4) 熟练 C51 程序设计。

(5) 巩固数码管显示技术。

4.2 项目描述

1. 项目名称

设计制作 9.9 秒表

2. 项目要求

(1) 用 Keil C51、Proteus 作为开发工具。

(2) 用 AT89C51 单片机控制。

(3) 数码管显示。

(4) 能以 0.1s 为单位进行计时,秒表从 9.9s 开始倒计时,结束时数码管显示 0.0。

(5) 发挥扩充功能,计时到 0.0 后以闪烁方式提示。

3. 设计制作任务

(1) 拟订总体设计制作方案。

(2) 设计硬件电路。

(3) 编制软件流程图及设计相应源程序。

(4) 仿真调试秒表。

(5) 安装元件,制作秒表,调试功能指标。

(6) 完成项目报告。

4.3　相 关 知 识

4.3.1　指针

1. 指针的概念

1) 指针与指针变量

C51 中对变量的存取有两种形式：一种是按变量名存取，即直接访问；另一种是间接访问。间接访问是通过一个变量(存储单元)访问到变量 i 的地址值，再通过这个地址找到 i 的值。

在间接访问时，地址起到寻找操作对象的作用，像一个指向对象的指针，所以把地址称为"指针"。这种指向变量的地址的变量叫作指针变量。因此，指针变量就是用来存放地址的变量，变量的指针就是变量的地址。

2) 指针变量的定义

指针变量用"＊"符号表示指向，它的一般形式为：

数据类型 [存储器类型 1] ＊ [存储器类型 2] 变量名；

例如：

int ＊ ap, ＊ bp;　　　　　　　　　　　//将 ap,bp 定义为 int 型指针

"＊"为指针运算符。

"数据类型"说明了该指针变量所指向的变量类型。

"存储器类型 1"和"存储器类型 2"是可选项，它是 C51 编译器的扩展，如果带有"存储器类型 1"选项，则指针被定义为基于存储器的指针，选择有助于指定指针的长度。

data、idata、pdata　　　1 字节指针
xdata、code　　　　　　2 字节指针
未指定(默认)　　　　　 3 字节通用指针

若无此选项，被定义为通用指针，在内存中占 3 字节，第 1 个字节存放该指针存储器类型的编码，第 2 个字节和第 3 个字节分别存放该指针的高位和低位地址偏移量。存储器类型编码值如表 4-1 所示。

表 4-1　存储器类型编码值

存储器类型	idata	xdata	pdata	data	code
编码值	1	2	3	4	5

"存储器类型 2"选项用于指定指针本身的存储器空间，一般不指定。如不指定，由编译器存储模式决定。指定时，有 data、idata、pdata、xdata、code 等。

C51 库函数采用了一般指针，函数可以利用一般指针来存取位于任何存储器空间的数据。在给指针做定义时，除必须说明所指对象的类型外，还要指定对象所在存储器空间，以及确定指针长度。另外，对指针本身也要确定其存储区，指针本身放在片外存储空间时，存取时间较长，一般将指针定义在片内存储空间。一个指针变量只能指向同一类型的变量。

在用变量指针时，如定义外部端口的地址，必须注意定义存储类型和偏移量。例如，要将数值 0x41 写入地址为 0x8000 的外部数据存储器中，可用如下代码实现。

```
#include "absace.h"
XBYTE[0x8000] = 0x41;
```

其中，XBYTE 是一个指针，它在头文件 absace.h 中的定义为：

```
#define XBYTE ((unsigned char volatile xdata *) 0)  //XBYTE 被定义为指向 xdata 地址空间
                                                     //unsigned char 数据类型的指针,指针值为
                                                     //0(volatile 的作用就是让编译器不至于
                                                     //优化掉它的操作)。这样就可以直接用
                                                     //XBYTE[0xNNNN]或 *(XBYTE + 0xNNNN)访问
                                                     //外部 RAM 的 0xNNNN 单元
```

3) 指针变量的操作

指针变量只能存放地址，使用之前不仅必须先定义（声明），而且必须赋予具体的值。

指针变量的操作运算符有取地址运算符 &、指针运算符 *。

其中取地址运算符"&"用来表示变量的地址，一般形式为：

& 变量名

例如，&i 表示已定义变量 i 的地址。

访问指针变量所指向的变量的一般格式为：

* 指针变量名

例如：

```
int a = 0x3F;
int * p;                    //定义指针变量 p
p = &a;                     //把变量 a 的地址赋给指针变量 p
P0 = * p;                   //指针变量 p 指向的变量的值从 P0 口输出
```

上述程序段运行后，P0 口则输出 0x3F。

注意：定义指针变量时，变量前加 *，表示该变量为指针变量。使用指针变量时，指针变量名前加 *，则表示该指针变量指向的变量。指针变量在使用前必须先赋值（与类型相匹配的变量的地址）。

2. 指针运算

1) 指针的赋值运算

指针的赋值运算可以把一个地址赋给一个指针变量，例如：

```
int * p1, * p2, * p3;
int a, array[12];
p1 = &a;                    //将变量 a 的地址赋给指针变量 p1
p2 = array;                 //将数组 array 的首地址赋给指针变量 p2
p1 = array[i];              //将数组 array 第 i 个元素的地址赋给指针变量 p1
p1 = p2;                    //指针变量 p2 的值赋给 p1
```

注意：不能把一个数据赋给指针变量。

例如：

```
int * p1;
p1 = 0x12;                      //错误
```

2) 指针与整数的加减

指针变量加（减）是将该指针变量的值（地址）和它指向的变量所占的内存的字节数与要加（减）的整数的乘积相加（减）。

例如，p 指向 int 型数据，那么 p+3 指向 p 后面第 3 个对象，其值（地址）是 p 的值（地址）加 6。

```
p++;                            //p 指向下一个对象
p--;                            //p 指向前一个对象
p+i;                            //当前对象后第 i 个对象
p-i;                            //当前对象前指向第 i 个对象
p+=i;                           //p 指向当前对象后第 i 个对象
p-=i;                           //p 指向当前对象前第 i 个对象
```

3) 两个指针变量相减

如果两个指针变量指向同一个数组的元素，则两个指针变量值之差是两个指针之间元素个数加 1，它表示两个指针之间的距离或元素的个数。

3. 指针与数组

1) 指向数组的指针

数组的指针是指数组的起始地址（首地址），数组元素的指针则是数组元素的地址。

一个数组占用一段连续的内存单元，C51 规定数组名即为这段内存单元的首地址。每个数组元素按其类型的不同占有几个连续的存储单元，一个数组元素的地址就是它所占用的连续内存单元的首地址。

定义一个指向数组元素的指针变量的方法与指向变量的指针变量相同。例如：

```
int a[4];                       //定义 a 为包含 4 个整型数据的数组
int * p;                        //定义 p 为指向 int 型变量的指针变量
```

对该指针元素赋值：

```
p = &a[0];
```

把 a[0]元素的地址赋给指针变量 p。即 p 指向 a 的第 0 个元素。

C51 规定，数组名代表数组的首地址。因此"p=&a[0];"与"p=a;"等价。

2) 用指针引用数组元素

在定义数组指针并把它指向某个数组后，可以通过指针来引用数组元素，如 p+1 指向数组中的 a[1]元素。如果定义的数组是 int 型，那么 p+1 就是 p 的值增加 2，以指向下一个元素。p+i 和 a+i 就是 a[i]的地址，即指向 a 数组的第 i 个元素，*(p+i)=*(a+i)=a[i]=p[i]。指向数组的指针变量也可以用下标表示。

例如，利用指针来实现输出数组元素。

```
#include<reg51.h>
unsigned char code dispbit[] = {0xFE,0xFD,0xFB,0xF7,0xEF,0xDF,0xBF,0x7F};
unsigned char code table[] = {0x3F,0x06,0x5B,0x4F,0x66,0x6D,0x7D,0x07};
```

```
void delay(unsigned char i)
{
    unsigned char j,k;
    for(j = 0;j < i;j++)
    for(k = 0;k < 120;k++)
    ;
}
main()
{
    char i;
    unsigned char * p1, * p2;
    p1 = dispbit;
    p2 = table;
    while(1)
    {
        for(i = 0;i < 8;i++)
        {
            P1 = p2[i];
            P2 = p1[i];
            delay(1);
            P2 = 0xFF;
        }
    }
}
```

程序实现用数码管显示 76543210。

4. 指针与字符串

在 C51 中，处理字符串的方法除前面介绍的用字符数组实现外，还可用指针实现，定义一个字符指针，用字符指针指向字符串中的字符。

例如：

```
#include < reg51. h >
unsigned char code dispbit[ ] = {0xFE,0xFD,0xFB,0xF7,0xEF,0xDF,0xBF,0x7F};
unsigned char code table[ ] = {0x3F,0x06,0x5B,0x4F,0x66,0x6D,0x7D,0x07};
void delay(unsigned char i)
{
    unsigned char j,k;
    for(j = 0;j < i;j++)
    for(k = 0;k < 120;k++)
    ;
}
main()
{
    char * string = "01234567";
    char i;
    while(1)
    {
        for(i = 0;i < 8;i++)
        {
```

```
            P1 = table[string[i] - 0x30];
            P2 = dispbit[i];
            delay(1);
            P2 = 0xFF;
        }
    }
}
```

程序同样实现用数码管显示 76543210。

用字符指针指向字符串中的字符与用数组处理方法的不同之处是格式差异。

char * string＝"C51";可以写成 char * string;string＝"C51";。而 char sd[]＝"C51";
不能写成 char sd[4];sd＝"C51";。

5. 指针与函数

指针变量既可以作为函数的形参,也可以作为函数的实参。指针变量作为实参时,与普通变量一样,但被调用函数的形参必须是一个指针变量。

例如:

```
# include < reg51.h >
unsigned char code dispbit[ ] = {0xFE,0xFD,0xFB,0xF7,0xEF,0xDF,0xBF,0x7F};
unsigned char code table[ ] = {0x3F,0x06,0x5B,0x4F,0x66,0x6D,0x7D,0x07};
void delay(unsigned char  * m)
{
    unsigned char j,k;
    for(j = 0;j < * m;j++)
    for(k = 0;k < 120;k++)
    ;
}
main()
{
    char i,k = 5;
    char * string = "01234567";
    unsigned char * p;
    p = &k;
    while(1)
    {
        for(i = 0;i < 8;i++)
        {
            P2 = 0xFF;
            P1 = table[string[i] - 0x30];
            P2 = dispbit[i];
            delay(p);
        }
    }
}
```

程序中延迟函数的形式参数为指针,调用时指针 p 作为实际参数。程序实现用数码管
显示 76543210。

4.3.2　定时/计数器作为定时器使用

1. 寄存器的设置

MCS-51 单片机的定时/计数器有方式寄存器 TMOD 和控制寄存器 TCON 两个工作

寄存器，用户对定时/计数器的控制是通过编程定时/计数器的方式寄存器 TMOD 和控制寄存器 TCON 的控制内容来选择其用途、设定其工作方式、赋计数初值、启动等。

1）定时/计数器方式寄存器 TMOD 设置

TMOD 为 T1、T2 的工作方式寄存器，其格式如下。

TMOD:	D7	D6	D5	D4	D3	D2	D1	D0
(89H)	GATE	C/$\overline{T}$	M1	M0	GATE	C/$\overline{T}$	M1	M0
		T1				T0		

TMOD 的低 4 位为 T0 的方式字段，高 4 位为 T1 的方式字段，它们的含义完全相同。

M1 和 M0：方式选择位，定义如表 4-2 所示。

表 4-2　计数器工作方式

M1	M0	工作方式	功　能　说　明	最大计数值
0	0	方式 0	13 位计数器	$2^{13}=8192$
0	1	方式 1	16 位计数器	$2^{16}=65536$
1	0	方式 2	自动再装入 8 位计数器	$2^{8}=256$
1	1	方式 3	T0 分成两个 8 位计数器，定时器停止计数	$2^{8}=256$

C/$\overline{T}$：T0(T1)功能选择位。C/$\overline{T}=0$ 时，作为定时器用；C/$\overline{T}=1$ 时，作为计数器用。

GATE：门控位。当 GATE=0 时，软件控制位 TR0(TR1)置 1 即可启动 T0(T1)；当 GATE=1 时，软件控制位 TR0(TR1)须置 1，同时还须$\overline{INT0}$(P3.2)($\overline{INT1}$(P3.3))为高电平方可启动 T0(T1)，即允许外中断$\overline{INT0}$($\overline{INT1}$)启动 T0(T1)。

例如，设置 T1 工作于方式 1、作为定时器用且与外部中断无关，则 M1=0、M0=1，C/$\overline{T}=0$、GATE=0，则高 4 位应为 0001；T0 未用，一般将其设为 0000，TMOD 赋值语句为：

```
TMOD = 0x10;
```

2）定时/计数器控制寄存器 TCON 设置

TCON 的作用是控制定时/计数器的启动、停止，标志定时器的溢出和中断情况。其中与定时/计数器相关的位如下。

TCON	8FH	8EH	8DH	8CH	8BH	8AH	89H	88H
(88H):	TF1	TR1	TF0	TR0				

TR0：T0 运行控制位。当 GATE=1，$\overline{INT0}$为高电平时，TR0 置 1 启动 T0；当 GATE=0 时，TR0 置 1 启动 T0。

TF0：T0 溢出标志位。当 T0 计数满产生溢出时，由硬件自动置 TF0=1。在中断允许时，向 CPU 发出 T1 的中断请求，进入中断服务程序后，由硬件自动清 0。在中断屏蔽时，TF0 可作查询测试用，此时只能由软件清 0。

TR1：T1 运行控制位。其功能及操作同 TR0。

TF1：T1 溢出标志位。其功能及操作同 TF0。

TCON 中的低 4 位用于控制外部中断,与定时/计数器无关。TCON 的字节地址为 88H,可位寻址,例如,"TR1=0;"启动 T1 计数。

2. 计数初值的计算

作为定时器使用时,计数器对内部机器周期计数,每过一个机器周期,计数器加 1。计满溢出时,若计数值为 N,定时器的定时时间为

$$t = T_c(机器周期) \times N$$

MCS-51 单片机的一个机器周期由 12 个振荡脉冲组成,则机器周期为

$$T_c = 12/f_{osc}$$

如果单片机系统采用 12MHz 晶振,则计数周期(即机器周期)为

$$T_c = 12/(12 \times 10^6) = 1(\mu s)$$

若计数值为 N,则定时 $N\mu s$。

定时/计数器 T0 和 T1 是加法计数器,每来一个计数脉冲,计数器的值加 1,加满则溢出 (溢出值即计数最大值,常用 M 表示),如果要计 N 个单位就溢出,则应向计数器赋初值 X。

$$X = M(最大计数值) - N(计数值)$$

假设,12MHz 时钟,定时 $10\mu s$,计数值 N 为

$$N = t/T_c = 10/1 = 10$$

初值 X 为:

$$X = M(最大计数值) - N(计数值) = M(最大计数值) - 10$$

3. 作为定时器的初始化

在作为定时器使用时,必须确定工作方式、中断允许、定时计数初值,这个过程称为定时器初始化。

确定工作方式——对 TMOD 赋值。例如,"TMOD=0x10;"设定 T1 作为定时器,工作于方式 1。

预置定时或计数的初值——将初值写入 TH0、TL0 或 TH1、TL1,如前所述。

$$X(初值) = M(最大计数值) - N(计数值)$$

因工作方式而异,且与系统的时钟频率有关。

例如,要求每 50ms 溢出一次,T1 采用方式 1 进行定时,$M = 2^{16} = 65536$,如采用 12MHz 时钟,机器周期 $T_c = 12/(12 \times 10^6) = 1(\mu s)$,计数值 $50 \times 1000/1 = 50000$,计数初值为

$$X = 65536 - 50000 = 15536$$

TL1、TH1 赋值语句为

```
TL1 = 15536 % 256;
TH1 = 15536/256;
```

根据需要开启定时/计数器中断——直接对 IE 寄存器赋值。例如,IE=0x88;开 T1 中断。

启动定时/计数器工作——将 TR0 或 TR1 置"1"。例如,"TR1=1;"启动计数。

4. 编写程序实现输出周期 20ms 方波

1) 程序要求

编写程序,用一个 I/O 口输出 5kHz 的方波,控制 LED 闪烁。

2）编程思路

用一定时/计数器在定时状态，定时 100ms，溢出中断时，I/O 口输出取反则输出方波。程序流程如图 4-1 和图 4-2 所示。

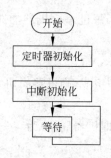

图 4-1 主程序流程

图 4-2 中断程序流程

3）编写程序

根据程序流程，参考程序如下：

```c
#include<reg51.h>
sbit CLK = P3^3;
/********** T1 初始化函数 ********** /
void T1_Init (void)
{
    TMOD = 0x10;
    TH1 = (65536 - 100)/256;
    TL1 = (65536 - 100) % 256;
    TR1 = 1;
}
/********** T1 溢出中断初始化函数 ********** /
void T1_int_init (void)
{
    EA = 1;
    ET1 = 1;
}


/********** T1 中断函数 ********** /
void T1_int(void) interrupt 3 using 0
{
    TH1 = (65536 - 100)/256;
    TL1 = (65536 - 100) % 256;
    CLK = !CLK; //1000000
}
/*************** 主函数 *************** /
main()
{
    T1_Init ();
    T1_int_init();
    while(1)
    {
    ;
```

```
    }
}
```

4.4　项目实施

4.4.1　9.9 秒表总体设计思路

　　基本功能实现思路：用 AT89C51 单片机控制，12MHz 时钟，用 AT89C51 内的一个定时/计数器作为定时器，设定 10ms 产生中断，10 次中断即 0.1s。每满 0.1s，让 9.9s 减 1，实现倒计时，倒计时数据经处理后用数码管显示，总体框图如图 4-3 所示。

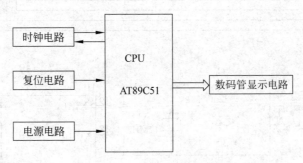

图 4-3　9.9 秒表总体框图

4.4.2　设计 9.9 秒表硬件电路

　　用 AT89C51 单片机控制，系统时钟 12MHz，采用上电复位方式，3 位一体的共阴极数码管作为显示，AT89C51 的一个 I/O 口（P1）作为显示数据输出端口，一个 I/O 口（P2）作为数码管位选控制端口，T0 作为频率测试输入端，参考电路如图 4-4 所示。

4.4.3　设计 9.9 秒表程序

　　1）编程思路

　　定时/计数器工作于定时状况，12MHz 时钟下，机器周期为 1μs，定时器 T0 工作于方式 1，初值为 65536～10000，每计 10000 个机器周期，定时器中断 1 次，耗时 10ms，中断 10 次则耗时 0.1s。在中断服务程序让中断次数加 1，每中断 10 次。秒数从初值 9.9s 开始减 0.1s 即可实现倒计时。秒数为 0，停止计数，数码管显示亮、灭交替可实现闪烁显示"0.0"。主程序流程如图 4-5 所示，中断服务程序流程如图 4-6 所示。

　　2）设计程序

　　根据流程设计程序，参考程序如下：

```
# include < reg51. h>
unsigned char code led_seg_code[ ] = {0x3F,0x06,0x5B,0x4F,0x66,0x6D,0x7D,0x07,0x7F,0x6F};
unsigned char dat_display[2];
unsigned char bit_array[2] = {0xFE,0xFD};
unsigned char seconds = 99,count;
/ ************************
```

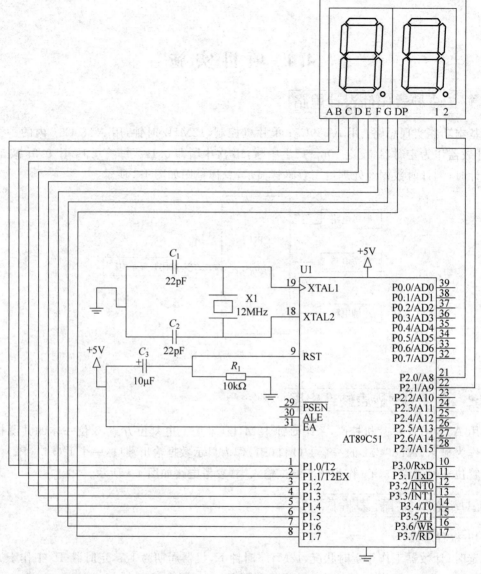

图 4-4　9.9 秒表参考电路

函数名称：延迟函数

函数功能：延迟 time * 10ms

入口参数：延迟时间量

出口参数：无

**************************** /

```c
void delay(unsigned char time)
{
    unsigned char i,j;
    for(i = 0;i < time;i++)
        for(j = 0;j < 120;j++)
            ;
}
```

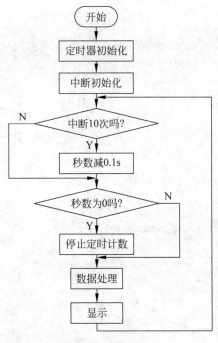

图 4-5　主程序流程

图 4-6　中断服务程序流程

```
/ ************************
 函数名称: 定时器初始化函数
 函数功能: 完成 T0 初始化
 入口参数: 无
 出口参数: 无
 ************************ /
void T0_init(void)
{
   TMOD = 0x01;
   TH0 = (65536 - 10000)/256;
   TL0 = (65536 - 10000) % 256;
   TR0 = 1;
}
/ ************************
 函数名称: 中断初始化函数
 函数功能: 完成 T0 中断初始化
 入口参数: 无
 出口参数: 无
 ************************ /
void int_init(void)
{
   EA = 1;
   ET0 = 1;
}
/ ************************
 函数名称: 数据处理函数
 函数功能: 完成秒数的处理
```

入口参数：无

出口参数：无

************************ /

```c
void dat_change(unsigned char dat)
{
    dat_display[1] = dat/10;
    dat_display[0] = dat % 10;
}
```

/ **

函数名称：显示函数

函数功能：显示 1 位数据

入口参数：显示段码、显示位码、标志位

出口参数：无

** /

```c
void display(unsigned char SEG_dat,unsigned char bit_code,bit fg)
{
    P1 = 0x00;
    if(fg)
    P1 = SEG_dat|0x80;
    else
    P1 = SEG_dat;
    P2 = bit_code;
    delay(5);
}
```

/ **

函数名称：0.1s 判断函数

函数功能：判断 0.1s 是否到时

入口参数：无

出口参数：无

************************************** /

```c
void seconds_01(void)
{
    if(count == 10)
    {
        count = 0;
        seconds -- ;
    }
}
```

/ **

函数名称：9.9s 判断函数

函数功能：判断 9.9s 是否到时

入口参数：无

出口参数：无

************************************** /

```c
void seconds_99(void)
{
    if(seconds == 0)
    {
        TR0 = 0;
    }
}
```

```
/ **************** 主程序 **************** /
main()
{
    T0_init();
    int_init();
    while(1)
    {
        seconds_01();
        seconds_99();
        dat_change(seconds);;
        display(led_seg_code[dat_display[0]],bit_array[0],0);
        display(led_seg_code[dat_display[1]],bit_array[1],1);
    }
}
/ ************** 定时器 T0 中断服务函数 ************** /
void time_t0()interrupt 1
{
    TH0 = (65536 - 10000)/256;
    TL0 = (65536 - 10000) % 256;
    count++;
}
```

如果应用指针,显示函数修改为:

```
void display(unsigned char * seg_code,unsigned char * bit_code,bit fg)
{
    P2 = 0xFF;
    P2 = * bit_code;
    if (fg)
    P1 = * seg_code|0x80;
    else P1 = * seg_code;
    delay(100);
}
```

主函数中显示语句相应修改为:

```
display(led_seg_code + dat_display[0],bit_array,0);
display(led_seg_code + dat_display[1],(bit_array + 1),1);
```

4.4.4　仿真 9.9 秒表

(1) 利用 Keil μVision2 的调试功能,根据错误提示,找到错误代码,排除各种语法错误。

(2) 编译成 hex 文件,单步运行,调试子函数和主函数。观察 P1、P2 端口、T0 寄存器 TMOD、TL0、TH0、TR0 的状态以及变量数值的变化,判断程序的正确性。

(3) 用 Proteus 按设计电路图,设计如图 4-7 所示的仿真模型。以仿真信号源提供测试信号进行仿真调试。

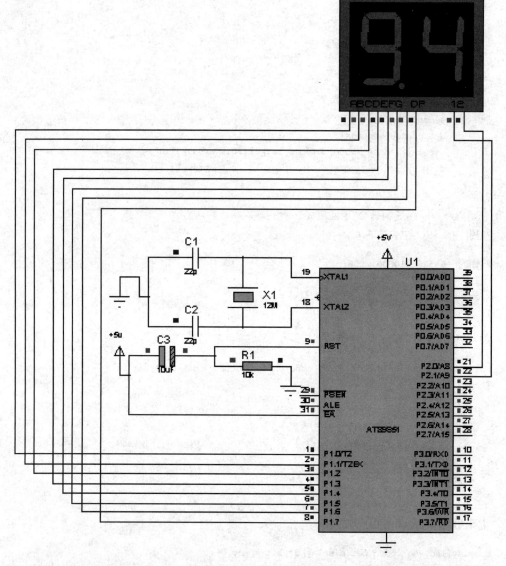

图 4-7　9.9秒表仿真模型

4.4.5　调试9.9秒表

（1）仿真调试成功后，按硬件电路把元件安装焊接在实验板上，并进行静态和动态检测。

（2）烧录 hex 文件，运行程序，如不能运行，先排除各种故障（供电、复位、时钟，内外存储空间选择、软硬件端口应用等）。

（3）测试 9.9 秒表，把 9.9 秒表与一正常的 0.1s 计时的秒表进行对比，分析计时的准确性。

（4）如没有达到性能指标，调整电路或元件参数、优化程序，重新调试、编译、下载、运行程序，测试性能指标。

4.5　拓展训练

1. 用 2 位数码管作为显示,设计制作一个秒表,具备以下要求。

(1) 0~59s 计时功能。

(2) 进行误差估算,使误差尽量少。

2. 用定时器设计制作十字路口交通控制灯,主道通行 30s,从道通行 20s,主从道过渡时间为 2s,用黄灯闪烁 2 次。

3. 设计制作数字频率计,测试频率为 1~100Hz,并用数码管显示。

设计制作四路抢答器

5.1 学习目标

(1) 掌握键盘的工作原理。

(2) 掌握独立式键盘接口与应用。

(3) 巩固数码管显示技术。

(4) 熟练掌握 C51 程序设计。

5.2 项目描述

1. 项目名称

设计制作四路抢答器

2. 项目要求

(1) 用 Keil C51、Proteus 作为开发工具。

(2) 用 AT89C51 单片机控制。

(3) 数码管显示最先抢答者按键编号(1~4),无抢答时显示 0。

(4) 具有四路抢答功能,最先抢答者按下抢答键后,其他抢答者无效,只有等主持人按下复位键后,才能进入下一轮抢答。

(5) 发挥扩充功能,能倒计时,能发声提示等。

3. 设计制作任务

(1) 拟订总体设计制作方案。

(2) 设计硬件电路。

(3) 编制软件流程图及设计相应源程序。

(4) 仿真调试四路抢答器。

(5) 安装元件,制作四路抢答器,调试功能。

(6) 完成项目报告。

5.3　相 关 知 识

1. 键盘

键盘是由一组规则排列的按键组成,一个按键实际上是一个开关元件,也就是说键盘是一组规则排列的开关。键盘是人机交互的重要组成部分,按连接形式一般分为独立式键盘与矩阵键盘。

2. 消除键盘抖动

使用机械触点式键盘开关,在按键按下或释放时,由于机械弹性作用的影响,通常伴随有一定时间的触点机械抖动,然后触点才稳定下来,其抖动过程如图 5-1 所示。

抖动时间一般为 5～10ms,在触点抖动期间检测按键的通与断状态,可能导致判断出错。为了克服按键触点机械抖动引起的误判,必须消去抖动。在按键数量较少时,常采用硬件消除抖动,键数较多时,采用软件消除抖动。

硬件消抖是在按键输出端接 R-S 触发器(双稳态触发器)或单稳态触发器构成消抖动电路,图 5-2 所示是一种由 R-S 触发器构成的消抖动电路,当触发器一旦翻转,键盘输出经双稳态电路之后,输出为规范的矩形方波,触点抖动不会对其产生任何影响。

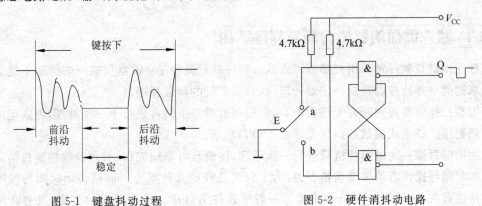

图 5-1　键盘抖动过程　　　　　　　图 5-2　硬件消抖动电路

软件消抖动是在检测到有按键按下时,执行一个 10ms 左右(具体时间应视所使用的按键情况进行调整)的延时程序后,再确认该键电平是否仍保持闭合状态电平,若仍保持闭合状态电平,则确认该键处于稳定闭合状态;在检测该键释放时,也应采用相同的步骤进行确认,从而消除抖动的影响。

如图 5-3 所示,独立键盘每一个按键的电路是独立的,占用一条数据线,上拉电阻保证了按键断开时,I/O 口线有确定的高电平(当 I/O 口线内部有上拉电阻时,外电路可以不接上拉电阻)。当其中任意一键被按下时,它所对应的端口电平就变成低电平,若无键闭合,则所有端口为高电平。这种键盘电路配置灵活,但占用 I/O 口多,适合少量按键的情况。

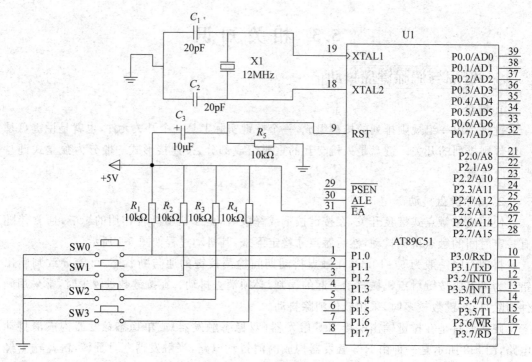

图 5-3　独立式键盘结构

5.3.3　独立键盘的键值分析与程序结构

独立式键盘软件常采用扫描查询方式。程序执行流程是：键盘扫描→去抖动→键盘扫描→求键值→等待按键释放→按键处理（执行按下键的功能程序）。

键盘扫描就是要判断有无键按下，当扫描到有键按下时再进行下一步处理，否则退出键盘处理程序。独立式键盘扫描只需读取 I/O 口状态。

为确保每按一次键单片机只进行一次处理，使键盘可靠地工作，必须消除按键抖动。键按下的时间与操作者的按键动作有关，为十分之几秒到几秒不等。而键抖动时间与按键的机械特性有关，一般为 5～10ms 不等。一般用软件消抖法。采用延时的方法，以避开按键的抖动，即在按键已稳定地闭合或断开时才读出其状态。

求键值就是获得某按键按下时，键盘端口的状态值。就是确认是哪只按键按下。

按键处理就是根据系统功能要求，利用单片机控制完成特定操作。

按扫描查询所处的时刻分为程序查询、定时查询、中断查询三种方式。程序查询方式是通过调用键盘扫描子程序，查询有无键按下。

1）程序查询方式

程序查询方式是利用 CPU 完成其他工作的空余时间调用键盘扫描函数来响应键盘输入的要求。在执行键功能程序时，到 CPU 重新扫描键盘为止，CPU 不再响应按键输入要求。按键识别的依据是 CPU 查询每根 I/O 口线的电平高低，如某一 I/O 口线输入为低电平，说明有按键按下。消抖动后，再确认该 I/O 口的按键按下，等待释放后，转向该键的功能处理程序。例如：

```c
#include<reg51.h>
sbit led = P2^0;                //定义 LED 引脚
sbit key = P1^0;                //定义按键引脚
/ ********** 延时函数 *********** /
void delay(unsigned char time)
{
    unsigned char i,j;
    for(i = 0;i < time;i++)
    for(j = 0;j < 120;j++)
    ;
}
/ ********** 按键按下实现的功能函数 *********** /
void key(void)
{
    led = !led;  //LED 亮灭变化
}
/ ********** 键盘管理函数 *********** /
void Key_mage(bit key_val)
{
    if(key_val == 1)
    {
    key();
    key_val = 0;
    }
}
/ ********** 按键扫描函数 *********** /
bit key_scan(void)
{
    bit key_scan(void)
    {
        if(key != 1)
        {
            delay(10);
            if(key!= 1);
            {
                while(key!= 1);
                return 1;
            }
        }
        else
        return 0;
    }
}
/ ********** 主函数 *********** /
main()
{
    while(1)
    {
        Key_mage(key_scan( ));
    }
}
```

程序采用查询方式,实现了按键按下,LED 亮灭变化。

2）定时查询方式

定时扫描方式就是利用定时器，每隔一段时间对键盘扫描一次。常常是利用单片机内部的定时器定时一定时间（如 10ms），当定时器 T0 或 T1 定时时间到，就产生定时器溢出中断；CPU 响应中断后，对键盘进行扫描，并在有键按下时识别出该键，再执行该键的功能程序。例如，假设定时器每中断 30 次查询一次键盘，修改部分代码如下：

```
/ *********** T0 初始化设置 *************** /
void system_init(void )
{
    TMOD = 0x20;
    ET0 = 1;
    …
    TR0 = 1;
    EA = 1;
}
/ ************* T0 中断处理程序 ************* /
void   TIMER0_intrupt() interrupt 1 using 1
{
    EA = 0;
    If((++count_TI) % 30 == 0)    //中断 30 次查询一次
    {
        count_TI = 0
        Key_mage(key_scan( ));
    }
    EA = 1;
}
```

3）中断查询方式

中断查询方式是把键盘接入外部中断源，只要有按键按下时，就会发出中断请求，CPU 响应中断，在中断服务程序中进行扫描查询，确认按键，然后散转到执行相应按键功能程序。

例如，改用中断查询方式，修改部分代码如下：

```
/ *************** INT0 初始化设置 ******************* /
void int0_init(void )
{
    IT0 = 0;
    EX0 = 1;
    EA = 1;
}
/ *************** 外部 INT0 处理程序 ****************** /
void INT0_intrupt() interrupt 0 using 1
{
    EA = 0;
    Key_mage(key_scan( ));
    EA = 1;
}
```

5.3.4 独立键盘应用

1. 编写程序实现用数码管循环显示按键按下次数

1）编程要求

编写程序对按键按下次数计数，每按下一次，计数加 1，计数值到 9 后，重新从 0 开始计数,并用共阳数码管显示。

2)编程思路

如果有按键按下,首先去抖动,确认按键按下,让计数值加 1,然后用共阳数码管显示。程序流程如图 5-4 所示。

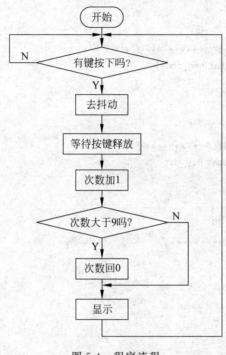

图 5-4　程序流程

3)编写程序

根据编程思路与程序流程,参考程序如下:

```c
#include<reg51.h>
sbit line = P3^0;                //定义数码管位选引脚
sbit key = P1^0;                 //定义按键引脚
unsigned char key_val;
unsigned char count;
unsigned char Fault_code[10] =
{ 0xC0,0xF9,0xA4,0xB0,0x99,0x92,0x82,0xF8,0x80,0x90 };
/* ********** 延时函数 *********** */
void delay(unsigned char time)
{
    unsigned char i,j;
    for(i = 0;i<time;i++)
    for(j = 0;j<120;j++)
    ;
}
/* ********** 次数加 1 函数 *********** */
void key (void)
{
    count++;
```

```
}
/ ********** 次数判断函数 *********** /
void   count_judge (void)
{
    if(count > 9)
    count = 0;

}
/ ********** 次数显示函数 *********** /
void display (unsigned char seg_code)
{
    P2 = seg_code;
    line = 1;
}
/ ********** 键盘管理函数 *********** /
void Key_mage(unsigned char key_dat)
{
    if(key_dat == 1)
      key();
}
/ ********* 键盘扫描 *********** /
void   key_scan(void)
{
    if(key == 0)
    {
       delay(10);
       if(key == 0)
       {
        while(key == 0);
        key_val = 1;
       }
    }
    else
    key_val = 0;
}
/ ********** 主函数 *********** /
main()
{
  while(1)
  {
  key_scan();
  Key_mage(key_val);
  count_judge();
  display (Fault_code[count]);
  }
}
```

2. 编写程序实现用一只键控制组合灯

1）编程要求

编写程序实现功能：当 S1 键按下 1 次，LED1 亮灭变化，当 S1 键按下 2 次，LED2 亮灭变化,当 S1 键按下 3 次,LED1、LED2 全亮,当 S1 键按下 4 次,LED1、LED2 全灭。

2)编程思路

程序采用查询方式判断 S1 键是否按下,如果按下则去抖动,按键次数加 1,根据次数执行相应操作:次数为 1,LED1 亮,次数为 2,LED2 亮,次数为 3,LED1、LED2 全亮,次数为 4,LED1、LED2 全灭。次数大于 4,则回到 1。程序流程如图 5-5 所示。

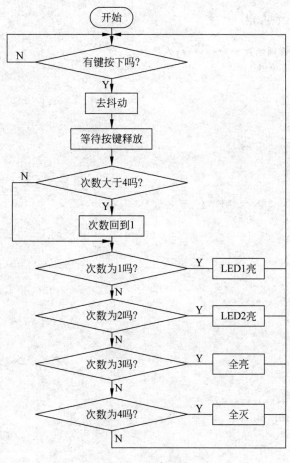

图 5-5 程序流程

3)编写程序

根据编程思路与程序流程,参考程序如下:

```c
#include<reg51.h>
sbit led1 = P2^0;            //定义 LED 引脚
sbit led2 = P2^1;            //定义 LED 引脚
sbit key = P1^0;             //定义按键引脚
unsigned char count;
/ ********** 延时函数 ********** /
void delay(unsigned char time)
{
    unsigned char i,j;
    for(i = 0;i < time;i++)
```

```
            for(j = 0;j < 120;j++)
                ;
    }
    / *********** 按键按下实现的功能函数 *********** /
void key1(void)
{
        count++ ;
        if(count > 4) count = 1;
}
/ *********** 键盘管理函数 *********** /
void Key_mage(bit key_dat)
{
        if(key_dat == 1)
        {
        key1();
        key_dat = 0;
        }
}
/ *********** LED1 亮 *********** /
void led1_on(void)
{
        led1 = 0;
        led2 = 1;
}
/ *********** LED2 亮 *********** /
void led2_on(void)
{
        led2 = 0;
        led1 = 1;
}
/ *********** 全亮 *********** /
void led1_2_on(void)
{
        led1 = 0;
        led2 = 0;
}
/ *********** 全灭 *********** /
void led1_2_off(void)
{
        led1 = 1;
        led2 = 1;
}
/ *********** 全灭 *********** /
void count_to_1(void)
{
    count = 1;
}
/ *********** 键盘扫描函数 *********** /
bit   key_scan(void)
```

```
{
    if(key == 0)
    {
        delay(10);
        if(key == 0)
        {
            while(key == 0);
            return 1;
        }
    }
    else
    return 0;
}
/ ********** 主函数 *********** /
main()
{
    while(1)
    {
        Key_mage(key_scan());
        if(count == 1)led1_on();
        if(count == 2)led2_on();
        if(count == 3)led1_2_on();
        if(count == 4)led1_2_off();
    }
}
```

3. 编写程序实现组合按键控制 LED 亮灭

1) 编程要求

编写程序实现功能：按下 S1 键 LED1～LED4 亮、LED5～LED8 灭,按下 S2 键 LED1～
LED4 灭、LED5～LED8 亮,按下 S3 键 LED1～LED8 全亮,当按下 S4 键 LED1～LED8 全灭。

2) 编程思路

程序可采用查询方式,逐个判断按键是否按下,哪个按
键按下了,就去抖动执行按键功能。分 4 个单独的按键来
设计程序。但是,这样设计程序不科学。

可以先读 4 个按键所在的端口,判断是否有其中一个
按键按下,如果有按下,则去抖动。然后根据读到的结果
(键值)判断是 S1～S4 中的哪一个按键按下,根据键值与按
键的对应关系去执行相应操作,分别输出控制 LED1～
LED8 的控制码 0xF0、0x0F、0x00、0xFF,就可实现功能:
按下 S1 键 LED1～LED4 亮、LED5～LED8 灭,按下 S2 键
LED1～LED4 灭、LED5～LED8 亮,按下 S3 键 LED1～
LED8 全亮,按下 S4 键 LED1～LED8 全灭。键盘扫描程
序流程如图 5-6 所示,键盘功能处理流程如图 5-7 所示,主
程序流程如图 5-8 所示。

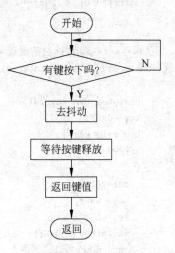

图 5-6　键盘扫描程序流程

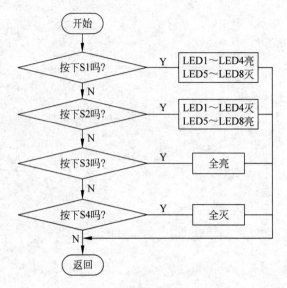

图 5-7 键盘功能处理流程

图 5-8 主程序流程

3）编写程序

根据程序流程，参考程序如下：

```
#include<reg51.h>
#define key P1
#define LED P2
/*********** 延时函数 *********** /
void delay(unsigned char time)
{
  unsigned char i,j;
  for(i = 0;i<time;i++)
    for(j = 0;j<120;j++)
    ;
}
/*********** 按键扫描函数 *********** /
unsigned char key_scan(void)
{
  unsigned char key_val;
  key = 0xFF;
  key_val = key;
  if(key_val!= 0xFF)
  {
    delay(10);                //去抖动
    key = 0xFF;
    key_val = ~key;
    while(key == 0xFF);
    return key_val;
  }
  return 0;
}
```

```
/ *********** 按键 S1 功能处理函数 ************* /
void key1(void)
{
    LED = 0xF0;
}
/ *********** 按键 S2 功能处理函数 ************* /
void key2(void)
{
    LED = 0x0F;
}
/ *********** 按键 S3 功能处理函数 ************* /
void key3(void)
{
    LED = 0x00;
}
/ *********** 按键 S4 功能处理函数 ************* /
void key4(void)
{
    LED = 0xFF;
}
/ *********** 按键处理函数 ************* /
void Key_manage(unsigned char key_val)
{
    if(key_val == 0x01)
    key1();
    if(key_val == 0x02)
    key2();
    if(key_val == 0x04)
    key3();
    if(key_val == 0x08)
    key4();
}
/ *********** 主函数 ************* /
main()
{
    while(1)
    {
        Key_manage(key_scan());
    }
}
```

5.4 项目实施

5.4.1 四路抢答器总体设计思路

基本功能实现思路: 用 AT89C51 单片机控制,4 个按键构成独立键盘实现抢答操作, 1 位共阳数码管动态显示抢答者按键编号,总体框图如图 5-9 所示。

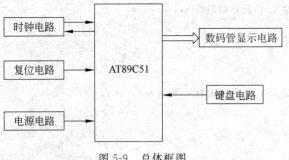

图 5-9　总体框图

5.4.2　设计四路抢答器硬件电路

用 AT89C51 单片机控制，系统时钟为 12MHz，采用上电复位与按键复位相结合的方式，2 位共阳极数码管作为显示（1 位作为倒计时用），单片机的 P0 口作为显示段码输出端口，P2 口的 P2.0 作为数码管位选控制端口，P1 口的 P1.0～P1.3 外接 S1～S4 作为抢答者按键，四路抢答器参考电路如图 5-10 所示。

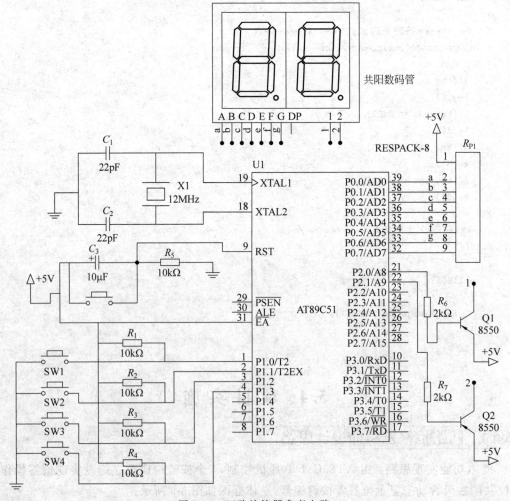

图 5-10　四路抢答器参考电路

5.4.3 设计四路抢答器程序

1）编程思路

4 个按键按下时返回键值分别为 0x01、0x02、0x04、0x08，根据键值分别执行 1～4 号的抢答操作。

某一按键按下后，首先显示按键编号，然后让程序停止按键扫描，使其他按键无效，键盘扫描程序流程如图 5-11 所示，键盘管理程序流程如图 5-12 所示，主程序流程如图 5-13 所示。

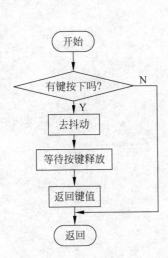

图 5-11 键盘扫描程序流程

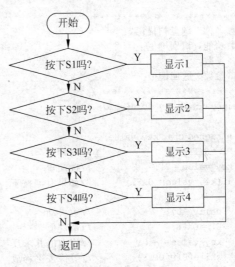

图 5-12 键盘管理程序流程

2）编写程序

根据程序流程，结合硬件设计，四路抢答器参考程序如下：

图 5-13 主程序流程

```
# include < reg51.h >
unsigned char led_seg_code[ ] = {0xC0,0xF9,0xA4,0xB0,0x99,
                    0x92,0x82,0xF8,0x80,0x90};
unsigned char bit_array[2] = {0xFE,0xFD};
/ ***************************
函数名称：延迟函数
函数功能：延迟
入口参数：延迟时间 time ms
出口参数：无
*************************** /
void delay(unsigned char time)
{
  unsigned char i,j;
  for(i = 0;i < time;i++)
    for(j = 0;j < 120;j++)
  ;
}
/ ***************************
函数名称：显示 1 位数据函数
函数功能：显示 1 位数据
```

入口参数：seg_code 为段码、bit_code 为位码
出口参数：无
************************** /
```c
void display_1bit(unsigned char seg_code,unsigned char bit_code)
{
    P2 = 0xFF;
     P0 = seg_code;
    P2 = bit_code;
    delay(200);
}
/ **************************
```
函数名称：键盘扫描函数
函数功能：识别键值
入口参数：无
出口参数：返回键值
************************** /
```c
unsigned char key_scan(void)
{
    unsigned char key_value;
    P1 = 0xFF;                  //写端口
    key_value = P1;             //读端口
    if(key_value!= 0xFF)        //如果有键按下
    {
      delay(10);                //去抖动
      P1 = 0xFF;                //读键值
      key_value = ~P1;          //读键值并求反
      while(P1!= 0xFF);         //等待按键释放
      return   key_value;       //返回键值
    }
    return 0;
}
/ **************************
```
函数名称：SW1 功能函数
函数功能：显示 SW1 编号
入口参数：无
出口参数：无
************************** /
```c
void key1(void)
{
    while(1)
    {
      display_1bit(led_seg_code[1],bit_array[0]);
    }
}
/ **************************
```
函数名称：SW2 功能函数
函数功能：显示 SW2 编号
入口参数：无
出口参数：无
************************** /
```c
void key2(void)
{
  while(1)
  {
```

```
    display_1bit(led_seg_code[2],bit_array[0]);
  }
}
/ ***************************
函数名称: SW3 功能函数
函数功能: 显示 SW3 编号
入口参数: 无
出口参数: 无
*************************** /
void key3 (void)
{
  while(1)
  {
    display_1bit(led_seg_code[3],bit_array[0]);
  }
}
/ ***************************
函数名称: SW4 功能函数
函数功能: 显示 SW4 编号
入口参数: 无
出口参数: 无
*************************** /
void key4(void)
{
  while(1)
  {
    display_1bit(led_seg_code[4],bit_array[0]);
  }
}
/ ***************************
函数名称: 按键管理函数
函数功能: 按键识别与管理
入口参数: 键值
出口参数: 无
*************************** /
void key_manage(unsigned char val)
{
  if(val == 0x01)
  {
    key1();
  }
  if(val == 0x02)
  {
    key2();
  }
  if(val == 0x04)
  {
    key3();
  }
  if(val == 0x08)
  {
    key4();
  }
}
```

```
}
/ ************************
主函数
************************* /
main()
{
    display_1bit(led_seg_code[0],bit_array[0]);   //显示 0
    while(1)
      {
        key_manage(key_scan());
      }
}
```

5.4.4 仿真四路抢答器

（1）利用 Keil μVision2 的调试功能，根据错误提示，找到错误代码，排除各种语法错误。

（2）编译成 hex 文件，单步运行，调试子函数和主函数。观察 P0、P1 端口、P2.0、P2.1 引脚的电平变化，判断程序的正确性。

（3）用 Proteus 按设计电路图，设计如图 5-14 所示的仿真模型。并进行抢答器功能仿真。

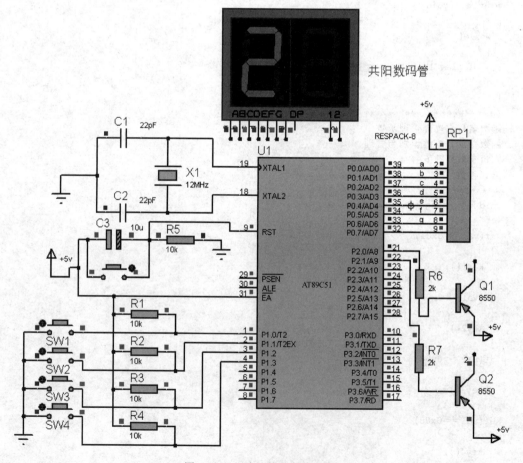

图 5-14 四路抢答器仿真模型

5.4.5 调试四路抢答器

(1) 仿真调试成功后,按硬件电路把元件安装焊接在实验板上,并进行静态和动态检测。

(2) 烧录 hex 文件,运行程序,如不能运行,先排除各种故障(供电、复位、时钟、内外存储空间选择、软硬件端口应用等)。

(3) 测试抢答功能。

(4) 如没有实现功能,调整与测试相应功能电路或元件参数、优化程序,重新调试、编译、下载、运行程序,测试功能。

5.5 拓 展 训 练

1. 查找资料、用独立式键盘设计简易电子琴。

2. 如图 5-15 所示,设计程序实现:SW1 按下 1 次,D1 亮,每增加 1 次,点亮的 LED 增加 1 只,当全亮以后,再按一次,则全灭。然后重新开始,进行新的一轮控制。

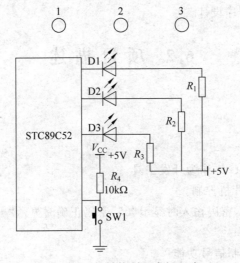

图 5-15　按键控制组合灯电路

3. 如图 5-16 所示,设计程序实现:S1 闭合,LED1 亮,电机旋转,S2 闭合,LED1 灭,电机停转。

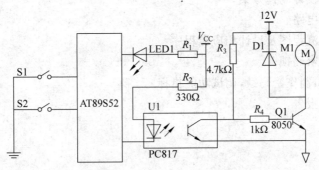

图 5-16　电机运行控制电路

设计制作密码锁

6.1 学习目标

(1) 掌握矩阵式键盘的接口应用。
(2) 巩固数码管的接口应用技术。
(3) 熟练掌握 C51 程序设计。

6.2 项目描述

1. 项目名称

设计制作密码锁

2. 项目要求

(1) 用 Keil C51、Proteus 作为开发工具。
(2) 用 AT89C51 单片机控制。
(3) 数码管作为显示,密码输入时显示"0"、密码正确时显示"－－－－－－",密码错误显示"888888"。
(4) 具有输出开锁控制信号功能。
(5) 发挥扩充功能,如设置 6 位新密码,3 次错误锁住密码等。

3. 设计制作任务

(1) 拟订总体设计制作方案。
(2) 设计硬件电路。
(3) 编制软件流程图及设计相应源程序。
(4) 仿真调试密码锁。
(5) 安装元件,制作密码锁,调试功能指标。
(6) 完成项目报告。

6.3　相　关　知　识

6.3.1　矩阵式键盘

1. 矩阵式键盘结构

矩阵式键盘由行线和列线组成,按键位于行、列线的交叉点上,其结构如图 6-1 所示。

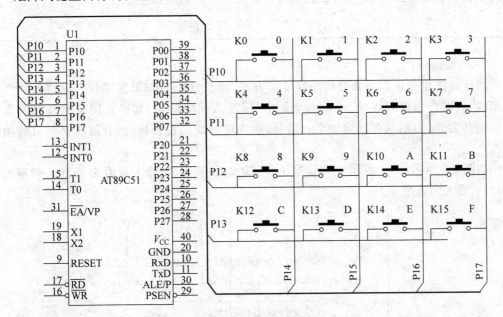

图 6-1　矩阵式键盘结构

由图 6-1 可知,一个 4×4 的行、列结构可以构成一个含有 16 个按键的键盘,在按键数量较多时,矩阵式键盘比独立式键盘要节省 I/O 口。

矩阵式键盘的行线、列线均与多个键相连,各个按键按下后均影响该键所在行线和列线的电平。因此,必须将行线、列线的电平综合起来做适当处理,才能确定闭合键的位置。

2. 矩阵式键盘的按键识别

矩阵式键盘的识别方法很多,常见的识别方法是逐行扫描法和线反转法。

1) 逐行扫描法

逐行扫描法就是依次从第一行至最末行线上发出低电平信号,如果该行线所连接的键没有按下,则列线所接的端口得到的是全"1"信号,如果有键按下,则得到非全"1"信号。

把图 6-1 简化为图 6-2,如第 2 行第 4 列按键 7 按下,行线输出 1011,则列线输入为1110,键盘端口的状态值为 0x7D。依次推理逐行扫描法矩阵键盘的键值如表 6-1 所示。

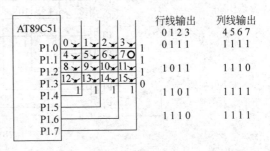

图 6-2　逐行扫描法

表 6-1   矩阵式键盘逐行扫描键值表

0	1	2	3
ee	de	be	7e
4	5	6	7
ed	dd	bd	7d
8	9	10	11
eb	db	bb	7b
12	13	14	15
e7	d7	b7	77

2）线反转法

线反转法也是识别闭合键的一种常用方法，该法比逐行扫描速度快。先将行线作为输出线，列线作为输入线，行线输出全 0 信号，读入列线的值，那么在闭合键所在的列线上的值必为 0；然后从列线输出全 0 信号，再读取行线的输入值，闭合键所在的行线值必为 0。

如图 6-3 所示，第 2 行第 4 列键按下，行输出为 0000，列输入为值为 1110。列输出为 0000，列输入为值为 1011。

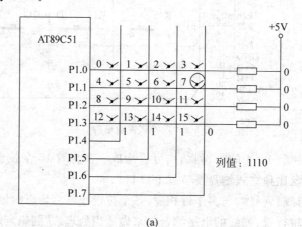

(a)

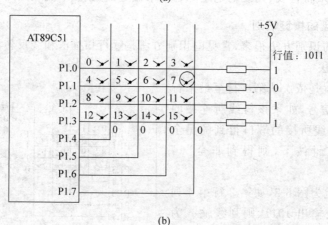

(b)

图 6-3   线反转法

这样,当一个键被按下时,必定可读到一对唯一的行列值。再由这一对行列值可以求出闭合键所在的位置。

具体控制过程是,矩阵式键盘端口先输出 0xF0,键盘的列线处在高电平、行线处在低电平,若有按键按下时,与此键相连的行线与列线导通,该按键所在列线电平会由高电平变为低电平。以此作为判定相应的列有键按下的依据。

如有按键按下,消抖动后,首先键盘端口输出 0xF0 读出列线的电平状态,然后键盘端口输出 0x0F 读出行线的电平状态,最后把读出的列线电平状态与行线电平状态合成 8 位键值。7 号按键列线电平状态为 0111,行线电平状态为 1101,键值也为 0x7D,矩阵键盘线反转法键值表和表 6-1 一致。

下面为行列反转法键盘扫描程序。

```
unsigned char key_scan()
{
    unsigned char key_varl;
    key_varl = 0;
    key = 0xF0;              //key 为键盘连接端口
    if(key!= 0xF0)
        {
          delay(10);       //消抖动
          if(key!= 0xF0)
            {
              key = 0xF0;
              key_varl = key&0xF0;
              key = 0x0F;
              key_varl = (key_varl)|(key&0x0F);
              key = 0xF0;
              while(key!= 0xF0);
              return   key_varl;
            }
        }
    return 0x10;
}
```

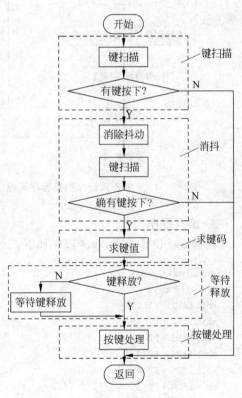

图 6-4 矩阵式键盘的控制流程

3. 矩阵式键盘的软件结构

矩阵式键盘的控制流程如图 6-4 所示。与独立式键盘一样分为程序查询、定时查询、中断查询三种方式。

6.3.2 矩阵式键盘应用

1. 编写程序实现用 4×4 矩阵式键盘控制 8 只 LED 灯

1) 编程要求

编写程序用 4×4 矩阵式键盘程序,用 S1~S8 分别控制 8 个 LED 灯变亮,S9~S16 分别控制 8 个 LED 亮灭。

2) 编程思路

用 1 个并口构成一个 4×4 矩阵式键盘,采用行列反转法进行键盘查询扫描,按键值散转到相应的 LED 亮灭控制子程序，实现控制 LED 的亮灭变化。4×4 矩阵式键盘扫描程序流程如图 6-5 所示，键盘功能处理程序流程如图 6-6 所示，主程序流程如图 6-7 所示。

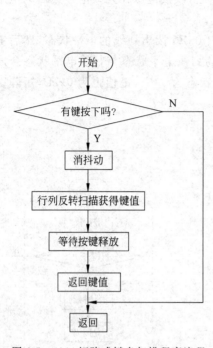

图 6-5　4×4 矩阵式键盘扫描程序流程

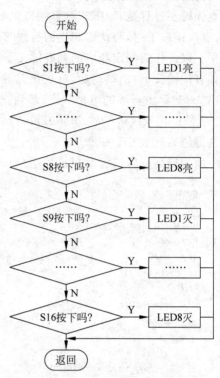

图 6-6　键盘功能处理程序流程

3）编写程序

根据流程设计程序，参考程序如下：

图 6-7　主程序流程

```
#include<reg51.h>
#define key P1
sbit LED1 = P2^0;
sbit LED2 = P2^1;
sbit LED3 = P2^2;
sbit LED4 = P2^3;
sbit LED5 = P2^4;
sbit LED6 = P2^5;
sbit LED7 = P2^6;
sbit LED8 = P2^7;

/*************** 延迟函数 *************/
void delay(unsigned char time)
{
    unsigned char j,k;
    for (k = 0;k<time;k++)
        for (j = 0;j<250;j++)
            ;
}
```

```
/ ************* 键盘扫描函数 ************* /
unsigned char key_scan(void)
{
 unsigned char key_var1;
 key = 0xF0;
    if(key!= 0xF0)
    {
        delay(10);
        if(key!= 0xF0)
        {
            key = 0xF0;
            key_var1 = key&0xF0;
            key = 0x0F;
            key_var1 = (key_var1)|(key&0x0F);
                key = 0xF0;
            while(key!= 0xF0);
            return key_var1;
        }
    }
   return   0x10;
}
/ ********* 按键 S1 功能函数 ********** /
void LED1_ON(void)//LED1_ON()
{
  LED1 = 0;
}
/ ********* 按键 S2 功能函数 ********** /
void LED2_ON(void)
{
  LED2 = 0;
}
/ ********* 按键 S3 功能函数 ********** /
void LED3_ON(void)
{
  LED3 = 0;
}
/ ********* 按键 S4 功能函数 ********** /
void LED4_ON(void)
{
  LED4 = 0;
}
/ ********* 按键 S5 功能函数 ********** /
void LED5_ON(void)
{
  LED5 = 0;
}
/ ********* 按键 S6 功能函数 ********** /
void LED6_ON(void)
{
  LED6 = 0;
}
```

```
/ ********** 按键 S7 功能函数 ********** /
void LED7_ON(void)
{
   LED7 = 0;
}
/ ********** 按键 S8 功能函数 ********** /
void LED8_ON(void)
{
   LED8 = 0;
}

/ ********** 按键 S9 功能函数 ********** /
void LED1_OFF(void)
{
   LED1 = 1;
}
/ ********** 按键 S10 功能函数 ********** /
void LED2_OFF(void)
{
   LED2 = 1;
}
/ ********** 按键 S11 功能函数 ********** /
void LED3_OFF(void)
{
   LED3 = 1;
}
/ ********** 按键 S12 功能函数 ********** /
void LED4_OFF(void)
{
   LED4 = 1;
}
/ ********** 按键 S13 功能函数 ********** /
void LED5_OFF(void)
{
   LED5 = 1;
}
/ ********** 按键 S14 功能函数 ********** /
void LED6_OFF(void)
{
   LED6 = 1;
}
/ ********** 按键 S15 功能函数 ********** /
void LED7_OFF(void)
{
   LED7 = 1;
}
/ ********** 按键 S16 功能函数 ********** /
void LED8_OFF(void)
{
   LED8 = 1;
}
```

```
/********** 键盘功能处理函数 **********/
key_manage(unsigned char key_val)
{
    switch(key_val)
    {
      case 0xE7:LED1_ON();break;
      case 0xEB:LED2_ON();break;
      case 0xED:LED3_ON();break;
      case 0xEE:LED4_ON();break;
      case 0xD7:LED5_ON();break;
      case 0xDB:LED6_ON();break;
      case 0xDD:LED7_ON();break;
      case 0xDE:LED8_ON();break;
      case 0xB7:LED1_OFF();break;
      case 0xBB:LED2_OFF();break;
      case 0xBD:LED3_OFF();break;
      case 0xBE:LED4_OFF();break;
      case 0x77:LED5_OFF();break;
      case 0x7B:LED6_OFF();break;
      case 0x7D:LED7_OFF();break;
      case 0x7E:LED8_OFF();break;
      default:break;
    }
}
//也可用 if 语句编写键盘处理函数,例如:
key_manage(unsigned char key_val)
{
    if(key_val == 0xE7)LED1_ON();
    if(key_val == 0xEB)LED2_ON();
    if(key_val == 0xED)LED3_ON();
    if(key_val == 0xEE)LED4_ON();
    if(key_val == 0xD7)LED5_ON();
    if(key_val == 0xDB)LED6_ON();
    if(key_val == 0xDD)LED7_ON();
    if(key_val == 0xDE)LED8_ON();
    if(key_val == 0xB7)LED1_OFF();
    if(key_val == 0xBB)LED2_OFF();
    if(key_val == 0xBD)LED3_OFF();
    if(key_val == 0xBE)LED4_OFF();
    if(key_val == 0x77)LED5_OFF();
    if(key_val == 0x7B)LED6_OFF();
    if(key_val == 0x7D)LED7_OFF();
    if(key_val == 0x7E)LED8_OFF();
}
/********** 主函数 **********/
main()
{
  unsigned char key_val;
  while(1)
  {
      key_val = key_scan();
```

```
    key_manage(key_val);
    }
}
```

2. 编写程序实现数码管显示按键的编号

1）编程要求

编写程序实现数码管显示 4×4 矩阵式键盘中按键 S0～S15 按下的对应的编号 0～9、A～F。

2）编程思路

采用行列反转法进行键盘查询扫描，按键值 0xE7、0xEB、0xED、0xEE、0xD7、0xDB、0xDD、0xDE、0xB7、0xBB、0xBD、0xBE、0x77、0x7B、0x7D、0x7E 把按键编号为 0～9、A～F，按下某键就将该键的编号存入显示存储空间，然后经译码用数码管动态显示，主程序流程如图 6-8 所示。

键盘编号通过把所有按键的键值按编号顺序存入数组，再把扫描获得的键值与数组元素比对，与数组中相同元素的编号就作为该按键的编码编号。键盘功能管理，就是某按键按下就执行该按键的功能函数，这里所有按键都是将本按键的编号存入显示存储空间。

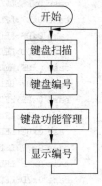

图 6-8　主程序流程

3）编写程序

按编程思路与程序流程，设计的参考程序如下，其中与上例相同的按键扫描函数与延迟函数不再重编。

```
#include<reg51.h>
#define key P1
unsigned char code led_seg_code[] = {0x3F,0x06,0x5B,0x4F,0x66,0x6D,0x7D,0x07,
                                     0x7F,0x6F,0x77,0x7C,0x39,0x5E,0x79,0x71};
unsigned char dat_display[1];
unsigned char bit_array[1] = {0xFE};
unsigned char tab[16] =
{0xE7,0xEB,0xED,0xEE,0xD7,0xDB,0xDD,0xDE,0xB7,0xBB,0xBD,0xBE,0x77,0x7B,0x7D,0x7E};
/*********** 延迟函数 *************** /
          （与上例相同）
/*********** 键盘扫描函数 ************ /
          （与上例相同）
/*********** 键盘编号函数 ************ /
unsigned char key_code(unsigned char key_varl)
{
    unsigned char key_number;
    for(key_number = 0;key_number<16;key_number++)
    {
        if(key_varl == tab[key_number])
        return key_number;
    }
}
/************* 显示 1 位数据函数 *************** /
void display_1Byte(unsigned char seg_code,unsigned char bit_code)
{
        P2 = 0xFF;
```

```
        P0 = seg_code;
        P2 = bit_code;
        delay(100);
}
/ ********* 显示编号函数 ********** /
void display()
{
    unsigned char i;
    {
        for(i = 0; i < 1; i++)
        display_1Byte(led_seg_code[dat_display[i]],bit_array[i]);
    }
}
/ ********* 按键功能函数 ********** /
void in_key(unsigned char number)
{
    dat_display[0] = number;
}
/ ********* 键盘管理函数 ********** /
key_manage(unsigned char key_val)
{
    switch(key_val)
    {
    case 0:in_key(key_val);break;
    case 1:in_key(key_val);break;
    case 2:in_key(key_val);break;
    case 3:in_key(key_val);break;
    case 4:in_key(key_val);break;
    case 5:in_key(key_val);break;
    case 6:in_key(key_val);break;
    case 7:in_key(key_val);break;
    case 8:in_key(key_val);break;
    case 9:in_key(key_val);break;
    case 10:in_key(key_val);break;
    case 11:in_key(key_val);break;
    case 12:in_key(key_val);break;
    case 13:in_key(key_val);break;
    case 14:in_key(key_val);break;
    case 15:in_key(key_val);break;
    default:break;
    }
}
```

按键管理函数也可用 if 语句编写，可参考上例进行编写。

```
/ ********* 主函数 ********** /
main()
{
    unsigned char key_val,key_number;
    while(1)
    {
        key_val = key_scan();
        key_number = key_code(key_val);
        key_manage(key_number);
```

```
        display();
    }
}
```

3. 编写程序实现数码管显示按下按键的顺序号

1）编程要求

随机按下 4×4 矩阵中的按键，编写程序实现数码管显示按下按键的顺序号(0～9)。

2）编程思路

采用行列反转法进行键盘查询扫描，按键值把按键编号为 0～15，每按下一键将按键的顺序号存入显示存储空间，然后用数码管动态显示。主程序流程如图 6-9 所示，这里的键盘功能管理，就是某按键按下就执行该按键的功能函数：将按键按下的顺序号存入显示存储空间，按下的顺序号加 1，并判断顺序号是否大于 9，若大于 9，则重新从 0 开始。

3）设计程序

根据流程设计程序，参考程序如下：

图 6-9 主程序流程

```c
# include < reg51.h>
# define key P1
unsigned char count;
unsigned char code led_seg_code[ ] = {0x3F,0x06,0x5B,0x4F,0x66,0x6D,0x7D,
                                      0x07,0x7F,0x6F};
unsigned char dat_display[1];
unsigned char bit_array[1] = {0xFD};
unsigned char tab[16] =
{0xE7,0xEB,0xED,0xEE,0xD7,0xDB,0xDD,0xDE,
0xB7,0xBB,0xBD,0xBE,0x77,0x7B,0x7D,0x7E};
/ ************** 延迟函数 ************* /
void delay(unsigned char time)
{
    unsigned char j,k;
    for (k = 0;k < time;k++)
        for (j = 0;j < 250;j++)
                        ;
}
/ ************** 键盘扫描函数 ************* /
unsigned char key_scan(void )
{
    unsigned char key_varl;
    key = 0xF0;
    if(key!= 0xF0)
    {
        delay(10);
        if(key!= 0xF0)
        {
            key = 0xF0;
            key_varl = key&0xF0;
            key = 0x0F;
```

```
                key_varl = (key_varl)|(key&0x0F);
                key = 0xF0;
                while(key!= 0xF0);
                return key_varl;
            }
        }
    else    return 0x10;
}


/************** 键盘编码函数 ************ /
unsigned char key_code(unsigned char key_varl)
{
    unsigned char key_number;
    for(key_number = 0;key_number < 16;key_number++)
    {
      if(key_varl == tab[key_number])
      return key_number;
    }
}
/************** 显示 1 位数据函数 **************** /
void display_1Byte(unsigned char seg_code,unsigned char bit_code)
{
    P2 = 0xFF;          //关断
    P0 = seg_code;      //位码
    P2 = bit_code;      //段选
    delay(10);          //延时
}
/********* 显示函数 ********** /
void display()
{
 unsigned char i;
 {
    for(i = 0;i < 1;i++)
    display_1Byte(led_seg_code[dat_display[i]],bit_array[i]);
 }
}
/********* 按键功能函数 ********** /
void in_key()
{
    dat_display[0] = count;
    count++;
    if(count >= 10)
     count = 0;
}
/********* 键盘功能管理函数 ********** /
key_manage(unsigned char key_num)
{
    switch(key_num)
    {
    case 0:in_key();break;
    case 1:in_key();break;
    case 2:in_key();break;
```

```
        case 3:in_key();break;
        case 4:in_key();break;
        case 5:in_key();break;
        case 6:in_key();break;
        case 7:in_key();break;
        case 8:in_key();break;
        case 9:in_key();break;
        case 10:in_key();break;
        case 11:in_key();break;
        case 12:in_key();break;
        case 13:in_key();break;
        case 14:in_key();break;
        case 15:in_key();break;
        default:break;
    }
}
/********** 主函数 **********/
main()
{
    unsigned char key_val,key_number;
    while(1)
    {
        key_val = key_scan();
        key_number = key_code(key_val);
        key_manage(key_number);
        display();
    }
}
```

6.4 项 目 实 施

6.4.1 密码锁总体设计思路

基本功能部分的实现思路：用 AT89C51 单片机控制、4×4 矩阵式键盘作为操作键盘、继电器作为开关控制接通开锁电路、数码管作为操作显示。密码核对采用按顺序一一比较的方式，如果输入密码按顺序每位都正确，则密码正确。总体框图如图 6-10 所示。

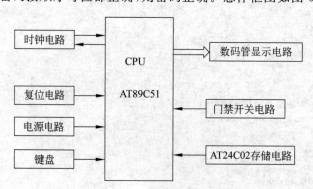

图 6-10 密码锁总体框图

6.4.2 设计密码锁硬件电路

用 AT89C51 控制、6 位共阴数码管作为显示、DC12V 继电器作为开锁控制开关,矩阵式键盘作为密码输入。AT89C51 的 P1 端口的 P1.0~P1.7 接矩阵式键盘;P0 口的 P0.0~P0.7 作为数码管显示数据输出,P2 口的 P2.0~P2.5 作为位码输出;P3.5 作为开锁控制信号输出。开锁电路采用继电器做开关,电机旋转开锁。硬件电路如图 6-11 所示。

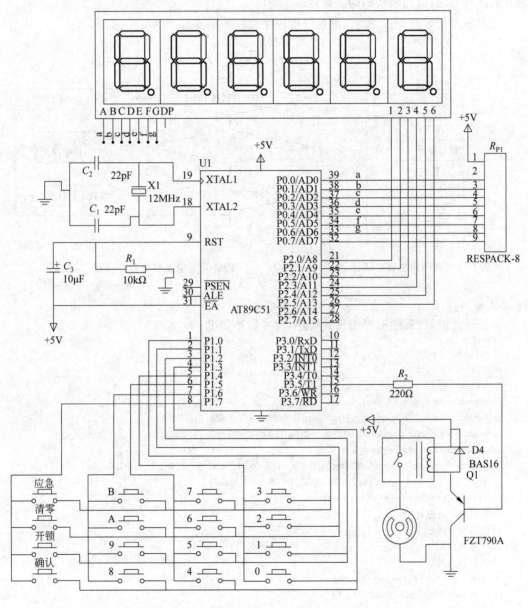

图 6-11 密码锁电路

6.4.3 设计密码锁程序

1）编程思路

采用程序查询的方式进行键盘扫描，根据键值采用查表方式按序号进行编码，再根据编码处理按键功能，分别执行输入密码、开锁、清零等操作。

设置两个存储空间区域存储密码、用户输入密码。采用用户输入密码与密码一一对应的方式进行对比，以判断密码的正确性。

主程序流程如图 6-12 所示，键盘管理程序流程如图 6-13 所示。

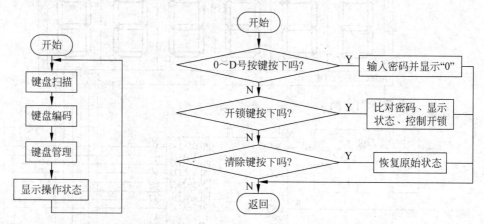

图 6-12　密码锁主程序流程　　　　　图 6-13　键盘管理程序流程

2）编写程序

根据硬件电路、程序流程图设计程序，参考程序如下：

```
# include< reg51. h>
sbit open = P3^5;
#define key P1
unsigned char count = 0;
unsigned char bit_array[6] = {0xFE,0xFD,0xFB,0xF7,0xEF,0xDF};
code unsigned char password_old[6] = {0x01,0x02,0x03,0x04,0x05,0x06};
unsigned char password_new[6];
unsigned char tab[16] = {0xE7,0xEB,0xED,0xEE,0xD7,0xDB,0xDD,0xDE, 0xB7,0xBB,
                          0xBD,0xBE,0x77,0x7B,0x7D,0x7E};
/ ********************************
函数名称：延迟函数
函数功能：延迟
入口参数：无
出口参数：无
******************************** /
void delay_10ms(unsigned char t)
{
    unsigned char j,k;
    for (k = 0;k < t;k++)
        for (j = 0;j < 120;j++);
}
```

```
/ ***********************************
函数名称：密码比对函数
函数功能：密码比对
入口参数：无
出口参数：比对结果 1(正确)、0(错误)
*********************************** /
bit check(void)
{
    if(password_old[0] == password_new[0])
        if(password_old[1] == password_new[1])
            if(password_old[2] == password_new[2])
                if(password_old[3] == password_new[3])
                    if(password_old[4] == password_new[4])
                        if(password_old[5] == password_new[5])
                            return 1;

    else return 0;
}


/ ***********************************
函数名称：显示 1 位数据函数
函数功能：显示 1 位数据
入口参数：段码、位码
出口参数：无
*********************************** /
void display(unsigned char seg_code,unsigned char bit_code)
{
    P2 = 0xFF;          //关断
    P0 = seg_code;      //位码
    P2 = bit_code;      //段选
    delay_10ms(1);      //延时
}
/ ****************************
函数名称：密码对错显示函数
函数功能：密码对错显示
入口参数：对或错的显示段码 seg_code
出口参数：无
**************************** /
void display_r_e(unsigned char seg_code)
{
    unsigned char i;
    while(P1 == 0xF0)
    {
        for(i = 0;i < 6;i++)
        display(seg_code,bit_array[i]);
    }
}
/ *********************
函数名称：清零函数
函数功能：清零
入口参数：无
```

```
出口参数：无
************************** /
void clear(void)
{
    unsigned char j;
        count = 0;
        open = 1;
        P2 = 0xFF;
        for(j = 0;j < 6;j++)
        {
            password_new[j] = 0;
        }
}
/ **************************
```

函数名称：开锁函数
函数功能：开锁
入口参数：无
出口参数：无

```
************************** /
void   unblanking (void)
{
    bit   c = 1;
    unsigned char j;
    c = check();
    if(c)
    {
      open = 0;
      count = 0;
      for (j = 0;j < 6;j++)
      {
        password_new[j] = 0;
      }
      display_r_e(0x40);
    }
    else
    {
      open = 1;
      count = 0;
      for (j = 0;j < 6;j++)
      {
          password_new[j] = 0;
      }

      display_r_e(0x7F);
    }
}
/ **************************
```

函数名称：键盘扫描函数
函数功能：获得键值
入口参数：无
出口参数：键值

```
************************** /
unsigned char key_scan(void)
{
    unsigned char key_var1;
    key_var1 = 0;
    key = 0xF0;
    if(key!= 0xF0)
    {
        delay_10ms(1);
        if(key!= 0xF0)
        {
            key_var1 = key;
            key = 0x0F;
            key_var1 = (key_var1|key);
            while(key!= 0x0F);
            return key_var1;
        }
    }
    return 0x18;
}
/ **************************
函数名称：键盘编码函数
函数功能：实现按键编码
入口参数：键值
出口参数：按键编码
************************** /
unsigned char key_code(unsigned char key_var1)
{
    unsigned char key_number;
    for(key_number = 0;key_number < 16;key_number++)
    {
        if(key_var1 == tab[key_number])
        return key_number;
    }
}
/ ************* 显示一位函数 ************ /
/ *********************************
函数名称：显示输入密码函数
函数功能：显示输入密码 0
入口参数：无
出口参数：无
********************************* /
void display_pw(void)
{
    unsigned char i;
    while(P1 == 0xF0)
    {
        for(i = 0;i <= count;i++)
        display(0x3F,bit_array[i]);
```

```
        }
    }
/ ***************************
函数名称：密码输入函数
函数功能：密码输入
入口参数：输入的密码 key_word
出口参数：无
*************************** /
void in_password(unsigned char key_word)
{
    password_new[count] = key_word;
    display_pw();
    count++;
    if(count > = 6)
     count = 0;
}


/ ************* 键盘处理函数 ************* /
void key_manage(unsigned char i)
{
    switch(i)
    {
      case 0:in_password(i);break;
      case 1:in_password(i);break;
      case 2:in_password(i);break;
      case 3:in_password(i);break;
      case 4:in_password(i);break;
      case 5:in_password(i);break;
      case 6:in_password(i);break;
      case 7:in_password(i);break;
      case 8:in_password(i);break;
      case 9:in_password(i);break;
      case 10:in_password(i);break;
      case 11:in_password(i);break;
      case 12:in_password(i);break;
      case 13:in_password(i);break;
      case 14:clear();break;
      case 15:unblanking();break;
      default:break;
    }
}
/ ************* 主函数 ************* /
main()
{
    unsigned char k, i;
    while(1)
     {
      k = key_scan();
      i = key_code(k);
      key_manage(i);
     }
}
```

6.4.4 仿真密码锁

(1) 利用 Keil μVision2 的调试功能,根据错误提示,找到错误代码,排除各种语法错误,编译成 hex 文件。

(2) 通过对端口、子函数入口参数赋值、变量赋值,对存储空间、端口数据、变量数据观察,用单步调试的方式调试函数和主程序。

(3) 按硬件电路,设计如图 6-14 所示仿真模型。输入原始密码与设置密码进行仿真调试。

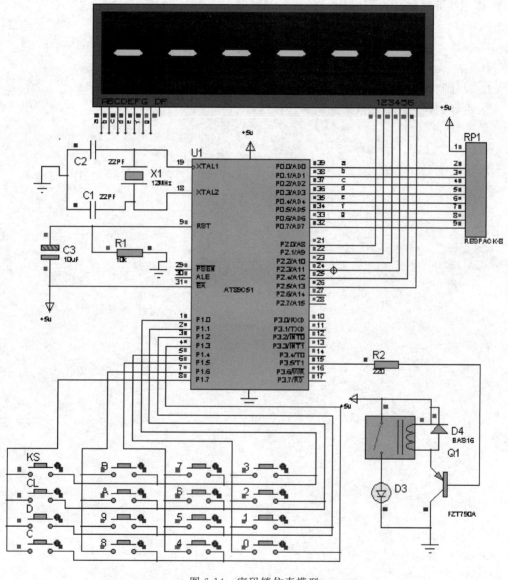

图 6-14 密码锁仿真模型

6.4.5 调试密码锁

（1）仿真调试成功后，按硬件电路把元件安装焊接在电路板上，下载程序，进行静态和动态检测。

（2）运行程序，如不能运行，先排除各种故障（供电、复位、时钟，内外存储空间选择、软硬件端口应用一致等方面）。

（3）测试密码锁功能、分析是否达到性能指标。

（4）如没有达到性能指标，调整电路或元件参数、优化程序，重新调试、编译、下载、运行程序，测试性能指标。

6.5 拓 展 训 练

1. 设计制作16路抢答器。
2. 设计制作一位数加减乘除简易计算器。

设计制作数字电压表

7.1 学习目标

(1) 熟练 C51 程序设计。

(2) 掌握 MCS-51 系列单片机与 LCD1602 接口应用。

(3) 掌握 MCS-51 系列单片机与 A/D 转换器 ADC0809 的接口应用。

7.2 项目描述

1. 项目名称

设计制作数字电压表

2. 项目要求

(1) 用 Keil C51、Proteus 作为开发工具。

(2) 用 AT89C51 单片机控制,ADC0809 作为 A/D 转换器。

(3) 液晶 LCD1602 作为显示。

(4) 能测试 0~5V 的直流电压,精确到两位小数。

(5) 发挥扩充功能,如增加超量程提示功能等。

3. 设计制作任务

(1) 拟订总体设计制作方案。

(2) 设计硬件电路。

(3) 编制软件流程图及设计相应源程序。

(4) 仿真调试数字电压表。

(5) 安装元件,制作数字电压表,调试功能指标。

(6) 完成项目报告。

7.3 相 关 知 识

7.3.1 液晶LCD1602功能与引脚

液晶显示器以其微功耗、体积小、显示内容丰富、超薄轻巧的诸多优点,在袖珍式仪表和低功耗应用系统中得到越来越广泛的应用。

1602 液晶模块的容量为 2 行 16 个字，是一种用 5×7 点阵图形来显示字符的液晶显示器，外观如图 7-1 所示。

1602 采用标准的 16 脚接口。

图 7-1　标准型 1602 液晶显示字符模块实物图

第 1 脚：V_{SS} 为地电源。

第 2 脚：V_{DD} 接 5V 正电源。

第 3 脚：V_0 为液晶显示器对比度调整端，接电源时对比度最弱，接地时对比度最高，对比度过高时会产生"鬼影"，使用时可以通过一个 10kΩ 的电位器调整对比度。

第 4 脚：RS 为寄存器选择，高电平时选择数据寄存器、低电平时选择指令寄存器。

第 5 脚：R/W 为读写信号线，高电平时进行读操作，低电平时进行写操作。当 RS 和 R/W 共同为低电平时可以写入指令或者显示地址，当 RS 为低电平 R/W 为高电平时，可以读忙信号，当 RS 为高电平、R/W 为低电平时，可以写入数据。

第 6 脚：E 端为使能端，当 E 端由高电平跳变成低电平时，液晶模块执行命令。

第 7～14 脚：D0～D7 为 8 位双向数据线。

第 15～16 脚：空脚。

1602 液晶模块内部的字符发生存储器（CGROM）已经存储了 160 个不同的点阵字符图形，包括阿拉伯数字、英文字母的大小写、常用的符号、日文假名等，每一个字符都有一个固定的代码，比如大写的英文字母"A"的代码是 01000001B（41H）。

7.3.2　液晶 LCD1602 指令、时序

1. LCD1602 指令

LCD1602 液晶模块内部的控制器共有 11 条控制指令，如表 7-1 所示。

表 7-1　LCD1602 指令表

指　　令	RS	R/W	D7	D6	D5	D4	D3	D2	D1	D0
清显示	0	0	0	0	0	0	0	0	0	1
光标返回	0	0	0	0	0	0	0	0	1	*
置输入格式	0	0	0	0	0	0	0	1	I/D	S
显示开关控制	0	0	0	0	0	0	1	D	C	B
光标或字符移位	0	0	0	0	0	1	S/C	R/L	*	*
置功能	0	0	0	0	1	DL	N	F	*	*
置字符发生存储器地址	0	0	0	1	字符发生存储器地址（ACG）					
置数据发生存储器地址	0	0	1	显示数据存储器地址（ADD）						
读忙标志或地址	0	1	BF	计数地址（AC）						
写数到 RAM	1	0	待写的数据							
从 RAM 读数	1	1	读出的数据							

它的读写操作、屏幕和光标的操作都是通过指令编程来实现的。(说明：1 为高电平、0 为低电平。)

指令 1：清显示，指令码 01H，光标复位到地址 00H 位置。

指令 2：光标复位，光标返回到地址 00H。

指令 3：光标和显示模式设置。

➢ I/D：光标移动方向，高电平右移，低电平左移。

➢ S：屏幕上所有文字是否左移或者右移。高电平表示有效，低电平表示无效。

指令 4：显示开关控制。

➢ D：控制整体显示的开与关，高电平表示开显示，低电平表示关显示。

➢ C：控制光标的开与关，高电平表示有光标，低电平表示无光标。

➢ B：控制光标是否闪烁，高电平闪烁，低电平不闪烁。

指令 5：光标或文字显示移位。

➢ S/C：高电平时移动显示的文字，低电平时移动光标。

➢ R/L：设定字符与光标的移动方向，为 0 向左移一格，为 1 向右移一格。

指令 6：功能设置命令。

➢ DL：高电平时为 4 位总线，低电平时为 8 位总线。

➢ N：低电平时为单行显示，高电平时为双行显示。

➢ F：低电平时显示 5×7 的点阵字符，高电平时显示 5×10 的点阵字符(有些模块是
   DL：高电平时为 8 位总线，低电平时为 4 位总线)。

指令 7：字符发生器 RAM 地址设置。

指令 8：DDRAM 地址设置。

指令 9：读忙信号和光标地址。

➢ BF：为忙标志位，高电平表示忙，此时模块不能接收命令或者数据，低电平表示
   不忙。

指令 10：写数据。

指令 11：读数据。

液晶显示模块是一个慢显示器件，所以在执行每条指令之前一定要确认模块的忙标志为低电平，表示不忙，否则此指令失效。要显示字符时要先输入显示字符地址，LCD1602 的内部显示地址如表 7-2 所示。

表 7-2　LCD1602 的内部显示地址

	1	2	3	4	5	6	7	8	9	10	11	12	13	14	15	16
第一行	00	01	02	03	04	05	06	07	08	09	0A	0B	0C	0D	0E	0F
第二行	40	41	42	43	44	45	46	47	48	49	4A	4B	4C	4D	4E	4F

比如，要使光标在第二行第一个字符位置显示，写入显示地址时要求最高位 D7 恒定为高电平 1，第二行第一个字符位置的地址是 40H，实际写入的数据应该是 40H+80H=C0H。

2. LCD1602 读/写时序

1) 读时序

LCD1602 读操作时序如图 7-2 所示，时序参数如表 7-3 所示。

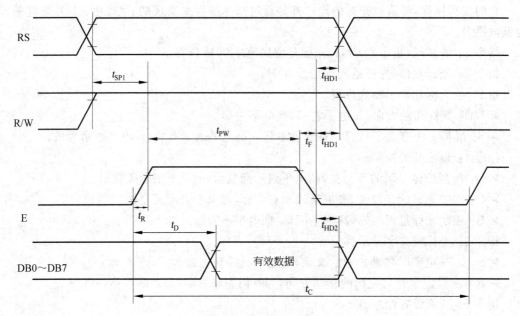

图 7-2 读操作时序

表 7-3 时序参数表

时 序 参 数	符 号	极 值		单 位	引 脚
		最小值	最大值		
E 信号周期	t_C	400	—	ns	E
E 脉冲宽度	t_{PW}	150	—	ns	
E 上升沿、下降沿时间	t_R/t_F	—	25	ns	
地址建立时间	t_{SP1}	30	—	ns	E、RS、R/W
地址保持时间	t_{HD1}	10	—	ns	
数据建立时间（读操作）	t_D	—	100	ns	D0～D7
数据保持时间（读操作）	t_{HD2}	20	—	ns	
数据建立时间（写操作）	t_{SP2}	40	—	ns	
数据保持时间（写操作）	t_{HD2}	10	—	ns	

根据读时序图和时序参数表，LCD1602 读操作应满足电平、宽度要求。

读状态：输入，RS＝L、RW＝H、E＝H；输出，D0－D7＝状态字。

读数据：输入，RS＝H、RW＝H、E＝H；输出，D0－D7＝数据。

例如，读 LCD1602 工作状态，代码如下：

```
# include < reg51.h >
# include < intrins.h >
/ ****************** 定义引脚 ******************/
# define data_IO P1
sbit RS = P3^0;          //指令和数据寄存器
sbit RW = P3^1;          //读/写控制
sbit E = P3^2;           //片选
sbit flag = P1^7;        //忙标志
```

```
void busy(void)
{
  while(1)
  {
    data_IO = 0xFF;
    RS = 0;                //RS = 1 为数据,RS = 0 为命令
    RW = 1;                //RW = 1 为读
    E = 1;
    _nop_();               //延迟 1μs,用#include<intrins.h>包含
    if(!flag) break;
    E = 0;
  }
}
```

2) 写时序

写操作时序如图 7-3 所示,时序参数表如表 7-3 所示。

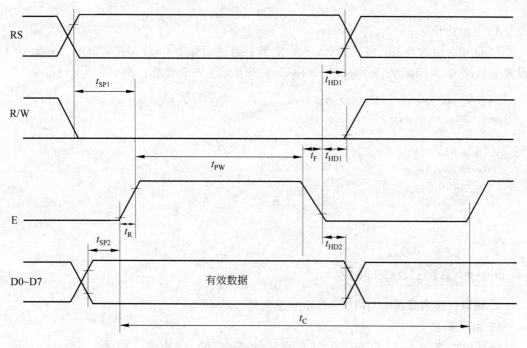

图 7-3　写操作时序

LCD1602 写基本操作应满足电平及宽度要求。

写指令:输入,RS=L、RW=L、D0-D7=指令码、E=高脉冲。

写数据:输入,RS=H、RW=L、D0-D7=数据、E=高脉冲。

例如,写显示数据和控制字,代码如下:(引脚定义和声明部分同上)

```
/***************** 写数据 ***************** /
void w_dat(unsigned char wdata)
{
  busy(); //判忙
  data_IO = wdata;
```

```
    RS = 1;
    RW = 0;
    E = 1;
    _nop_();
    E = 0;
}
/ ******************* 写指令 ******************* /
void w_com(unsigned char command)
{
    busy();
    data_IO = command;
    RS = 0;
    RW = 0;
    E = 1;
    _nop_();
    E = 0;
}
```

3）复位操作

LCD1602 用软件进行复位操作，一般流程是通过写命令 0x38、0x08、0x01、0x06、0x0C 设置显示模式、关闭显示、显示清屏、光标移动、开显示及设置光标。例如：

```
/ ******************* LCD1602 初始化 ******************* /
void LCD1602_reset(void)
{
    w_cmd(0x38);
    w_cmd(0x08);
    w_cmd(0x01);
    w_cmd(0x06);
    w_cmd(0x0C);
}
```

7.3.3 液晶 LCD1602 应用

1. 编写程序实现用 LCD1602 显示学生信息

1）编程要求

编写程序在液晶 LCD1602 上显示自己的班级、学号、姓名（拼音）。

2）编程思路

先复位液晶 LCD1602、设置显示模式与光标、打开显示，然后向液晶写入显示地址和显示内容，主程序流程如图 7-4 所示。

3）编写程序

根据流程设计程序，参考程序如下：

```
#include<reg51.h>
sbit LCD_RS = P2^0;
sbit LCD_RW = P2^1;
```

图 7-4 主程序流程

```
sbit LCD_E = P2^2;
#define LCD_DATA P0    //LCD DATA
unsigned char LcdBuf1[] = {" **** - ** - *** "}      // * 表示班级学号姓名
/ ************ 延迟函数 *************** /
void delay(unsigned int time)
{
   while(time--);
}
/ ************ LCD 使能函数 *************** /
void LCD_EN(void )
{
   LCD_E = 1;
   delay(100);                                  //短暂延时,代替检测忙状态
   LCD_E = 0;
}
/ ************ 写命令函数 *************** /
void WriteCommandLcd(unsigned char command)
{
   LCD_RS = 0;
   LCD_RW = 0;
   LCD_DATA = command;
   LCD_EN();
}
/ ************ 设置显示位置函数 ************* /
void display_xy(unsigned char x, unsigned char y)
{
   if(y == 1)
   x += 0x40;                                    //第 0 行,地址不 +; 第 1 行,地址 + 0x40;
   x += 0x80;
   WriteCommandLcd(x);
}
/ ************ LCD1602 初始化 *************** /
void lcd_init(void)
{
   WriteCommandLcd(0x38);
   WriteCommandLcd(0x08);
   WriteCommandLcd(0x01);
   WriteCommandLcd(0x06);
   WriteCommandLcd(0x0C);
}
/ ************ 写 1 字节数据函数 *************** /
void WriteDataLcd(unsigned char wdata)
{
   LCD_RS = 1;
   LCD_RW = 0;
   LCD_DATA = wdata;
   LCD_EN();
}
/ ********** 写 1 字符串到 x 列、y 行位置函数 *********** /
void display_string(unsigned char x, unsigned char y, unsigned char * s)
{
```

```
    display_xy(x, y);
    while( * s)
    {
        WriteDataLcd( * s);
        s++;
    }
}
/ ********** 主函数 ********** /
main()
{
    lcd_init();
    display_string(3,0,LcdBuf1);          //在第 1 行第 4 列位置显示 LcdBuf1 的内容
    while(1);                             //待机
}
```

2. 编写程序实现用 LCD1602 显示某算式结果

1）编程要求

编写程序计算 $12 \div 255 \times 5$ 的运算结果，精确到 2 位小数。

2）编程思路

与上例相似，先复位液晶 LCD1602、设置显示模式与光标、打开显示，然后向液晶写入显示地址和显示内容。但是显示内容是数据，需要转换成 ASCII 码。程序流程如图 7-5 所示。

3）编写程序

本设计 LCD 显示部分程序与上例相同，根据程序流程，只要编写计算结果与数据处理子程序，部分参考程序如下：

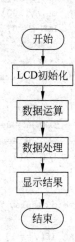

图 7-5　程序流程

```
unsigned int value;
unsigned char dispbuf[3];                 //定义保存数据数组
unsigned char LcdBuf2[] = {"Value:00.00"};  //显示计算结果存储区
void display_string(unsigned char x, unsigned char y, unsigned char * s);
void TimeInitial(void);
void lcd_init(void);
/ ************ 数据计算函数 *************** /
void calculated(void)
{
    value = 12 * 1.0/255 * 500;           //计算结果扩大 100 倍
}
/ ************ 数据处理函数 *************** /
void dat_change(unsigned int val)
{
    dispbuf[0] = val % 1000 % 100 % 10;   //结果扩大 100 倍后的个位
    dispbuf[1] = val % 1000 % 100/10;
    dispbuf[2] = val % 1000/100;
    LcdBuf2[10] = dispbuf[2] + 0x30;      //转换成 ASCII 码
    LcdBuf2[11] = '.';
    LcdBuf2[12] = dispbuf[1] + 0x30;
    LcdBuf2[13] = dispbuf[0] + 0x30;
}
/ ************ 主函数 *************** /
main()
{
```

```
TimeInitial();
lcd_init();
while(1)
{
  void calculated( )
  dat_change(value);
  display_string(0,1,LcdBuf2);
  while(1);
}
}
```

7.3.4 A/D 转换器主要性能指标及选择

1. A/D 转换器主要性能指标

1）分辨率

A/D 转换器的分辨率是指引起 A/D 转换器的输出数字量变动一个二进制数码最低有效位(LSB)(例如从 00H 变到 01H)时,输入模拟量的最小变化量。例如,A/D 转换器输入模拟电压变化范围为 0~10V,输出为 10 位码,则分辨率 R 为

$$R = \frac{\Delta U}{2^n - 1} = \frac{10}{2^{10} - 1} = 9.77(\text{mV})$$

比 9.77mV 小的模拟量变化不再引起输出数字量的变化。所以,A/D 转换器的分辨率反映了它对输入模拟量微小变化的分辨能力。在满量程一定的条件下位数越多,分辨率越高。常用的 A/D 转换器有 8、10、12 位等几种。

2）精度

A/D 转换器的精度取决于量化误差及系统内其他误差。一般的精度指标为满量程的 $\pm 0.02\%$,高精度指标为满量程的 $\pm 0.001\%$。

3）转换时间或转换速度率

从输入模拟量到转换完毕输出数字量所需要的时间称为转换时间,转换时间越短,速率越高。A/D 转换器转换时间的典型值为 $50\mu s$,高速 A/D 转换器的转换时间为 50ns。

4）温度系数和增益系数

这两项指标表示 A/D 转换器受环境温度影响的程度。一般用每摄氏度温度变化所产生的相对误差作为指标。

5）电源电压抑制比

A/D 转换器对电源电压变化的抑制比用改变电源电压使数据发生 ± 1LSB 变化时所对应的电源电压变化范围来表示。

2. A/D 转换器的选取原则

A/D 转换器的选取原则如下。

➢ 根据系统精度、线性度、输出位数的需要选择。

➢ 根据 A/D 转换器的输入信号范围、极性选择。

➢ 根据信号的驱动能力,是否要经过缓冲、滤波和采样/保持选择。

➢ 根据系统对 A/D 转换器输出的数字代码、逻辑电平的要求及输出方式选择。

➢ 根据系统的工作状态(静态/动态)、带宽、采样速率选择。

➢ 根据电源电压、功耗、几何尺寸等、参考电压特性选择。

➢ 根据 A/D 转换器的工作环境（噪声、温度、振动）选择。

7.3.5 ADC0809 A/D 转换器

1. 主要特性

ADC0809 A/D 转换器主要特性如下。

➢ 8 路 8 位 A/D 转换器。

➢ 具有转换起停控制端。

➢ 转换时间为 $100\mu s$。

➢ 单个 +5V 电源供电。

➢ 模拟输入电压范围 $0\sim+5V$，不需零点和满刻度校准。

➢ 工作温度范围为 $-40\sim+85$℃。

➢ 低功耗，约 15mW。

➢ 时钟频率最高为 640kHz。

2. 内部结构与引脚

ADC0809 是 CMOS 单片型逐次逼近式 A/D 转换器，内部结构如图 7-6 所示，由 8 路模拟开关、地址锁存与译码器、比较器、8 位 A/D 转换器、1 个三态输出锁存器组成。A/D 转换器和多路开关可选通 8 个模拟通道，允许 8 路模拟量分时输入，共用 A/D 转换器进行转换。三态输出锁存器用于锁存 A/D 转换完的数字量，当 OE 端为高电平时，才可以从三态输出锁存器读出转换数据。因此，ADC0809 可处理 8 路模拟量输入，且有三态输出能力，既可与各种微处理器相连，也可单独工作，且输入输出与 TTL 兼容。

ADC0809 芯片为双列直插式 28 引脚封装，引脚分布如图 7-7 所示，引脚功能如下。

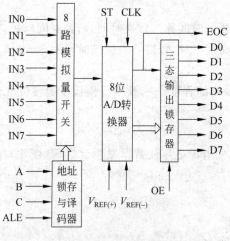

图 7-6 ADC0809 内部结构

1	IN3	IN2	28
2	IN4	IN1	27
3	IN5	IN0	26
4	IN6	A	25
5	IN7	B	24
6	ST	C	23
7	EOC	ALE	22
8	D3	D7	21
9	OE	D6	20
10	CLK	D5	19
11	V_{CC}	D4	18
12	$V_{REF(+)}$	D0	17
13	GND	$V_{REF(-)}$	16
14	D1	D2	15

图 7-7 ADC0809 引脚分布

IN0～IN7：8 路模拟量输入端。

D0～ D7：8 位数字量输出端。

A、B、C：3 位地址输入线，用于选通 8 路模拟输入中的一路。通道选择如表 7-4 所示。

表 7-4　通道选择真值表

C	B	A	选择通道
0	0	0	IN0
0	0	1	IN1
0	1	0	IN2
0	1	1	IN3
1	0	0	IN4
1	0	1	IN5
1	1	0	IN6
1	1	1	IN7

ALE：地址锁存允许信号，输入高电平有效。

ST：A/D 转换启动信号，上升沿内部寄存器清零、下降沿启动转换、在转换期间，ST 应保持低电平。

EOC：A/D 转换结束信号，当 A/D 转换结束时，输出一个高电平（转换期间一直为低电平）。

OE：数据输出允许信号，输入高电平有效。当 A/D 转换结束时，输入一个高电平才能打开输出三态门输出数字量。

CLK：时钟脉冲输入端。因 ADC0809 的内部没有时钟电路，所需时钟信号必须由外界提供，要求时钟频率不高于 640kHz，通常外加频率为 500kHz 信号作为时钟信号。

$V_{REF(+)}$、$V_{REF(-)}$：基准电压。

V_{CC}：电源，+5V。

GND：地。

7.3.6　ADC0809 与单片机硬件连接

ADC0809 内部带有输出锁存器，可以与 AT89C51 单片机直接相连，ADC0809 与单片机的连接常用总线控制连接方式和通用 I/O 端口控制连接方式，通用 I/O 端口控制连接方式如图 7-8 所示，除为 ADC0809 提供电源、基准电压，时钟信号外，还用通用的 I/O 引脚控

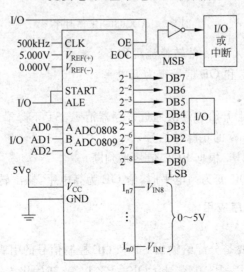

图 7-8　ADC0809 与单片机硬件连接

制通道选择,提供启动转换信号与地址锁存信号,还用外部中断或 I/O 引脚获得转换结束信号,用某一端口读取转换结果。

7.3.7 ADC0809 时序与应用

1. ADC0809 转换时序

ADC0809 工作时序如图 7-9 所示。从时序图可知:由 A、B、C 稳定输入 3 位通道选择位后,在 ALE 上升沿锁存、译码通路地址。ST 上升沿将逐次逼近寄存器清零,ST 下降沿启动 A/D 转换。EOC 下降、输出信号变低,指示转换正在进行,A/D 转换完成,EOC 变为高电平,结果数据存入锁存器。当 OE 输入高电平时,输出三态门打开,转换结果输出到 D0～D7。

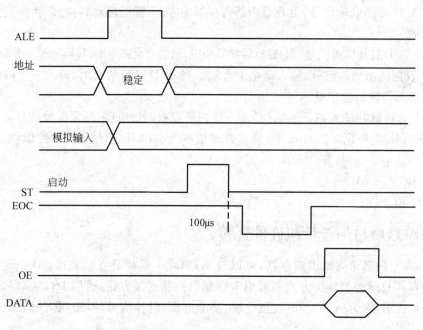

图 7-9 ADC0809 工作时序

从时序图可看出,ADC0809 的转换流程如下。

(1) 初始化时,使 ST 和 OE 信号全为低电平。

(2) 选择转换通道。

(3) 启动转换。ST 上升沿将逐次逼近寄存器清零,ST 下降沿启动 A/D 转换(就是 ST 端给出一个至少有 100ns 宽的正脉冲信号)。

(4) 判断是否转换完毕(根据 EOC 信号来判断)。

(5) 读出数据(当 EOC 变为高电平时,给 OE 为高电平,输出转换的数据给单片机)。

2. ADC0809 转换时序应用

1) ADC0809 初始化

ADC0809 初始化主要是分配给输出 ST 和 OE 控制信号的引脚全为低电平。假设这两个引脚已定义(如"sbit ST＝P3^0;""sbit OE＝P3^1;"),初始化语句如下:

```
ST = 0;
OE = 0;
```

2）选择转换通道

选择转换通道就是把要转换的通道的地址送到 A、B、C 端口上，并锁存。假设分配的引脚已定义（如"sbit P34＝P3^4;""sbit P35＝P3^5;""sbit P36＝P3^6;"），选择通道 0，实现函数如下：

```
/ ************* 通道选择函数 ************** /
void passageway(void)
{
    P34 = 0;                                      //选择通道 0
    P35 = 0;
    P36 = 0;
}
```

锁存是把和 ADC0809 的 ALE 相连接的引脚输出锁存信号（高电平），可用 ST 控制信号进行控制。

3）启动转换

启动转换就是先产生上升源，ST 端给出一个至少有 100ns 宽的正脉冲信号。实现函数如下：

```
/ ************* 启动函数 ************** /
void start(void)
{
    ST = 1;
    ST = 0;
}
```

4）判断是否转换完毕

判断是否转换完毕主要根据 EOC 信号来判断。通过采用查询方式和中断方式进行判断。采用查询方式时，查询 EOC 信号有效后，再允许输出转换结果并读出转换结果。假设定义了与 EOC 相连的引脚（如"sbit EOC＝P3^2;"），则语句查询判断如下：

```
if(EOC = = 1)
Read_dat();
```

采用中断方式时，ADC0809 的 EOC 引脚通过 1 非门与某外部中断源引脚相连，当转换结束触发中断，在中断过程中读出数据，中断处理函数如下：

```
void int1() interrupt 2
{
    Read_dat();
}
```

除根据 EOC 信号来判断是否转换完毕外，也可采用延迟等待的方式，该方式不查询 EOC 的电平状态，根据 ADC0809 转换所需时间的长短，在启动转换后延迟等待相应的时间再读出数据。实现语句如下：

```
while(EOC == 0);                      //等到 EOC 为高电平再读数据
Read_dat();                           //或执行一个相应时间长短的延迟,再读数据
delay();
Read_dat();
```

5）读出数据

读出数据就是 ADC0809 转换结束后输出转换的数据给单片机。要给 ADC0809 的 OE 引脚高电平信号,才能允许输出。假设定义了数据输入端口、OE 信号引脚和数据保存空间（如 sbit OE＝P3^1;unsigned char dispbuf[4]）,输出数据函数如下：

```
/************* 读数据函数 ************* /
void Read_dat(void)
{
    OE = 1;
    dispbuf[0] = P0;                      //读数据
    OE = 0;
}
```

7.4 项目实施

7.4.1 数字电压表总体设计思路

基本功能部分的实现思路：用 AT89C51 单片机控制,12MHz 时钟,选择 ADC0809 的一个通道输入待测直流电压,经 A/D 转换后,经标定、数据处理、液晶 LCD1602 显示。总体框图如图 7-10 所示。

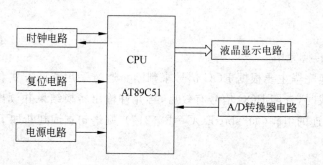

图 7-10 数字电压表总体框图

7.4.2 设计数字电压表硬件电路

用 AT89C51 控制、ADC0809 作为 A/D 转换、液晶 LCD1602 作为显示。AT89C51 的 P2 口作为显示数据输出；P1 端口的 P1.0～P1.2 作为液晶显示控制端口；P0 口作为 A/D 转换结果输入端口；P3 端口的 P3.4～P3.6 作为通道选择地址信号输出端口；P3.0 作为启动控制输出端口；P3.1 作为允许输出控制；P3.2 作为转换状态输入端；时钟信号由 AT89C51 的 P3.3 定时中断产生；ADC0809 的 IN3 引脚作为电压测试输入端口。参考电路如图 7-11 所示。

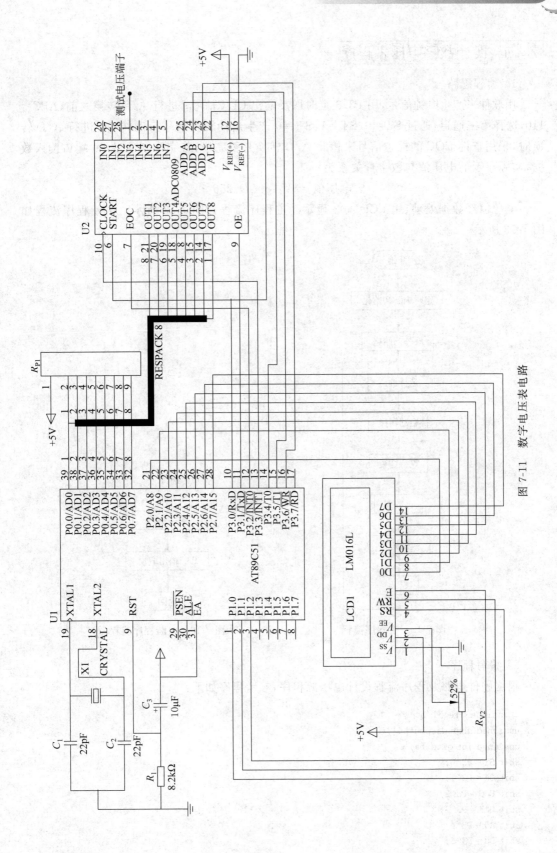

图 7-11　数字电压表电路

7.4.3 设计数字电压表程序

1）编程思路

用软件来产生时钟信号，用 P3.3 定时取反输出 CLK 信号；进行 A/D 转换之前，ABC=110，选择第三通道，通过 ST=0、ST=1、ST=0 产生启动转换信号启动转换；进行 A/D 转换时，采用查询 EOC 的标志信号来检测 A/D 转换是否完毕，若完毕则通过 P0 端口读入数据，实际显示的电压值与数字量关系为

$$电压值 = V_{REF} \times D/256$$

电压值经数据处理、用 LCD1602 显示。主程序流程如图 7-12 所示。中断程序流程如图 7-13 所示。

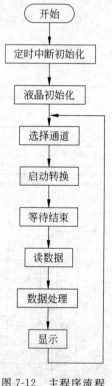

图 7-12　主程序流程

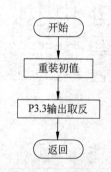

图 7-13　中断程序流程

2）编写程序

根据硬件电路及程序流程设计电压源程序，参考程序如下：

```c
#include<reg51.h>
unsigned char dispbuf[4];
unsigned int getdata;
sbit ST = P3^0;
sbit OE = P3^1;
sbit EOC = P3^2;
sbit CLK = P3^3;
sbit A0 = P3^4;
sbit B0 = P3^5;
```

```
sbit C0 = P3^6;
sbit LCD_RS = P1^0;
sbit LCD_RW = P1^1;
sbit LCD_E = P1^2;
#define LCD_DATA P2
unsigned char LcdBuf1[] = {"voltmeter"};
unsigned char LcdBuf2[] = {"Voltage:0.00V"};
/ **************************
函数名称：延迟函数
函数功能：延迟 time us
入口参数：延迟时量 time
出口参数：无
************************** /
void delay(unsigned int time)
{
   while(time -- );
}
/ **************************
函数名称：LCD 使能函数
函数功能：输出使能信号
入口参数：无
出口参数：无
************************** /
void LCD_EN(void)
{
   LCD_E = 1;
   delay(100);
   LCD_E = 0;
}
/ **************************
函数名称：写命令函数
函数功能：写 LCD 命令
入口参数：命令字 command
出口参数：无
************************** /
void WriteCommandLcd(unsigned char command)
{
   LCD_RS = 0;
   LCD_RW = 0;
   LCD_DATA = command;
   LCD_EN();
}
/ **************************
函数名称：设置显示位置函数
函数功能：设置显示位置
入口参数：显示位置行位置 x、列位置 y
出口参数：无
************************** /
void display_xy(unsigned char x, unsigned char y)
{
   if(y == 1)
```

```
    x += 0x40;
    x += 0x80;
    WriteCommandLcd(x);
}
/ *******************************
函数名称：LCD1602 初始化函数
函数功能：LCD1602 初始化
入口参数：无
出口参数：无
***************************** /
void lcd_init(void)
{
    WriteCommandLcd(0x38);               //显示模式设置
    WriteCommandLcd(0x08);               //关闭显示
    WriteCommandLcd(0x01);               //显示清屏
    WriteCommandLcd(0x06);               //显示光标移动设置
    WriteCommandLcd(0x0C);               //显示开及光标移动设置
}
/ **************************
函数名称：写 1 字节数据函数
函数功能：写 1 字节数据到 LCD
入口参数：数据 wdata
出口参数：无
************************ /
void WriteDataLcd(unsigned char wdata)
{
    LCD_RS = 1;
    LCD_RW = 0;
    LCD_DATA = wdata;
    LCD_EN();
}
/ *********************************************
函数名称：写 1 字符串到 x 列、y 行位置函数
函数功能：写 1 字符串到 x 列、y 行显示空间
入口参数：行位置 x、列位置 y,字符串指针 * s
出口参数：无
********************************************* /
void display_string(unsigned char x,unsigned char y,unsigned char * s)
{
    display_xy(x,y);
    while( * s)
    {
        WriteDataLcd( * s);
        s++;
    }
}
/ *********************************************
函数名称：写 1 字节数据到 x 列、y 行位置函数
函数功能：写 1 字节数据到 x 列、y 行显示空间
入口参数：行位置 x、列位置 y,数据 dat
出口参数：无
```

```
**************************************************** /
void display_char(unsigned char x,unsigned char y,unsigned char dat)
{
  display_xy(x,y);
  WriteDataLcd(dat);
}
/ *****************************
```
函数名称：T1 初始化函数
函数功能：T1 初始化设置
入口参数：无
出口参数：无
```
***************************** /
void TimeInitial(void)
{
  TMOD = 0x10;
  TH1 = (65536 − 200)/256;
  TL1 = (65536 − 200) % 256;
  EA = 1;
  ET1 = 1;
  TR1 = 1;
}
/ *****************************
```
函数名称：通道选择函数
函数功能：通道选择
入口参数：无
出口参数：无
```
***************************** /
void passageway(void)
{
  A0 = 1;
  B0 = 1;
  C0 = 0;
}
/ *****************************
```
函数名称：启动转换函数
函数功能：启动转换
入口参数：无
出口参数：无
```
***************************** /
void start(void)
{
  ST = 0;
  OE = 0;
  ST = 1;
  ST = 0;
}
/ *****************************
```
函数名称：读转换结果函数
函数功能：读转换结果
入口参数：无
出口参数：无

```
********************************* /
void read_dat(void)
{
  OE = 1;
  getdata = P0;
  OE = 0;
}
/ *******************************
```
函数名称：数据处理函数
函数功能：数据处理
入口参数：无
出口参数：无
```
******************************* /
void dat_change(void)
{
  unsigned int voltage_val;
  temp = getdata * 1.0/255 * 500;
  dispbuf[0] = temp % 1000 % 100 % 10;
  dispbuf[1] = temp % 1000 % 100/10;
  dispbuf[2] = temp % 1000/100;
  dispbuf[3] = temp/1000;
  LcdBuf2[10] = dispbuf[2] + 0x30;
  LcdBuf2[11] = '.';
  LcdBuf2[12] = dispbuf[1] + 0x30;
  LcdBuf2[13] = dispbuf[0] + 0x30;
}
/ ************************
```
函数名称：主函数
```
************************ /
main()
{
  TimeInitial();
  lcd_init();
  display_string(3,0,LcdBuf1);
  while(1)
  {
    passageway();
    start();
    while(EOC == 0);
    read_dat();
    dat_change();
    display_string(0,1,LcdBuf2);
  }
}
/ *********** T1 中断函数 *********** /
void T1_int(void) interrupt 3 using 0
{
  TH1 = (65536 - 200)/256;
  TL1 = (65536 - 200) % 256;
  CLK = ~CLK;
}
```

7.4.4 仿真数字电压表

（1）利用 Keil μVision2 的调试功能，根据错误提示，找到错误代码，排除各种语法错误，编译成 hex 文件。

（2）通过对端口、入口参数赋值，存储空间或端口、变量数据查询，调试子函数和主程序。

（3）用 Proteus 按简易电压表硬件电路，设计如图 7-14 所示的仿真模型，进行仿真调试。

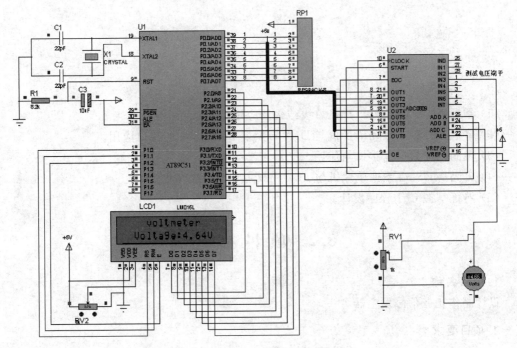

图 7-14　数字电压表仿真模型

7.4.5 调试数字电压表

（1）仿真调试成功后，按电压表电路图把元件安装焊接在实验板上，并进行静态和动态检测。

（2）烧录 hex 文件到 AT89C51 芯片，运行程序，如不能运行，先排除各种故障（供电、复位、时钟，内外存储空间选择、软硬件端口分配是否一致等）。

（3）测试电压，读出数据与其他校准的数字电压表测得的电压进行对比，分析是否达到功能指标。

（4）如没有达到性能指标，调整电路或元件参数、优化程序，重新调试、编译、下载、运行程序，测试性能指标。

7.5　拓 展 训 练

应用 ADC0809 设计数据采集器，分别采集 4 路数据并用 LCD1602 显示。

设计制作正弦信号发生器

8.1 学习目标

（1）掌握 MCS-51 系列单片机总线结构及应用。

（2）掌握 MCS-51 系列单片机与 D/A 转换器 DAC0832 的接口应用。

（3）巩固独立式键盘接口与应用。

（4）巩固 MCS-51 系列单片机与 LCD1602 接口应用。

（5）熟练掌握 C51 程序设计。

8.2 项目描述

1. 项目名称

设计制作正弦信号发生器

2. 项目要求

（1）用 Keil C51、Proteus 作为开发工具。

（2）用 AT89C51 单片机控制，DAC0832 作为 D/A 转换器。

（3）用一个按键操作，键控输出正弦波波形信号。

（4）LCD1602 显示波形名称。

（5）发挥扩充功能，如幅度可调、频率可调等。

3. 设计制作任务

（1）拟订总体设计制作方案。

（2）设计硬件电路。

（3）编制软件流程图及设计相应源程序。

（4）仿真调试正弦信号发生器。

（5）安装元件，制作正弦波正弦信号发生器，调试功能指标。

（6）完成项目报告。

8.3 相关知识

8.3.1 D/A 转换器的主要性能指标

1) 分辨率

分辨率指最小输出电压(对应的输入数字量只有最低有效位为"1")与最大输出电压(对应的输入数字量所有有效位全为"1")之比。如 N 位 D/A 转换器,其分辨率为 $1/(2^N-1)$。在实际使用中,表示分辨率大小的方法也用输入数字量的位数来表示。

2) 线性度

用非线性误差的大小表示 D/A 转换的线性度。把理想的输入/输出特性的偏差与满刻度输出之比的百分数定义为非线性误差。

3) 转换精度

D/A 转换器的转换精度与 D/A 转换器的集成芯片的结构和接口电路配置有关。如果不考虑 D/A 转换误差,D/A 的转换精度就是分辨率的大小,因此要获得高精度 D/A 转换结果,首先要保证选择有足够分辨率的 D/A 转换器。同时 D/A 转换精度还与外接电路的配置有关,当外部电路器件或电源误差较大时,会造成较大的 D/A 转换误差。

在 D/A 转换过程中,影响转换精度的主要因素有失调误差、增益误差、非线性误差和微分非线性误差。

4) 建立时间

建立时间是 D/A 转换速率快慢的一个重要参数,是 D/A 转换器中的输入代码有满度值的变化时,其输出模拟信号电压(或模拟信号电流)达到满刻度值 $\pm\frac{1}{2}$LSB 时所需要的时间。不同型号的 D/A 转换器,其建立时间也不同,一般从几毫微秒到几微秒。若输出形式是电流的,其 D/A 转换器的建立时间是很短的;若输出形式是电压的,其 D/A 转换器的主要建立时间是输出运算放大器所需要的响应时间。

由于一般线性差分运算放大器的动态响应速度较低,D/A 转换器的内部都带有输出运算放大器或者外接输出放大器的电路,因此其建立时间比较长。

5) 温度系数

在满刻度输出的条件下,温度每升高 1℃,输出变化的百分数定义为温度系数。

6) 电源抑制比

对于高质量的 D/A 转换器,要求开关电路及运算放大器所用的电源电压发生变化时,对输出电压影响极小。通常把满量程电压变化的百分数与电源电压变化的百分数之比称为电源抑制比。

7) 工作温度范围

一般情况下,影响 D/A 转换精度的主要环境和工作条件因素是温度和电源电压变化。由于工作温度会对运算放大器加权电阻网络等产生影响,所以只有在一定的工作范围内才能保证额定精度指标。较好的 D/A 转换器的工作温度范围为 $-40\sim85$℃,较差的 D/A 转换器的工作温度范围为 $0\sim70$℃。

8) 失调误差(或称零点误差)

失调误差定义为数字输入全为 0 码时,其模拟输出值与理想输出值之偏差值。对于单极性 D/A 转换，模拟输出的理想值为零伏点。对于双极性 D/A 转换，理想值为负域满量程。

9）增益误差（或称标度误差）

D/A 转换器的输入与输出传递特性曲线的斜率称为 D/A 转换增益或标度系数，实际转换的增益与理想增益之间的偏差称为增益误差。

10）非线性误差

D/A 转换器的非线性误差定义为实际转换特性曲线与理想特性曲线之间的最大偏差，并以该偏差相对于满量程的百分数度量。在转换器电路设计中，一般要求非线性误差不大于 $\pm\frac{1}{2}$LSB。

8.3.2　DAC0832 D/A 转换器

1. DAC0832 的引脚功能

DAC0832 是 20 引脚的双列直插式芯片，引脚如图 8-1 所示。

$\overline{CS}$：片选信号，和允许锁存信号 ILE 组合来决定$\overline{WR1}$是否起作用。

ILE：允许锁存信号。

$\overline{WR1}$：写信号 1，作为第一级锁存信号，将输入资料锁存到输入寄存器（此时，$\overline{WR1}$必须和$\overline{CS}$、ILE 同时有效）。

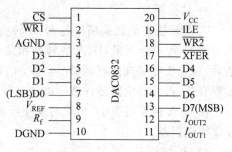

图 8-1　DAC0832 引脚

$\overline{WR2}$：写信号 2，将锁存在输入寄存器中的数据送到 DAC 寄存器中进行锁存（此时，传输控制信号$\overline{XFER}$必须有效）。

$\overline{XFER}$：传输控制信号，用来控制$\overline{WR2}$。

D7～D0：8 位数据输入端。

I_{OUT1}：模拟电流输出端 1。当 DAC 寄存器中全为 1 时，输出电流最大，当 DAC 寄存器中全为 0 时，输出电流为 0。

I_{OUT2}：模拟电流输出端 2。$I_{OUT1}+I_{OUT2}=$常数。

R_f：反馈电阻引出端。DAC0832 内部有反馈电阻，R_f端可以直接接到外部运算放大器的输出端。相当于将反馈电阻接在运算放大器的输入端和输出端之间。

V_{REF}：参考电压输入端。可接电压范围为±10V。外部标准电压通过 V_{REF} 与 T 形电阻网络相连。

V_{CC}：芯片供电电压端。范围为 5～15V，最佳工作状态是+15V。

AGND：模拟地。

DGND：数字地。

2. DAC0832 内部结构

DAC0832 的内部结构如图 8-2 所示。

DAC0832 由 8 位输入锁存器，8 位 DAC 寄存器和 8 位 D/A 转换电路组成。

当 ILE 为高电平，CS 为低电平，$\overline{WR1}$为负脉冲时，在 LE1 产生正脉冲；LE1 为高电平时，输入寄存器的状态随数据输入线状态变化，LE1 负跳变将输入数据线上的信息存入输入

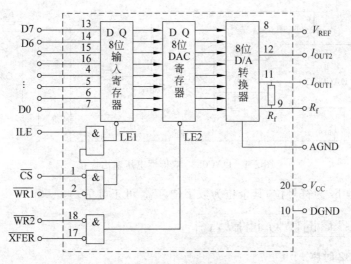

图 8-2 DAC0832 内部结构

寄存器。

当$\overline{XFER}$为低电平，$\overline{WR2}$输入负脉冲时，则在$\overline{LE2}$产生正脉冲；$\overline{LE2}$为高电平时，DAC 寄存器的输入与输出寄存器的状态一致，$\overline{LE2}$负跳变，输入寄存器内容存入 DAC 寄存器。

3. 信号的输出

DAC0832 的输出是电流型的。一般用运算放大器实现电流信号和电压信号之间的转换。有单极性输出和双极性输出两种输出方式。

1) 单极性电压输出

在单极性电压环境，可采用如图 8-3 所示连接。

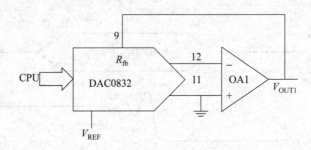

图 8-3 DAC0832 单极性电压输出连接

输出与输入的关系为

$$V_{OUT} = -B \times (V_{REF}/256)$$

其中，$B = b_7 \times 2^7 + b_6 \times 2^6 + b_5 \times 2^5 + b_4 \times 2^4 + b_3 \times 2^3 + b_2 \times 2^2 + b_1 \times 2^1 + b_0 \times 2^0$；$V_{REF}/256$ 为常数。

2) 双极性电压输出

在双极性电压环境，可采用如图 8-4 所示连接。

输出与输入的关系为

$$V_{OUT} = (B - 128) \times (V_{REF}/128)$$

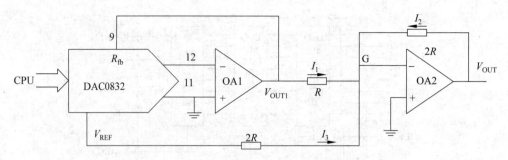

图 8-4　DAC0832 双极性电压输出连接

最高位符号 b_7 为符号位，其余位为数字位，V_{REF} 可正可负。

8.3.3　DAC0832 时序与工作方式

1. DAC0832 时序

DAC0832 内部已有数据锁存器，在控制信号作用下，可以对总线上的数据直接进行锁存。在 CPU 执行输出指令时，$\overline{WR1}$ 和 $\overline{CS}$ 信号处于有效电平。操作时序如图 8-5 所示。

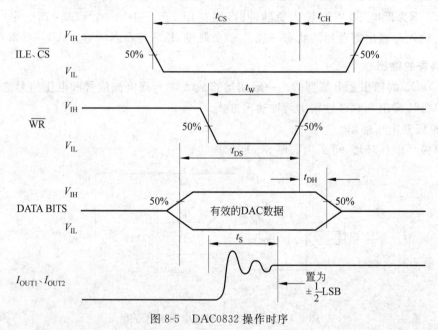

图 8-5　DAC0832 操作时序

2. DAC0832 工作方式

根据对 DAC0832 的输入锁存器和 DAC 寄存器的不同控制方法，DAC0832 有 3 种工作方式。

1）直通方式

当 $\overline{WR1}$、$\overline{WR2}$、$\overline{XFER}$、$\overline{CS}$ 均接地，ILE 接高电平，DI0～DI7 上数据不通过缓冲存储器的缓存，直通 D/A 转换器，此方式常用于非微处理器控制的系统。

2）单缓冲方式

DAC0832 输入寄存器和 DAC 寄存器只有一个处于直通方式，另一个受单片机控制。

一般是 $\overline{WR2}$、$\overline{XFER}$ 接地，DAC 寄存器处于直通方式，输入寄存器受 $\overline{WR1}$、$\overline{CS}$ 信号控制。

3) 双缓冲方式

DAC0832 输入寄存器和 DAC 寄存器都为非直通方式，在多个 DAC0832 同时输出的系统中。先分别使这些 DAC0832 的输入寄存器接收数据，再控制这些 DAC0832 同时传送数据到 DAC 寄存器以实现多个 D/A 转换同步输出。

8.3.4　MCS-51 单片机三总线结构及绝对地址访问

1. MCS-51 单片机三总线结构

当 MCS-51 单片机在进行外部存储器扩展时，其引脚可构成地址总线（AB）、数据总线（DB）、控制总线（CB）的三总线结构。如图 8-6 所示，P0、P2 构成地址总线对外部存储器寻址，P0 时分复用作为数据总线，P3 口的 PSEN、WR、RD、ALE 等作为控制总线。

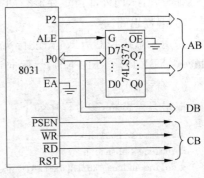

$\overline{WR}$ 和 $\overline{RD}$ 作为控制总线用时，当单片机读/写外部指定地址空间数据时，单片机会自动产生跳变。

图 8-6　片外扩充时单片机的总线结构

2. 绝对地址访问

绝对地址是指存储控制部件能够识别的主存单元编号（或字节地址），也就是主存单元的实际地址。片内 RAM 的使用、片外 RAM 及 I/O 口的使用又称为绝对地址访问。

C51 提供了两种比较常用的访问绝对地址的方法。

1) 绝对宏

C51 语言编译器提供了一组宏定义来对 51 单片机的 code、data、pdata 和 xdata 空间进行绝对寻址。在程序中，用 #include<absacc.h> 即可使用其中声明的宏来访问绝对地址，包括 CBYTE、CWORD、DBYTE、DWORD、XBYTE、XWORD、PBYTE、PWORD，具体使用方法参考 absacc.h 头文件。其中：

CBYTE——以字节形式对 code 区寻址。

CWORD——以字形式对 code 区寻址。

DBYTE——以字节形式对 data 区寻址。

DWORD——以字形式对 data 区寻址。

XBYTE——以字节形式对 xdata 区寻址。

XWORD——以字形式对 xdata 区寻址。

PBYTE——以字节形式对 pdata 区寻址。

PWORD——以字形式对 pdata 区寻址。

例如：

```
#include<absacc.h>
rval = CBYTE[0x0002]          //指向程序存储器 0002H 地址
rval = XBYTE[0x0002]          //指向外部 RAM 的 0002H 地址
```

2) _at_关键字

可以使用关键字_at_对指定的存储器空间的绝对地址进行访问，格式如下：

[存储类型] 数据类型标识符 变量名 _at_地址常数

例如：

```
struct idata list _at_ 0x50;              //指定 list 结构从内部 RAM 的 50H 开始
char xdata text[50] _at_ 0xE010;          //指定 text 数组从外部 RAM 的 E010H 单元开始
```

3. 编写程序向指定空间写入数据

1）编程要求

编写程序，向外部指定存储空间 0xFFFE 写入数据 0x11。

2）编程思路

采用三总线控制方式，先进行头文件包含（#include＜absacc.h＞）、宏定义（#define address XBYTE[0xFFFE]），然后向定义指定的地址，写入数据。

3）编写程序

根据编程思路，参考程序如下：

```
#include<reg51.h>
#include<absacc.h>                    //头文件包含
#define address XBYTE[0xFFFE]         /* 宏定义 */
/ ************ 写数据函数 ************ /
void Write data(unsigned char dat)
{
    address = dat;
}
main( )
{
  while(1)
  {
    …
    write data(0x11);
    …
  }
}
```

8.3.5 DAC0832 应用

1. 设计 DAC0832 单缓通方式的控制电路

1）设计要求

用 AT89C51 单片机控制，使 DAC0832 工作在单缓通方式。

2）设计思路

把 DAC0832 当作类似外部存储器使用，AT89C51 单片机采用三总线结构控制 DAC0832，通过 P0 口向 DAC0832 输出被转换数据，把输出的地址信号和 AT89C51 单片机向外部写数据时，WR 产生低跳变信号作为控制信号。

3）电路设计

根据设计思路，$\overline{WR2}$和$\overline{CS}$引脚直接接低电平，ILE 接高电平，参考电路如图 8-7 所示。

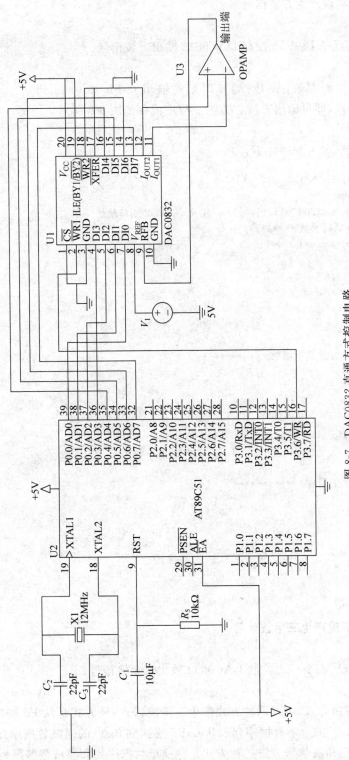

图 8-7　DAC0832 直通方式控制电路

2. 编写程序实现产生方波信号

1）编程要求

编写程序，实现 AT89C51 控制 DAC0832 输出方波信号。

2）编程思路

采用三总线控制方式，从 P0 端口周期性输出 0xFF 和 0x00 到 DAC0832 进行转换，即可输出方波。方波子程序流程如图 8-8 所示。

3）编写程序

根据编程思路，参考程序如下：

图 8-8　方波子程序流程

```c
#include<reg51.h>
#include<absacc.h>
#define DAC0832 XBYTE[0x7fff]    /* 定义 DAC0832 端口地址 */
/*********** 延时函数 *********** /
void delay(unsigned int time)
{
unsigned int i,j;
for(i = 0;i<time;i++)
  for(j = 0;j<120;j++)
;
}
/*********** 方波发生函数 *********** /
void square(void)
{
  DAC0832 = 0x00;
  delay(0x10);
  DAC0832 = 0xff;
  delay(0x10);
}
/*********** 主函数 *********** /
main()
{
    while(1)
    {
      square( );
    }
}
```

3. 编写程序实现产生三角波信号

1）编程要求

编写程序，实现 AT89C51 控制 DAC0832 输出三角波信号。

2）编程思路

采用三总线控制方式，可以两种方式产生三角波，第一种方式是从 P0 端口周期性输出从 0x00 递增到 0xFF 的递增数据序列和从 0xFF 递减到 0x00 的递减数据序列到 DAC0832 进行转换，来产生三角波信号。第二种方式是把递增数据序列和递减数据序列存入数组，依次从数组读出并输出到 DAC0832 进行转换，来产生三角波，第一种方式产生三角波子程序流程如图 8-9 所示。第二种方式产生三角波子程序流程如图 8-10 所示。

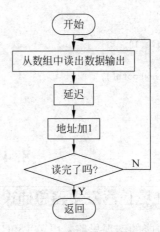

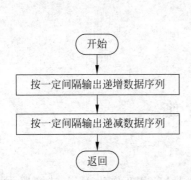

图 8-9　第一种方式产生三角波子程序流程　　图 8-10　第二种方式产生三角波子程序流程

3）编写程序

根据编程思路，三角波信号参考程序如下：

```
# include < reg51.h >
# include < absacc.h >
# define DAC0832 XBYTE [0xF0F0]
unsigned char code table_sawtooth[] =
{ 0,7,14.21,28,35,42,49,56,63,70,77,84,91,98,105,112,119,126,133,140,147,154,161,168,
161,154,147,140,133,126,119,112,105,98,91,84,77,70,63,56,49,42,35,28,21,14,7,0 };
                                        //由产生三角波数据序列构成元素的数组
/ ************ 第一种方式输出三角波函数 *************** /
void sawtooth(void)
{
  unsigned char i;
  for(i = 0;i < 255;i++)
  {
    DAC0832 = i;
  }
  for(i = 255;i > 0;i -- )
  {
    DAC0832 = i;
  }
}
/ ************ 第二种方式输出三角波函数 *************** /
void sawtooth(void)
{
    unsigned char i;
    for(i = 0;i < 49;i++)
    {
      DAC0832 = table_sawtooth[i];
      delay(1);
    }
}
/ ************ 主函数 ************* /
```

```
main(void)
{
    while(1)
    {
      sawtooth();
    }
}
```

8.4　项目实施

8.4.1　正弦信号发生器总体设计思路

　　基本功能的实现思路：用 AT89C51 单片机控制，DAC0832 作为 D/A 转换器，单片机输出产生正弦波信号的数据，经 D/A 转换、放大、输出模拟信号。控制输出时间长短得到信号周期和频率，总体框图如图 8-11 所示。

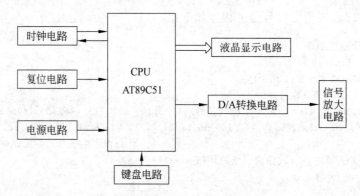

图 8-11　正弦信号发生器总体框图

8.4.2　设计正弦信号发生器硬件电路

　　用 AT89C51 控制、DAC0832 作为数模转换、LCD1602 作为显示。AT89C51 的 P2 口作为显示数据输出端口；P3 口的 P3.0～P3.2 位作为 LCD 的控制；P0 口作为波形为发生数据的输出端口；P1 口的 P1.0 作为独立按键接口；DAC0832 采用直通方式；用 LM358 作为运算放大器。其电路如图 8-12 所示。

8.4.3　设计正弦信号发生器程序

　　1）编程思路

　　正弦波通过查表方式实现。

　　按键采用独立式键盘，采用程序查询方式，SW1 按键按下输出正弦波。主程序程序流程如图 8-13 所示。

　　2）编写程序

　　根据设计思路与程序流程，参考程序如下，其中液晶显示部分程序与前一项目相同，不再列出。

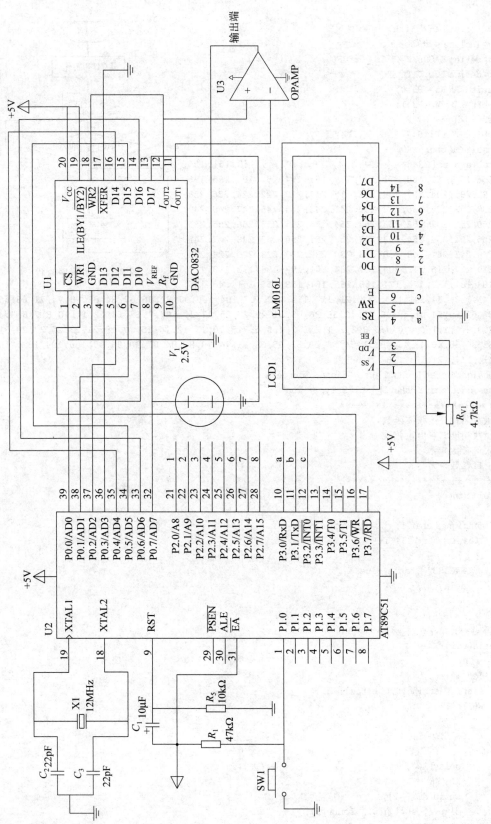

图 8-12　正弦信号发生器硬件电路

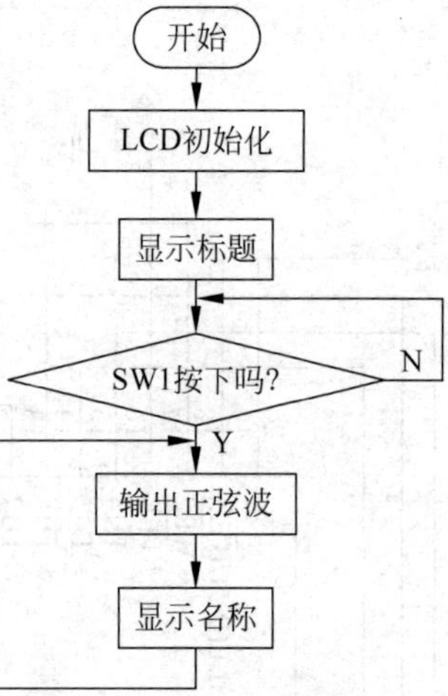

```
#include<reg51.h>
#include<absacc.h>
#define DAC0832 XBYTE[0xF0F0]
#define LCD_DATA P2
sbit LCD_RS = P3^0;
sbit LCD_RW = P3^1;
sbit LCD_E = P3^2;
sbit KEY = P1^0;
unsigned char code
table_sine[234] = { 131,134,138,141,145,148,151,155,
158,161,165,168,171,174,177,181,184,187,190,193,196,
199,201,204,207,209,212,215,217,219,222,224,226,228,
230,232,234,236,238,240,241,243,244,245,247,248,249,
250,251,252,252,253,254,254,254,255,255,255,255,255,
255,254,254,254,253,252,252,251,250,249,248,247,245,
244,243,241,240,238,236,234,232,230,228,226,224,222,
219,217,215,212,209,207,204,201,199,196,193,190,187,
184,181,177,174,171,168,165,161,158,155,151,148,145,
141,138,134,131,128,124,121,117,114,110,107,104,100,97,94,90,87,84,81,78,74,71,68,65,
62,59,56,54,51,48,46,43,40,38,36,33,31,29,27,25,23,21,19,17,15,14,12,11,10,8,7,6,5,4,
3,3,2,1,1,1,0,0,0,0,0,0,1,1,1,2,3,3,4,5,6,7,8,10,11,12,14,15,17,19,21,23,25,27,29,31,
33,36,38,40,43,46,48,51,54,56,59,62,65,68,71,74,78,81,84,87,90,94,97,100,104,107,110,
114,117,121,124,128 };
unsigned char LcdBuf1[] = {"Signal Source"};
unsigned char LcdBuf2[] = {"S_Type:sine"};
/ **************************
函数名称：正弦波函数
函数功能：输出正弦波
入口参数：无
出口参数：无
************************** /
void sine()
{
    unsigned char i;
    for(i=0;i<234;i++)
    {
        DAC0832 = table_sine[i];
        delay(1);
    }
}
/ ************* 主函数 ************* /
main(void)
{
    lcd_init();
    display_string(0,0,title);
    while(1)
    {
        if (KEY!=1)
        {
            delay(10);                    //去抖动
            if (KEY!=1)
            while(KEY!=1);
            display_string(0,1,LcdBuf2);
            while(KEY==1)
```

图 8-13 主程序流程

```
        {
            sine();
        }
    }
}
```

8.4.4　仿真调试正弦信号发生器

（1）利用 Keil μVision2 的调试功能，根据错误提示，找到错误代码，排除各种语法错误，编译成 hex 文件。

（2）通过对端口、入口参数赋值，存储空间或、端口、变量数据查询，调试函数和主程序。

（3）用 Proteus 按设计的硬件电路，设计仿真模型如图 8-14 所示，进行仿真调试。观察输出波形是否为正弦波，波形是否失真。

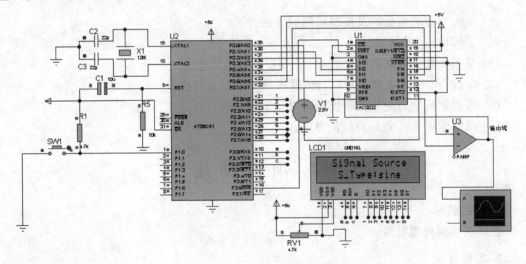

图 8-14　正弦信号发生器仿真模型

8.4.5　调试正弦信号发生器

（1）仿真调试成功后，按硬件电路把元件安装焊接在实验板上，并进行静态和动态检测。

（2）烧录 hex 文件，运行程序，如不能运行，先排除各种故障（供电、复位、时钟，内外存储空间选择、软硬件端口应用等）。

（3）用示波器测试输出波形，读出波形参数，分析测试是否达到性能指标。

（4）如没有达到性能指标，调整电路或元件参数、优化程序，重新调试、编译、下载、运行程序，测试性能指标。

8.5　拓　展　训　练

1. 完善正弦信号发生器功能，使正弦信号发生器数据幅度可调，幅度、频率数据用数码管显示。

2. 自定性能指标，用 DAC0832 设计制作程控放大器。

项目 9

设计制作远程报警器

9.1 学习目标

(1) 掌握串行通信标准及接口应用的方法。

(2) 了解串行通信协议。

(3) 掌握 MCS-51 系列单片机与 PC 异步串行通信技术。

(4) 掌握 MCS-51 系列单片机与单片机异步串行通信技术。

(5) 巩固数码管与液晶显示接口应用。

(6) 熟练掌握 C51 程序设计的方法。

9.2 项目描述

1. 项目名称

设计制作远程报警器

2. 项目要求

(1) 用 Keil C51、Proteus 作为开发工具。

(2) 用 AT89C51 单片机进行控制。

(3) 从机用数码管显示异常位置代码。

(4) 主机用 LCD 显示报警点位置代码。

(5) 异常时,声光报警。

(6) 发挥扩展功能,如记录报警时间等。

3. 设计制作任务

(1) 拟订总体设计制作方案。

(2) 设计硬件电路。

(3) 编制软件流程图及设计相应源程序。

(4) 仿真调试远程报警器。

(5) 安装元器件,制作远程报警器,调试功能指标。

(6) 完成项目报告。

9.3　相关知识

9.3.1　串行通信

1. 串行通信简介

在计算机系统中,CPU 和外部通信有两种通信方式:并行通信和串行通信。如图 9-1 所示,数据的各位同时传送,这种通信方式称为并行通信。特点是传送速度快,但传送距离短。

如图 9-2 所示,数据和控制信息一位一位按顺序串行传送,这种通信方式称为串行通信。特点是速度较慢,传送距离比并行通信远。串行通信按时钟控制方式可分为同步通信和异步通信两类。

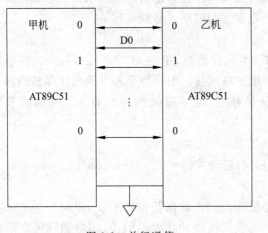

图 9-1　并行通信

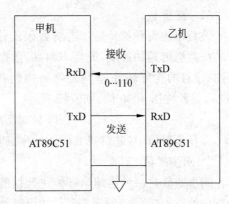

图 9-2　串行通信

1) 异步通信

(1) 异步通信数据帧格式

异步通信以帧(又叫字符帧)的形式传送数据。帧格式是接收端确认发送端开始发送与结束发送的依据。由起始位、数据位、奇偶校验位和停止位四部分组成,格式如图 9-3 所示。

图 9-3　异步通信数据帧格式

起始位：位于帧开头，只占一位，为逻辑 0 低电平，用于向接收设备表示发送端开始发送一帧信息。

数据位：紧跟起始位之后，用户根据情况可取 5 位、6 位、7 位或 8 位，低位在前，高位在后。

奇偶校验位：位于数据位之后，仅占一位，用来表征串行通信中采用奇校验，还是偶校验，由用户决定。

停止位：位于字符帧最后，为逻辑 1 高电平。通常可取 1 位、1.5 位或 2 位，用于向接收端表示一帧字符信息已经发送完，也为发送下一帧做好准备。

空闲位：在串行通信时，相邻字符帧之间可以没有空闲位，也可以有多个，这由用户来决定。

异步通信时，数据由发送端一帧一帧地发送，每一帧数据是低位在前，高位在后，通过传输线一帧一帧地传送到接收端。发送端和接收端可以由各自独立的时钟来控制数据的发送和接收，这两个时钟彼此独立，互不同步。但是双方的帧格式必须一致。

（2）波特率

波特率为每秒钟传送二进制数码的位数，也叫比特数，单位为 b/s（位/秒）。波特率用于表征数据传输的速度，波特率越高，数据传输速度越快。但波特率和字符的实际传输速率不同，字符的实际传输速率是每秒内所传帧的帧数，与字符帧的格式有关。假如帧长为 10 位，每秒传送 1000 帧，则波特率为

$$10\text{b/帧} \times 1000 \text{帧/s} = 10000\text{b/s}$$

在异步通信中，通信双方的波特率必须相同，通常波特率为 50～9600b/s。

2）同步通信

同步通信是一种连续串行传送数据的通信方式。在数据开始传送前，用同步字符来指示数据的开始（通常为 1～2 个），并由时钟来实现发送端和接收端同步，即检测到规定的同步字符后，就连续按顺序传送数据，直到数据传送结束。同步传送时，字符与字符之间没有间隙，也不用起始位和停止位，同步传送格式如图 9-4 所示。

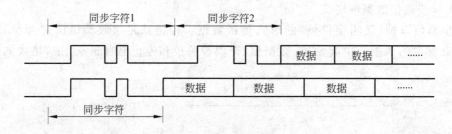

图 9-4　同步传送格式

同步通信的数据传输速率较高，通常可达 56000b/s 或更高，其缺点是要求发送时钟和接收时钟必须保持严格同步。

2. 串行通信的制式

在串行通信中数据是在两个站之间进行传送的，按照数据传送方向，串行通信可分为单工、半双工和全双工三种制式，如图 9-5 所示。

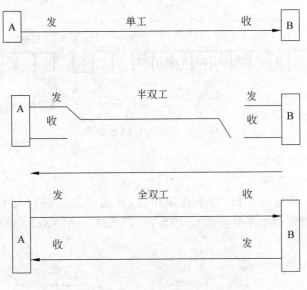

图 9-5 串行通信制式

在单工制式下,通信线的一端接发送器,一端接接收器,数据只能按照一个固定的方向传送。

在半双工制式下,系统的每个通信设备都由一个发送器和一个接收器组成。数据能从A传送到B,也可以从B传送到A,但是不能同时在两个方向上传送,只能一端发送,一端接收。此方式简单、实用。

全双工制式下的通信系统,两端都有发送器和接收器,可以同时发送和接收,即数据可以在两个方向上同时传送。

9.3.2 串行通信总线标准

在单片机应用系统中,数据通信主要采用异步串行通信。在设计通信接口时,必须根据通信速度和通信距离、抗干扰要求选择接口标准。并考虑传输介质、电平转换等问题。

异步串行通信接口标准主要有:RS-232C、RS-449、RS-422 和 RS-485 接口等。

1. RS-232C 接口

RS-232C 是使用最早、应用最多的一种异步串行通信总线标准。它是由美国电子工业协会(EIA)公布、修订而成,主要用于定义远程通信连接数据终端设备(DTE)和数据通信设备(DCE)之间的电气性能。

RS-232C 串行接口总线设备之间的通信距离不大于 15m,最大传输速率为 20Kb/s。

1) RS-232C 信息格式标准

RS-232C 采用异步串行通信格式如图 9-6 所示。该标准规定:信息的开始为起始位,信息的结束为停止位;信息本身可以是 5、6、7、8 位,再加一位奇偶校验位。如果两个信息之间无信息,则写"1",表示空。

2) RS-232C 电平转换器

RS-232C 规定了自己的电气标准,它的电平不是+5V 和地,是采用负逻辑,即

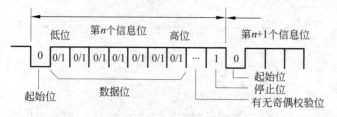

图 9-6　RS-232C 信息格式

逻辑"0"：+3～+25V。

逻辑"1"：-3～-25V。

因此，RS-232C 不能和 TTL 电平直接相连，使用时必须进行电平转换，否则将导致 TTL 电路被烧坏，常用的电平转换集成电路是 MAX232。MAX232 的引脚如图 9-7 所示，接口电路如图 9-8 所示。

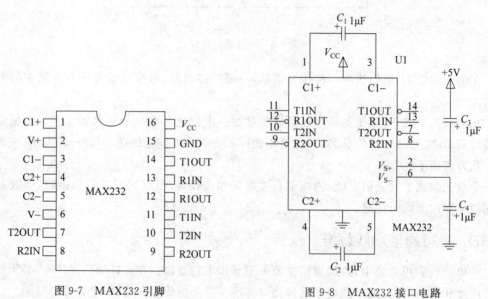

图 9-7　MAX232 引脚

图 9-8　MAX232 接口电路

3）RS-232C 总线规定

RS-232C 标准总线为 25 根，采用标准的 D 形 25 芯插头座。但常用如图 9-9 所示的 DB-9 针接头，引脚定义如表 9-1 所示。

图 9-9　DB-9 针接头

表 9-1 RS-232C 引脚定义表

引　脚	符　号	定　义	引　脚	符　号	定　义
1	CD	载波检测	6	DSR	通信设备准备好
2	RxD	接收数据	7	RTS	请求发送
3	TxD	发送数据	8	CTS	允许发送
4	DTR	数据终端准备好	9	RI	响铃指示器
5	GND	信号地			

在最简单的全双工系统中，仅用发送数据、接收数据和信号地三引脚就可以构成符合 RS-232C 接口标准的全双工通信口。

2. RS-422/485 接口标准

RS-232C 数据传输速率慢、传输距离短、未规定标准的连接器、接口处各信号间易产生串扰。

针对 RS-232 串口标准的局限性，人们又提出了 RS-422/485 接口标准。RS-422/485 采用平衡发送和差分接收方式实现通信：发送端将串行口的 TTL 电平信号转换成差分信号 A、B 两路输出，经过线缆传输之后在接收端将差分信号还原成 TTL 电平信号。由于传输线通常使用双绞线，又是差分传输，所以具备极强的抗共模干扰的能力，总线收发器灵敏度很高，可以检测到低至 200mV 电压。故传输信号在千米之外都可以恢复。RS-422/485 最大的通信距离约为 1219m，最大传输速率为 10Mb/s。RS-485 采用半双工工作方式，支持多点数据通信。RS-485 总线网络拓扑一般采用终端匹配的总线型结构。即采用一条总线将各个节点串接起来。RS-422/485 总线一般最大支持 32 个节点。

常用的 RS-422/485 发送器为 SN75174、接收器为 SN75175，总线收发器为 SN75176。SN75176 适用于半双工多机通信，从机处于接收状态，在接收到主机命令需回答时才转为输出方式。

9.3.3 MCS-51 的串行口

1. MCS-51 串行口基本结构

MCS-51 内部有一个可编程全双工串行通信接口，具有 UART 的全部功能，波特率可变，除进行异步串行数据的接收和发送外，还可做同步移位寄存器使用。

MCS-51 单片机串行口结构如图 9-10 所示，主要由两个独立的接收、发送缓冲器（SBUF）、发送控制器、发送端口、接收控制器、接收端口等组成。接收、发送缓冲器（SBUF）属特殊功能寄存器。发送缓冲器只能写入不能读出，接收缓冲器只能读出不能写入，两者共用一个地址（99H）。

2. MCS-51 串行控制寄存器设置

1) 串行口数据缓冲器 SBUF

SBUF 是两个独立的接收、发送寄存器，一个用于存放接收到的数据，另一个用于存放要发送的数据，可同时发送和接收数据，两个缓冲器共用一个地址 99H。

发送数据时，由写发送缓冲器的指令或 C51 语句，把数据写入 SBUF 中，然后从 TxD (P3.1)端向外部发送。例如：

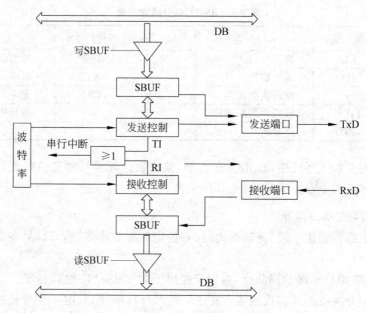

图 9-10　MCS-51 单片机串行口结构

SBUF = dat;　　　　　　//dat 为待发数据

接收数据时,由信号线 RxD(P3.0)接收数据到 SUBF,由读指令或 C51 语句从 SBUF 中读出数据保存到存储空间。例如:

dat = SBUF;　　　　　　//dat 为接收数据保存变量

2）串行口控制寄存器 SCON

SCON 用来控制串行口工作方式和状态,可以位寻址,其字节地址为 98H。其格式是:

SCON	9FH	9EH	9DH	9CH	9BH	9AH	99H	98H
	SM0	SM1	SM2	REN	TB8	RB8	TI	RI

SM0、SM1：串行方式选择位,选择逻辑如表 9-2 所示。

表 9-2　串行方式选择表

SM0	SM1	工作方式	功　能	波　特　率
0	0	方式 0	8 位同步移位寄存器	$f_{OSC}/12$
0	1	方式 1	10 位 UART	可变
1	0	方式 2	11 位 UART	$f_{OSC}/64$ 或 $f_{OSC}/32$
1	1	方式 3	11 位 UART	可变

SM2：方式 2 和方式 3 的多机通信控制位。对于方式 2 和方式 3,若 SM2 置为 1,则接收到的第 9 位数据(RB8)为 0 时,不置位 RI(即 RI=0);若 SM2=1,且 RB8=1 时,才置位 RI(即 RI=1)。对于方式 1,若 SM2=1,则只接收到有效的停止位时才置位 RI。对于方式 0,SM2 应为 0。

REN：允许接收位。由软件置位或清零。REN=1 时,允许接收,REN=0 时,禁止接收。

TB8：在方式 2 和方式 3 中，发送的第 9 位数据，由软件设定，用作奇偶校验位。在多机通信中，可作为区分地址帧与数据帧的标识位，一般约定地址帧时 TB8 为 1，数据帧时 TB8 为 0。

RB8：在方式 2 和方式 3 中，接收的第 9 位数据。方式 1 中，如果 SM2＝0，则 RB8 为收到的停止位。方式 0 不使用 RB8。

TI：发送中断标志。在方式 0 中，发送完第 8 位数据后由硬件置位；在其他方式中，在发送停止位的开始时由硬件置位，必须由软件清 0。

RI：接收中断标志。在方式 0 中，接收完第 8 位数据后由硬件置位；在其他方式中，在接收停止位的中间时由硬件置位，必须由软件清 0。

SCON 通过字节写进行设置，例如：

```
SCON = 0x50;              //选择方式 1，单机通信，允许接收，标志位清零
```

3) 电源与波特率选择寄存器 PCON

PCON 主要是为 CHMOS 型单片机的电源控制而设置的专用寄存器，不可以位寻址，地址为 87H。PCON 除最高位以外其他位都是虚设的，其格式如下。

SMOD	×	×	×	GF1	GF0	PD	IDL

SMOD 为波特率选择位。在方式 1、2 和 3 中，当 SMOD＝1 时，通信波特率增大一倍；当 SMOD＝0 时，波特率不变。既可字节设置，也可通过位进行设置，例如：

```
PCON = 0x80 ;            //SMOD = 1
```

或

```
SMOD = 1;
```

3. MCS-51 串行的工作方式

1) 方式 0

在方式 0 是扩展移位寄存器的工作方式。其波特率固定为 $f_{osc}/12$。串行数据从 RxD (P3.0)端输入或输出，移位脉冲由 TxD(P3.1)送出。这种方式常用于扩展 I/O 口。通过对 SCON 赋值设定通信方式。例如：

```
SCON = 0;                //设置串行通信方式 0
```

(1) 方式 0 发送

方式 0 发送时，串行口外接串行输入并行输出移位寄存器，CPU 对 SBUF 写入 1 个数据，串行口就将 8 位数据以 $f_{osc}/12$ 的波特率从 RxD 引脚输出(低位在前)，经过 8 个机器周期，SBUF 内的数据移入外部移位寄存器。发送完则置中断标志 TI 为 1，请求中断。在再次发送数据之前，必须由软件将 TI 清 0。

如图 9-11 所示，用 CD4094 串行输入并行输出移位寄存器。SDI 为数据输入端，CLK 为移位时钟脉冲输入端，单片机 AT89C51 的 P1.0 控制并行选通端 STB。

假设发送一数组 buf[8]中 8 个元素，经 CD4094 串并转换输出，参考代码如下：

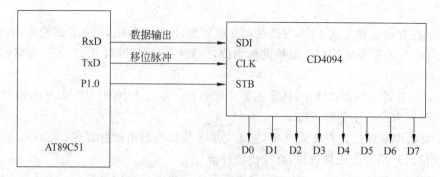

图 9-11　方式 0 扩展 I/O 口输出

```
/ ******************* ………初始化………………… ************* . */
P10 = 0;                          //关闭 CD4094 的并行选通
SCON = 0;                         //设置串行通信方式 0
EA = 0;                           //关中断
/ ****************** 发送数据 ************** /
main()
{
    unsigned char i;
    unsigned char buf[8] = { };
    while(1)                      //反复循环
    {
        for(i = 0;i < 8;i++)
        {
            TI = 0;               //清发送中断标志
            P10 = 0;              //关闭并口输出
            SBUF = buf[i];        //写数据至串口
            while(!TI);           //等待发送完毕
            P10 = 1;              //打开并口输出
            delay10ms(N);         //延时,N 为实参
        }
        P10 = 0;                  //关闭并口输出
        delay10ms(M);             //延时, M 为实参
    }
}
```

（2）方式 0 接收

方式 0 接收时，串行口外接并行输入串行输出移位寄存器。在满足 REN＝1 和 RI＝0 的条件下，串行口即开始从 RxD 端以 $f_{OSC}/12$ 的波特率输入数据（低位在前），当接收完 8 位数据后，置中断标志 RI 为 1，请求中断。在再次接收数据之前，必须由软件将 RI 清 0。

例如，用 74LS165 并行输入串行输出移位寄存器，QH 为串行输出端，$\overline{P}(\overline{S})$ 为控制端，$\overline{P}(\overline{S})$＝0 串行输出；$\overline{P}(\overline{S})$＝1，并行输入。CLK 为移位时钟脉冲输入端，单片机 AT89C51 的 P1.0 控制 $\overline{P}(\overline{S})$，连接图如图 9-12 所示。

假设通过查询 RI 方式，把并行输入串行输出的数据读入变量 RxByte，代码如下：

```
main()
{
```

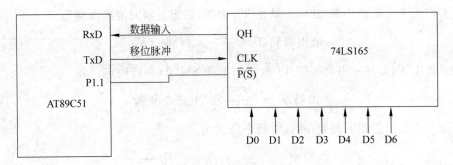

图 9-12　方式 0 用于扩展 I/O 口输入

```
unsigned char RxByte;
SCON = 0;                      //设置工作方式 0
EA = 0;                        //关中断
ES = 0;
P1.1 = 1;                      //允许并行输入
P1.1 = 0;                      //允许串行输出
while(1)
{
   if(RI == 1)
   {
      RI = 0;                  //清接收标志
      RxByte = BUSF;           //从 SBUF 中读数据到变量
      break;
   }
}
}
```

串行控制寄存器 SCON 中的 TB8 和 RB8 在方式 0 中未用。方式 0 时，SM2 必须为 0。

2）方式 1

在方式 1 时，串行口为波特率可调的 10 位异步串行接口（UART），发送或接收一帧信息，包括 1 位起始位，8 位数据位和 1 位停止位，无校验位。其帧格式如图 9-13 所示。RxD 为数据接收端，TxD 为数据发送端，波特率取决于定时器 T1 的溢出率和 PCON 中的 SMOD 位。

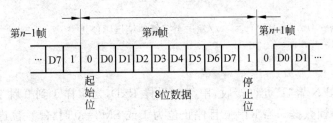

图 9-13　10 位的帧格式

T1 的溢出率是指单位时间内定时器 T1 的溢出次数。T1 的溢出率取决于单片机定时器 T1 的计数速率和定时器的预置值。当定时器 T1 作为波特率发生器使用时，通常工作在方式 2，即自动重装载的 8 位定时器，此时 TL1 作为计数用，自动重装载的值在 TH1 内。

设计数器的预置值（初始值）为 X，每过 $256-X$ 个机器周期，定时器溢出一次。为了避

免溢出而产生不必要的中断,此时应禁止 T1 中断,则定时器的溢出周期为

$$溢出周期\ T = \frac{12}{f_{\text{OSC}}} \times (256 - X)$$

在方式 1 下,波特率由定时器 T1 的溢出率和 SMOD 共同决定。即

$$波特率 = \frac{2^{\text{SMOD}}}{32} \times T1\ 的溢出率$$

溢出率为溢出周期的倒数,所以波特率公式为

$$波特率 = \frac{2^{\text{SMOD}}}{32} \times \frac{f_{\text{OSC}}}{12 \times (256 - X)}$$

通信方式与波特率通过编程设定。例如,采用 11.0592MHz 的晶振,通信波特率为 9600b/s,波特率选择位 SMOD 置"1"。即 $f_{\text{OSC}} = 11.0592\text{MHz}$,SMOD=1,波特率=9600b/s,由波特率公式推算 X 取 250,编程如下:

```
TMOD = 0x20;                    //设置 T1 工作方式
TL1 = 250;                      //装初值
TH1 = 250;
TR1 = 1;                        //启动计时
PCON = 0x80;                    //SMOD = 1
SCON = 0X50;                    //方式 1,波特率 9600b/s,允许接收
```

（1）发送

发送时,数据写入发送缓冲器 SBUF 后,启动发送器发送,数据从 TxD 输出。当发送完一帧数据后,自动置中断标志 TI 为"1"。

例如,采用查询方式发送数据,检测到"\0"结束标志结束发送。发送代码段如下:

```
/ *********** 发送字符串,参数 str 为待发送字符串 *********** /
void put_string(unsigned char * str)
{
    do
    {
    SBUF = * str;
    while(!TI);                 //等待数据发送完成
    TI = 0;                     //清发送标志位
    str++;                      //发送下一数据
    }
    while( * (str - 1) == '\0'); //发送至字符串结尾则停止
}
```

（2）接收

接收时,由 REN 置"1"允许接收,串行口采样 RxD,当采样 1 到 0 跳变时,确认是起始位"0"开始接收一帧数据。当 RI=0 且停止位为 1 或 SM2=0 时,停止位进入 RB8 位,置中断标志 RI;否则信息将丢失。方式 1 接收时,应先用软件清除 RI 或 SM2 标志。

例如,采用查询方式接收数据,直至检测到"\0"结束标志才结束接收。接收代码段如下:

```
/ * 接收字符串,参数 str 指向保存接收字符串的缓冲区 * /
#define __MAX_LEN_ 16           //定义数据最大长度
```

```c
void get_string(unsigned char * str)
{
    unsigned int count = 0;
     * str = 0;                       //清缓冲区
    do
    {
     while(!RI);                      //等待数据接收
      * str = SBUF;                   //保存接收到的数据
     RI = 0;                          //清接收标志位
     str++;                           //准备接收下一数据
     count++;
     if(count > __MAX_LEN_)           //接收数据超出缓冲区范围,则只接收部分字符
     {
         * (str - 1) = 0;
        break;
     }
    }
    while( * (str - 1) == '\0');      //接收至字符串结尾则停止
}
```

3）方式 2

方式 2 下,串行口为 11 位 UART,传送波特率与 SMOD 有关。发送或接收一帧数据包括 1 位起始位 0,8 位数据位,1 位可编程位(用于奇偶校验)和 1 位停止位 1。其帧格式如图 9-14 所示。

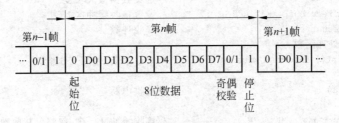

图 9-14　11 位的帧格式

波特率取决于 PCON 中的 SMOD 值,当 SMOD＝0 时,波特率为 $f_{osc}/64$；当 SMOD＝1 时,波特率为 $f_{osc}/32$。即

$$波特率 = \frac{2^{SMOD}}{64} \cdot f_{osc}$$

(1) 发送

方式 2 发送时,先由软件设置 TB8,然后将发送的数据写入 SBUF 启动发送。写 SBUF 时除将 8 位数据送入 SBUF 外,同时还将 TB8 装入发送移位寄存器的第 9 位,一帧信息从 TxD 发出,在送完一帧信息后,TI 被自动置"1",在发送下一帧信息之前,TI 必须由中断服务程序或查询程序清零。

例如,采用中断发送方式发送发送缓冲区 16 字节的数据,代码如下:

```c
#define __MAX_LEN 16 ;              //定义数据最大长度
unsigned char send_buf[__MAX_LEN_];  //设置发送缓冲区
unsigned int count_s;               //发送计数
```

```
    SBUF = send_buf[0];                        //发送第一个数据
    count_s++;
/ ************ 串口中断处理函数 ************** /
void serial_int() interrupt 4 using 2          //串口中断号为4,使用工作组2
{
    if(TI == 1)                                //发送中断
    {
        TI = 0;                                //清发送标志位
        if(count_s < __MAX_LEN_)               //数据未发送完毕
        {
            SBUF = send_buf[count_s];          //发送数据
            count_s++;                         //发送计数增1
        }
    }
}
```

（2）接收

当 REN＝1 时,允许串行口接收数据。数据由 RxD 端输入,接收 11 位的信息。当接收器采样到 RxD 端的负跳变,并判断起始位有效后,开始接收一帧信息。当接收器接收到第 9 位数据后,若同时满足以下两个条件：RI＝0,SM2＝0 或接收到的第 9 位数据为 1,则接收数据有效,8 位数据送入 SBUF,第 9 位送入 RB8,并置 RI＝1。若不满足上述两个条件,则信息丢失。

例如,采用中断接收的方式,参考代码如下：

```
#define __MAX_LEN_ 12 ;                        //定义数据最大长度
unsigned char recv_buf[__MAX_LEN_];            //设置接收缓冲区
unsigned int count_r                           //接收计数
/ * 串口中断处理函数 * /
void serial_int() interrupt 4 using 2          //串口中断,使用工作组2
{
    if(RI == 1)                                //接收中断
    {
        if(count_r > __MAX_LEN_)               //接收缓冲区已满,忽略已接收数据
        {
            RI = 0;
            return;
        }
        recv_buf[count_r] = SBUF;              //接收数据
        count_r++;                             //接收计数增1
        RI = 0;                                //清接收标志位
    }
}
```

4）方式 3

方式 3 为波特率可变的 11 位 UART 通信方式,除以波特率与方式 1 一样由定时器 T1 的溢出率和 SMOD 共同决定外,方式 3 和方式 2 完全相同。

9.3.4 MCS-51单片机之间的通信

1. 数据的发送与接收方式

单片机串行通信时,发送、接收双方单片机的串行口均按同一通信方式。通常采用查询

方式和中断方式两种方法发送和接收数据。

1) 查询方式发送接收数据

查询方式一般用于发送。先初始化串口,再用查询 RI 和 TI 标志的方式来接收和发送数据。程序大致分为三个部分:初始化部分、发送数据部分、接收数据部分。

(1) 初始化部分

初始化部分应完成如下的工作。

① 关闭所有中断。

② 设置串行口工作模式。

③ 设置串行口为允许接收状态。

④ 设置串行口通信波特率。

⑤ 其他数据初始化。

例如:

```
void init_serialcomm( void )              //串口初始化
{
  SCON = 0x50;                            //SCON: 方式 1,8 位 UART,并允许接收
  TMOD = 0x20;                            //TMOD: T1,方式 2,8 位计数
  PCON = 0x80;                            //SMOD = 1
  TH1 = 0xFD;                             //波特率 = 9600b/s, $f_{osc}$ = 11.0592MHz
  TL1 = 0xFD;
  IE = 0x00;                              //关中断
  TR1 = 1;                                //启动 T1 计数
}
```

(2) 发送数据部分

程序中发送一个字节过程如下。

① 将数据传送至 SBUF。

② 检测 TI 位,如果数据传送完毕,TI 被置"1",如果 TI=0,继续等待。

③ TI=1,表示发送数据完成,此时需要将 TI 软件清 0,然后继续发送下一个字符。

例如:

```
void send_char_com( )                     //发送一个字符 0x02
{
  SBUF = 0x02;                            //发数据
  while (TI == 1);                        //查询等待发送完数据
  TI = 0 ;                                //清标志
}
```

(3) 接收数据部分

在程序中接收一个字节的过程如下。

① 检测 RI 位,如果收到数据,RI 被置"1",如果 RI=0,继续等待。

② TI=1,表示收到数据,此时将 SBUF 中数据读出。

③ 需要将 RI 软件清 0,准备接收下一个字符。

例如:

```
void serial (void)                          //串口接收
{
  unsigned char ch;
  if (RI = 1);
  {
    ch = SBUF;
    RI = 0;
  }
}
```

2）中断方式发送接收数据

当第一个字节数据发送（接收）完毕，TI(RI)被自动置"1"，从而触发中断，进入中断处理程序，由中断处理程序完成未发送（接收）的数据。这种方式称中断发送（接收）方式。中断方式一般用于接收数据，中断发送（接收）方式的程序一般分两部分：系统初始化部分、中断程序部分。

（1）系统初始化部分

中断方式发送接收程序初始化部分应完成如下工作。

① 设置串行口工作模式。

② 设置串行口为允许接收状态。

③ 设置串行口通信波特率。

④ 中断初始化，允许串行口中断。

⑤ 其他数据初始化。

例如：

```
void init_serial( void )                    //初始化
{
  TMOD = 0x20;                               //定时器 T1 使用工作方式 2
  TH1 = 250;                                 //设置初值
  TL1 = 250;
  TR1 = 1;                                   //开始计时
  PCON = 0x80;                               //SMOD = 1
  SCON = 0x50;                               //在 11.0592MHz 下，设置波特率、工作方式
  ES = 1;
  EA = 1;                                    //开所有中断
}
```

（2）中断程序部分

串行中断处理程序负责处理数据的发送与接收，处理过程是先查看 RI、TI 标志位，根据标志位转到相应的处理部分。在接收处理部分先从 SBUF 中读出数据，然后用软件清 RI 标志；在发送处理部分先写入数据到 SBUF，然后用软件清 TI 标志。

例如：

```
void serial_int( )interrupt 4 using 2        //串口中断,使用工作组 2
{
    if(TI )                                  //发送中断
    {
      SBUF = send_buf[count_s];              //发送数据
```

```
        count_s++;                       //发送计数增1
        TI = 0;                          //清发送标志位
    }
    if(RI )                              //接收中断
    {
        recv_buf[count_r] = SBUF;        //接收数据
        count_r++;                       //接收计数增1
        RI = 0;                          //清接收标志位
    }
}
```

2. 单片机点对点通信

1) 单片机点对点通信硬件电路

如果两个 51 单片机系统距离较近,就可以将它们按如图 9-15 所示,把串行口直接相连实现双机通信。

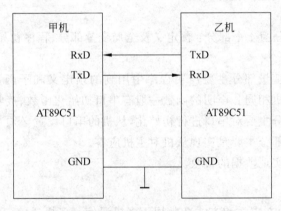

图 9-15 双机异步通信接口电路

2) 单片机点对点通信程序设计

单片机点对点通信时要通过一定的协议约定双方的工作流程,在程序设计之前,先根据工作环境设计好通信协议。下面是一个简单的通信协议。

> 通信双方均使用相同的波特率,使用主从式方式:主机发,从机收,双方均采用查询方式。

> 双机通信时,主机发送呼叫信号询问从机是否可以接收数据。

> 从机接到呼叫信号后,如果可以接收数据就发送应答信号。

> 主机在发送呼叫后,若不能接收从机的应答信号,则反复发送呼叫信号,直到收到对方的应答信号。

> 主机收到应答信号后,先发送数据长度,然后开始将数据缓冲区的数据发送给从机。

> 从机接收完数据后,发送接收成功信号。

> 主机收到接收成功信号后结束发送。

点对点通信程序分主机通信程序和从机通信程序两大部分。

（1）主机通信程序

主机通信程序一般分为 4 个部分:预定义及全局变量部分、程序初始化部分、数据通信流程部分、数据发送部分。

> 预定义及全局变量部分主要声明程序中用到的预定义和子函数。一般先对协议中的呼叫、应答、正确、错误等标志信号规定与定义，如表 9-3 所示。

表 9-3　信号定义表

信　号	宏　定　义	说　　明
0x06	_RDY_	主机发送的呼叫信号
0x00	_OK_	从机可以接收数据
0x0F	_SUCC_	数据传送成功

> 程序初始化部分主要是对串口进行初始化设置。
> 数据通信流程部分主要是实现主机主动和从机联络。
> 数据发送部分实现数据的发送。

（2）从机通信程序

从机通信程序也分为 4 个部分：预定义及全局变量部分、程序初始化部分、数据通信流程部分、接收数据部分。

> 预定义及全局变量部分主要声明程序中用到的预定义和子函数。预定义部分的宏定义一般与主机相同。声明的函数一般有串口初始化函数、接收函数等。
> 程序初始化部分主要对串口进行初始化，从机的串口设置必须与主机相同。
> 数据通信流程部分主要是实现从机对主机应答。
> 接收数据部分实现数据的接收。

3. 多机通信

MCS-51 串行口的方式 2 和方式 3 常用于多机通信。多机通信包括一台主机和多台从机，主机发送的信息可以传送到各个从机或指定的从机，各从机发送的信息只能被主机接收，从机与从机之间不能进行通信。多机通信连接示意图如图 9-16 所示。

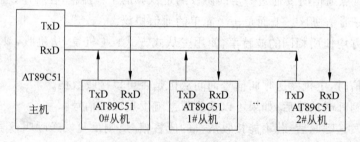

图 9-16　多机通信连接示意图

1）多机通信中从机的寻址

多机通信中，主机与从机进行通信，必须能对从机进行识别，8051 单片机的串口专门为多机通信提供了识别功能。正确地设置与判断 SCON 寄存器的 SM2 位和发送或接收的第 9 位数据（TB8 或 RB8），以区分地址帧与数据帧，实现对从机的识别，从而实现多机通信。

多机通信时,8051 单片机串行口以方式 2 或方式 3 工作时,每帧信息 11 位,第 9 位可编程。

若 SM2＝1,则表示设置多机通信功能,发送信息时,先根据通信协议由软件设置 TB8(规定地址帧 TB8 为 1,数据帧 TB8 为 0),然后将要发送的数据写入 SBUF,即可启动发送。此时串行口自动将 TB8 装入第 9 位数据位的位置,一起与 SBUF 中的数据发送出去。使 TI 置 1。串行口接收信息时,第 9 位数据自动放入 RB8 中。如果收到第 9 位数据为 1,数据装入 SBUF,并置 RI＝1,向 CPU 发出中断请求。如果接收到第 9 位数据为 0。此时不产生中断,信息将被丢失。

若 SM2＝0,则无论接收到的 RB8 位第 9 位是 1 还是 0,都置中断标志 RI＝1,接收的数据有效并装入 SBUF。

2)多机通信程序设计

在编程前,首先要定义从机地址编号,如分别为 00H、01H、02H 等。在主机要发送一个数据块给某个从机时,它必须先送出一个地址字节,以辨认从机。编程实现多机通信的步骤如下。

(1)将所有从机的 SM2 置 1,处于只接收地址帧的状态。

(2)主机发送一帧地址信息,8 位数据位表示所需通信的从机地址。置 TB8 为 1,表示发送的信息是地址帧。

(3)各从机接收到地址信息后,先判断主机发送来的地址信息与自己的地址是否相符。地址相符的从机,置 SM2＝0,准备接收主机随后发来的所有信息。地址不相符的从机,丢掉信息,保持 SM2＝1 的状态,直到收到与本机一致的地址信息。

(4)主机置 TB8 为 0(表示发送的是数据或控制指令),发送控制指令或数据信息给被寻址的从机。

(5)被寻址的从机接收主机发送的控制指令或数据信息。未被寻址的从机,因为 SM2＝1,RB8＝0,对主机发送的信息不接收,不产生中断。

若主机要和其他的从机通信,可以再次发送地址帧寻呼从机,重复上述过程。

单片机多机通信时也是通过一定的协议约定双方的工作流程。与点对点通信类似。程序也分为主机通信程序和从机通信程序两大部分。

9.3.5　MCS-51 单片机串行口应用

1. 编程发送班级编号

1)编程要求

编写程序,发送自己班级的编号(4 位数)。

2)编程思路

采用方式 1,波特率 9600b/s,发送数据,定时器工作于方式 2,自动重装初值,初值为 0xFD。先把班级编号进行数据分离,保存到发送缓存区,然后分 4 次发送。其程序流程如图 9-17 所示。

3)编写程序

根据编程思路,按程序流程编写程序如下:

图 9-17　发送班级
编号程序流程

```
# include < reg51. h>
unsigned char send_buf[4];
/ ************ 串口初始化函数 **************** /
void uart_Init(void)
{
    SCON = 0x50;
    PCON = 0x00;
    TMOD = 0x21;
    TL1 = 0xFD;
    TH1 = 0xFD;
    TR1 = 1;
}
/ ************* 数据处理函数 **************** /
void dat_Change(unsigned char dat)
{
    send_buf[0] = dat/1000;
    send_buf[1] = dat % 1000/100;
    send_buf[2] = dat % 1000 % 100/10;
    send_buf[3] = dat % 1000 % 100 % 10;
}
/ ************ 向串口发送一个字符函数 **************** /
void send_char(unsigned char ch)
{
  SBUF = ch;                        //发数据
  while (TI == 0);                  //等待发完
  TI = 0;
}
/ ************ 主函数 **************** /
main()
{
    unsigned char i;
    uart_Init();                    //初始化串口
    dat_Change( **** )              //星号为 4 位班级编号
    for(i = 0;i < 4;i++)
    {
      send_char(send_buf[i]);
    }
    while(1);
}
```

2. 编写程序实现接收 1 字节数据

1) 编程要求

编写程序接收 1 字节数据，并用数码管显示。

2) 编程思路

用中断方式接收数据，采用方式 1 接收，波特率为 9600b/s，接收到数据后进行数据处理，然后用数码管显示。主程序流程如图 9-18 所示。中断服务程序流程如图 9-19 所示。

3) 编写程序

根据编程思路，按程序流程编写程序如下：

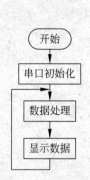

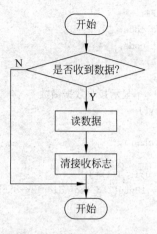

图 9-18　主程序流程　　　　　　图 9-19　中断服务程序流程

```c
#include <reg51.h>
unsigned char buf_RE[1];
unsigned char display_dat[3];
unsigned char bit_array[3] = {0xFE,0xFD,0xFB};
unsigned char led_seg[] = {0x3F,0x06,0x5B,0x4F,0x66,0x6D,0x7D,0x07,0x7F,0x6F};
/ ************** 延迟函数 ************ /
void delay(unsigned char t)
{
    unsigned char j,k;
     for (k = 0;k < t;k++)
        for (j = 0;j < 120;j++);
}
/ ************** 串口初始化函数 **************** /
void uart_Init(void)
{
    SCON = 0x50;
    PCON = 0x00;
    TMOD = 0x21;
    TL1 = 0xFD;
    TH1 = 0xFD;
    TR1 = 1;
    ES = 1;
    EA = 1;
}
/ ************** 数据处理函数 **************** /
void dat_Change(unsigned char dat)
{
    display_dat[0] = dat/100;
    display_dat[1] = dat % 100/10;
    display_dat[2] = dat % 100 % 10;
}
/ ************** 显示 1 位数据函数 **************** /
void display_1Byte(unsigned char seg_code,unsigned char bit_code)
{
```

```
        P2 = 0xFF;
        P0 = seg_code;
        P2 = bit_code;
        delay(1);
    }
/ ************* 显示接收数据函数 ************* /
void display()
{
    unsigned char i;
    {
        for(i = 0;i < 3;i++)
        display_1Byte(led_seg[ display_dat[i]],bit_array[i]);
    }
}
/ ************* 主函数 ************* /
main()
{
    uart_Init(); //初始化
    while(1)
    {
        dat_Change(buf_RE[0]);
        display();
    }
}
/ ************* 中断接收函数 ************* /
void serial () interrupt 4 using 3
{
    if(RI == 1)
    buf_RE[0] = SBUF; //读出数据
    RI = 0;
}
```

3. 编写单机通信主机通信程序

1）编程要求

按简单通信协议：1 位起始位、8 位数据、1 位停止位、无奇偶校验位、波特率为 9600b/s，传递数据。主动发送从机编号信号 0x01，收到从机应答信号 0x01 后，向从机发送 1 字节数据，收到从机成功接收信号 0x0F 后，停止发送。

2）编程思路

采用查询方式，波特率为 9600b/s，初始化串口后，按协议流程接收和发送信号，程序流程如图 9-20 所示。

3）编写程序

根据编程思路，编写程序如下：

```
/ ******** 预定义及全局变量部分 ******* /
# include < reg51. h >
/ * 程序协议中使用的信号 * /
# define __RDY_ 0x01                    //主机开始通信时发送的呼叫信号
# define __OK_ 0x01                      //从机准备好
```

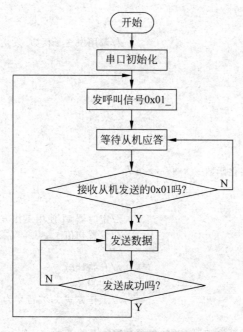

图 9-20　主机通信程序流程

```
#define __SUCC_ 0x0F                         //数据传送成功
/*声明子函数*/
void init_serial();                          //串口初始化
recv_data(unsigned char *buf);               //接收数据
void send_data(unsigned char *buf);
/*定义数据类型*/
unsigned char BUF[1] = {0x03};
/************** 主函数 *************** /
main()
{
  unsigned char tmp;
  init_serial();
  while(1)
  {
    tmp = 0xFF;
    /* 发送呼叫信号 0x01 */
    TI = 0;
    SBUF = __RDY_;
    while(!TI);
    TI = 0;
    /* 接收应答信息,如果接收的信号为 0x01,表示从机允许接收 */
    while(tmp != __OK_)
    {
      RI = 0;
      while(!RI);
      tmp = SBUF;
      RI = 0;
    }
    /*发送数据并接收从机接收完毕信息*/
```

```
    while(tmp != __SUCC_)
    {
      send_data(BUF);                        //调用发送子函数,发送数据
      RI = 0;
      while(!RI);
      tmp = SBUF;
      RI = 0;
    }
  }
}
/ *********** 串口初始化函数 *********** /
void init_serial(void)
{
    TMOD = 0x20;                            //定时器 T1 使用工作方式 2
    TH1 = 250;                              //设置初值
    TL1 = 250;
    TR1 = 1;                                //开始计时
    PCON = 0x80;                            //SMOD = 1
    SCON = 0x50;                            //工作方式 1,波特率为 9600b/s,允许接收
}
/ *************** 发送数据函数 *************** /
void send_data(unsigned char * buf)
{
    SBUF = * buf;                           //发送数据
    while(!TI);
    TI = 0;
}
```

4. 编写单机通信从机通信程序

1) 编程要求

按简单通信协议：1 位起始位、8 位数据、1 位
停止位、无奇偶校验位、波特率为 9600b/s,传递数
据,收到主机发送的呼叫信号 0x01,发送 0x01 然后
接收主机发送来的 1 字节数据,最后发送成功接收
信号 0x0F。

2) 编程思路

采用查询方式,波特率为 9600b/s,初始化串口
后,按协议流程接收和发送信号,程序流程如图 9-21
所示。

3) 编写程序

根据编程思路,编写程序如下：

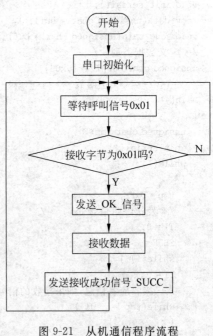

图 9-21　从机通信程序流程

```
/ ********* 预定义及全局变量部分 ******* /
# include < reg51. h >
/ ****** 程序协议中使用的信号 *************** /
# define __RDY_ 0x01                        //主机开始通信时发送的呼叫信号
# define __OK_ 0x01                         //从机准备好信号
```

```
#define __SUCC_ 0x0F                           //数据传送成功
/ ***************** 声明子函数 ************** /
void init_serial( );                           //串口初始化
void recv_data(unsigned char * buf);           //接收数据
void send_data(unsigned char ch);
/ ***************** 定义数组 ************** /
unsigned char BUF[1];
/ ************* 主函数 ************ /
main()
{
  unsigned char tmp;
  / * 串口初始化 * /
  init_serial();
  EA = 0;                                      //关闭所有中断
  / ************** 进入设备应答阶段 ************** /
  while(1)
  {
      tmp = 0xFF;
      / * 如果接收到的数据不是呼叫信号__RDY_,则继续等待 * /
      while(tmp != __RDY_)
      {
          RI = 0;
          while(!RI);
          tmp = SBUF;
          RI = 0;
      }
      / * 发送__OK_信号表示可以接收数据 * /
      TI = 0;
      SBUF = __OK_;
      while(!TI);
      TI = 0;
      / * 数据接收 * /
      recv_data(BUF);                          //接收数据
      send_data(__SUCC_);                      //完毕发成功信号
  }
}
/ ************** 串口初始化函数 ************** /
void init_serial(void)
{
    TMOD = 0x20;                               //定时器 T1 使用工作方式 2
    TH1 = 250;                                 //设置初值
    TL1 = 250;
    TR1 = 1;                                   //开始计时
    PCON = 0x80;                               //SMOD = 1
    SCON = 0x50;                               //工作方式 1,波特率为 9600b/s,允许接收
}
/ ************** 接收数据函数 ************** /
void recv_data(unsigned char * buf)
{
```

```
    while(!RI);
     * buf = SBUF;                              //接收数据
    RI = 0;
}
/ ************** 发送数据函数 ************** /
void send_data(unsigned char ch)
{
    TI = 0;
    SBUF = ch;
    while(!TI);
    TI = 0;
}
```

9.4 项 目 实 施

9.4.1 远程报警器总体设计思路

基本功能部分的实现思路：用两个单片机控制，一个为主机，一个为从机，从机的 P1.0、P1.1 作为警点状态信号输入端（低电平表示状态正常，高电平表示状态异常），读取警点状态信号。用数码管显示状态代码，并向主机发送警点状态代码。主机接收从机发送的报警信号，并用 LCD1602 显示警点状态代码。异常时，蜂鸣器发声，发光二极管闪烁发光实现报警，总体框图如图 9-22 所示。

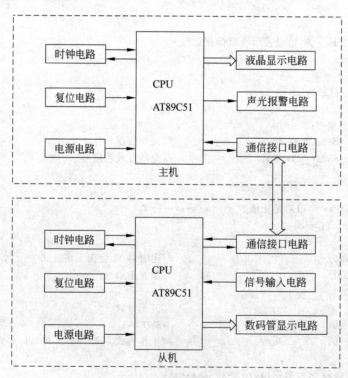

图 9-22 远程报警器总体框图

9.4.2 设计远程报警器硬件电路

主机用 AT89C51 控制、11.0592MHz 时钟,上电复位方式,液晶 LCD1602 作为显示、发光作为报警指示。P0 端口的 P0.0~P0.7 用作 LCD1602 显示数据输出端口,P2 口的 P2.0、P2.2 用作液晶控制端口;P3 口的 P3.0、P3.1 用作通信端口;P1.0 和 P1.3 用作声光报警端口,采用发光二极管闪烁和蜂鸣器蜂鸣作为报警器件,硬件电路如图 9-23 所示。

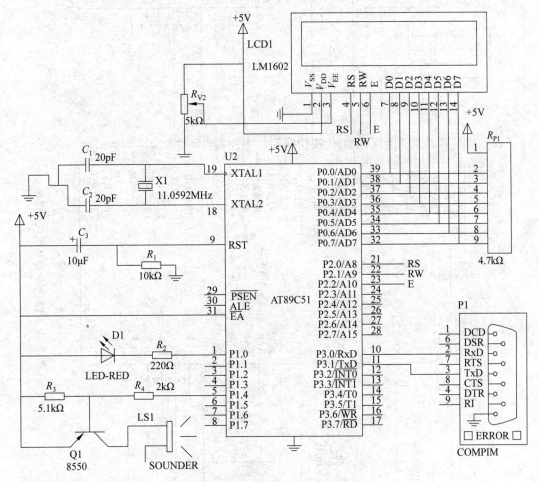

图 9-23 远程报警器主机硬件电路

从机用 AT89C51 控制、11.0592MHz 时钟,上电复位方式,数码管作为显示、声光作为报警指示。P0 端口用作数码管显示数据输出端口,P2 端口用作数码管位选端口,P3.0、P3.1 作为通信端口。P1.0 和 P1.1 作为报警信号输入端口,硬件电路如图 9-24 所示。

9.4.3 设计远程报警器程序

1) 编程思路

为了通信的稳定,使用简单的通信协议:主机、从机均工作在通信方式 1,波特率为 9600b/s。从机发送主机的编号(如 0x06),主机发送应答信号(如主机编号 0x06),从机收到应答后发送数据长度 1,接着发送 1 字节警点状态代码(0 表示正常、1 表示警点 1 异常、2 表

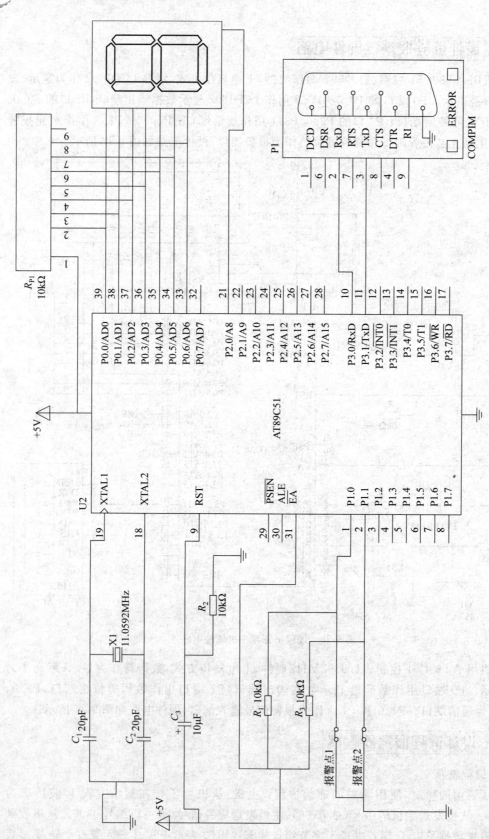

图 9-24　远程报警器从机硬件电路

示警点 2 异常、3 表示警点 1 与 2 均异常），主机接收完 1 字节数据后发送接收成功信号（如 0x0F），从机收到接收成功信号后停止发送数据。

主机采用中断接收与发送方式不断接收从机发送的警点状态信号，显示信息，判断并发出声光报警。主机主程序流程如图 9-25 所示，中断服务程序流程如图 9-26 所示。

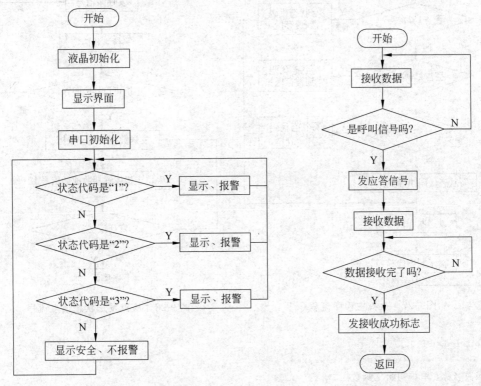

图 9-25　主机主程序流程　　　　　　　图 9-26　中断服务程序流程

从机不断监测警点状态，发送状态代码到主机，并用数码管显示。接收与发送均采用查询方式。从机主程序流程如图 9-27 所示。发送状态信息流程如图 9-28 所示。

2）编写程序

根据硬件电路、流程设计程序，通信部分程序如下：

（1）主机通信部分参考程序

```
/ ********** 头文件包含宏定义 ********* /
# include < reg51.h >
# include "LCD1602.h"
# define __MAX_LEN_ 16                      //数据最大长度
/ ********* 以下为程序协议中使用的握手信号 ****** /
# define __RDY_ 0x06                        //主机开始通信时发送的呼叫信号
# define __OK_ 0x06                          //从机准备好
# define __SUCC_ 0x0F                        //数据传送成功
unsigned char buf_RE[__MAX_LEN_];
void init_serial();                          //串口初始化
unsigned char recv_data(unsigned char * buf); //接收数据
sbit buzzer = P1^4;
```

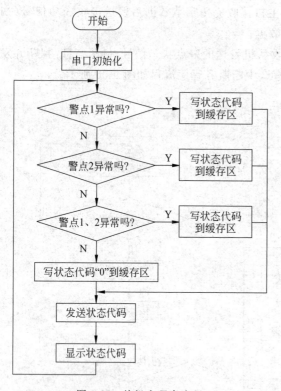

图 9-27　从机主程序流程

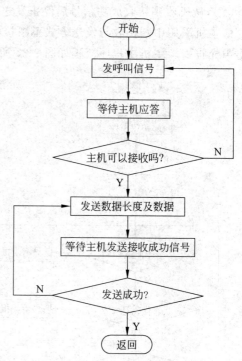

图 9-28　从机发送状态信息流程

```
sbit led = P1^0;
/ *********************************
函数名称：串口初始化函数
函数功能：串口初始化
入口参数：无
出口参数：无
********************************* /
void init_serial(void)
{
    TMOD = 0x20;              //定时器 T1 使用工作方式 2
    TH1 = 250;                //设置初值
    TL1 = 250;
    TR1 = 1;                  //开始计时
    PCON = 0x80;              //SMOD = 1
    SCON = 0x50;              //设置串行口波特率为 9600b/s,方式 1,并允许接收
    ES = 1;
    EA = 1;                   //开所有中断
    PS = 1;
}
/ *********************************
函数名称：接收数据函数
函数功能：接收数据
入口参数：数据保存地址指针 * buf
出口参数：数据接收完成状态
```

```
************************************** /
unsigned char recv_data(unsigned char * buf)
{
    unsigned char i,len;                        //该字节用于保存数据长度
    RI = 0;
    while(!RI);
    len = SBUF;                                 //接收数据长度
    RI = 0;
    for(i = 0; i < len; i++)
    {
        while(!RI);
        * buf = SBUF;                           //接收数据
        RI = 0;
        buf++;
    }
    SBUF = __SUCC_;                             //发 0x0F
    while(!TI);
    TI = 0;
    return 0;                                   //返回 0
}
/ ******** 中断服务函数 *********** /

void serial()interrupt 4 using 2
{
    unsigned char i = 0;
    unsigned char tmp = 0xFF;
    tmp = SBUF;
    / ******* 进入设备应答阶段 ******** /
    while(tmp != __RDY_)
    {
        tmp = SBUF;
        RI = 0;
    }
    TI = 0;                                     //否则发送__OK_信号(0x06)表示可以接收数据
    SBUF = __OK_;
    while(!TI);
    TI = 0;
    / *********** 数据接收 *********** /
    tmp = 0xFF;
    while(tmp == 0xFF)
    {
        tmp = recv_data(buf_RE);
    }
}
```

(2) 从机通信部分参考程序

```
/ ********** 头文件包含宏定义 ********* /
# include < reg51.h >
sbit point_1 = P1^0;
sbit point_2 = P1^1;
```

```
/*  以下为程序协议中使用的握手信号  */
#define __RDY_ 0x06                        //主机开始通信时发送的呼叫信号
#define __OK_ 0x06                         //从机准备好
#define __SUCC_ 0x0F                       //数据传送成功
#define __ERR_ 0xF0                        //数据传送错误
unsigned char buf[1];
/ *********************************
函数名称：串口初始化函数
函数功能：串口初始化
入口参数：无
出口参数：无
********************************* /
void uart_Init(void)
{
    TMOD = 0x20;                           //定时器 T1 使用工作方式 2
    TH1 = 250;                             //设置初值
    TL1 = 250;
    TR1 = 1;
    PCON = 0x80;                           //SMOD = 1
    SCON = 0x50;                           //工作方式 1,波特率 9600b/s,允许接收
}
/ *********************************
函数名称：发送数据函数
函数功能：发送数据
入口参数：发送数据 ch
出口参数：无
********************************* /
void send_data(unsigned char ch)
{
    TI = 0;
    SBUF = 0x01;                           //发送长度
    while(!TI);
    TI = 0;
    SBUF = ch;                             //发送数据
    while(!TI);
    TI = 0;
}
/ *********************************
函数名称：从串口接收一个字符函数
函数功能：从串口接收一个字符
入口参数：无
出口参数：接收的数据 dat
********************************* /
unsigned char receive_char(void)
{
    unsigned char dat;
    RI = 0;
    while(!RI);
    dat = SBUF;
    RI = 0;
    return dat;
```

```
}
/ ************************************
函数名称: 从机通信流程函数
函数功能: 与主机应答
入口参数: 无
出口参数: 无
************************************* /
void sendtemp(void)
{
    unsigned char tmp = __ERR_ ;
    send_char(0x06);                          //发送呼叫信号
    while(tmp != __OK_)                        //等待应答
    {
        tmp = receive_char();
    }
    tmp = __ERR_;
    while(tmp != __SUCC_)                      //发送数据并接收成功信号
    {
        send_data(buf[0]);                    //发送数据
        RI = 0;
        while(!RI);
        tmp = SBUF;
        RI = 0;
    }
}
```

9.4.4　仿真远程报警器

(1) 利用 Keil μVision2 的调试功能,根据错误提示,找到错误代码,排除各种语法错误,编译成 hex 文件。

(2) 通过对端口、子函数入口参数赋值、变量赋值,对存储空间、寄存器、端口、变量数据观察,用单步调试的方式调试程序。

串口通信部分的可通过两种方法调试。一种方法是通过命令窗口输入两条命令:

```
mode < com1 > 9600,0,8,1
assign < com1 >< sin > sout
```

把单片机串口绑定到计算机(PC)的串口,用串口通信调试软件接收与发送数据,用 Keil 的模拟串口进行调试。

另一种方法是用虚拟串口软件 VSPD XP5.1 虚拟串口,用 Proteus 仿真软件与串口调试软件进行仿真调试。

(3) 用 Proteus 仿真软件,按硬件电路设计仿真模型,进行仿真调试。

主机仿真模型如图 9-29 所示。调试时,让串口调试助手模拟从机按通信协议与主机通信。例如,从机(十六进制数)发送 0x06、待收到 0x06 后,再发 0x01、0x01,主机在收到 0x01、0x01 后,发送 0x0F,液晶上显示异常位置,并声光报警。

从机仿真模型如图 9-30 所示。调试时,让串口调试助手模拟主机按通信协议与从机通信。例如,主机(十六进制数)待收到 0x06 后,再发 0x06,从机在收到 0x06 后,发送警点状

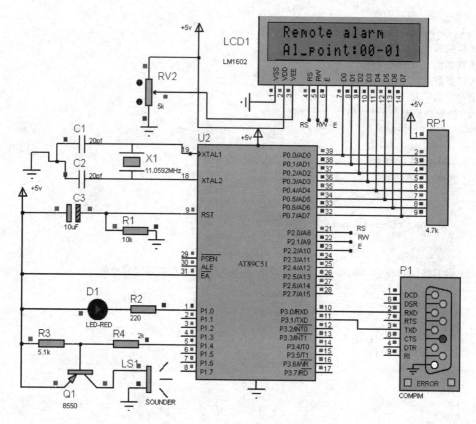

图 9-29 主机仿真模型

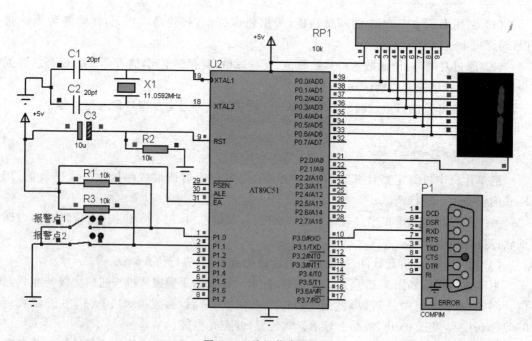

图 9-30 从机仿真模型

态信息编码：0x01、0x01，数码管显示状态信息编码。

　　主机、从机单独调试仿真成功后，可进一步对主机进行从机联机仿真调试，但要求计算机配置 Proteus 较高的版本。

9.4.5　调试远程报警器

　　(1) 仿真调试成功后，按硬件电路把元件安装焊接在实验板上，并进行静态和动态检测。

　　(2) 烧录 hex 文件，运行程序，如不能运行，先排除各种故障(供电、复位、时钟，内外存储空间选择、软硬件端口应用、串口数据线连接方式等)。

　　(3) 测试通信报警功能，通信是否稳定与正确。

　　(4) 如没有达到性能指标，调整电路或元件参数、优化程序，重新调试、编译、下载、运行程序，测试性能指标。

9.5　拓 展 训 练

　　1. 设计制作远程报警系统，实现多机通信报警。
　　2. 查找步进电机控制资料，设计云台制作控制系统。

设计制作数据复制仪

10.1 学 习 目 标

（1）了解 I^2C 通信协议。

（2）了解 I^2C 器件时序及应用。

（3）掌握 MCS-51 系列单片机与 I^2C 总线存储器 AT24C02 接口应用的方法。

（4）熟练掌握 C51 复杂程序设计的方法。

10.2 项 目 描 述

1. 项目名称

设计制作数据复制仪

2. 项目要求

（1）用 Keil C51、Proteus 作为开发工具。

（2）用 AT89C51 单片机控制。

（3）能实现从一片 AT24C02 指定地址读出 6 字节数据，并复制到另一片 AT24C02 的指定地址。

（4）复制完毕，具有校对、提示功能。

（5）发挥功能，进行器件好坏判断，大数据复制等。

3. 设计制作任务

（1）拟订总体设计制作方案。

（2）设计硬件电路。

（3）编制软件流程图及设计相应源程序。

（4）仿真调试数据复制仪。

（5）安装元器件，制作数据复制仪，调试功能指标。

（6）完成项目报告。

10.3　相关知识

10.3.1　I²C总线与器件

I²C总线是由 Philips 公司开发的一种简单、双向二线制同步串行总线。只需两根线就可以与总线上的器件传送信息。

I²C总线电气标准如下。

(1) 两线制,SDA 和 SCL。

(2) 标准模式下速率达 100Kb/s,快速模式下可达 400Kb/s。

(3) 总线上器件地址由器件内部硬件和外部地址引脚同时决定。

(4) 同步时钟允许以不同速率进行通信。

(5) 片上滤波器可以滤除干扰信号,传送稳定。

(6) 采用开漏工艺,SDA 和 SCL 需接上拉电阻。

I²C总线协议定义如下。

(1) 只有在总线空闲时才允许启动数据传送。I²C总线的 SDA 和 SCL 两条信号线同时处于高电平时,为总线的空闲状态。此时各个器件的输出级场效应管均处在截止状态,即释放总线,由两条信号线各自的上拉电阻把电平拉高。

(2) 数据传送由产生串行时钟和所有起始、停止信号的主器件控制。在数据传送过程中,当时钟线为高电平时,数据线必须保持稳定状态,不允许有跳变。时钟线为高电平时,数据线的任何电平变化将被看作总线的起始或停止信号。

① 起始信号:时钟线保持高电平期间,数据线电平从高到低的跳变作为 I²C 总线的起始信号。

② 停止信号:时钟线保持高电平期间,数据线电平从低到高的跳变作为 I²C 总线的停止信号。

(3) 应答信号。发送器每发送一个字节,就在时钟脉冲 9 期间释放数据线,由接收器反馈一个应答信号。应答信号为低电平时,规定为有效应答位(简称应答位,ACK),表示接收器已经成功地接收了该字节;应答信号为高电平时,规定为非应答位(NACK),一般表示接收器接收该字节没有成功。对于反馈有效应答位的要求是,接收器在第 9 个时钟脉冲之前的低电平期间将 SDA 线拉低,并且确保在该时钟的高电平期间为稳定的低电平。如果接收器是主控器,则在它收到最后一个字节后,发送一个 NACK 信号,以通知被控发送器结束数据发送,并释放 SDA 线,以便主控接收器发送一个停止信号。

(4) 任何将数据传送到总线的器件作为发送器。任何从总线接收数据的器件为接收器。主器件和从器件都可以作为发送器或接收器,但是由主器件控制传送数据(发送或接收)的模式。

(5) 数据的传送。在 I²C总线上传送的每一位数据都有一个时钟脉冲相对应(或同步控制),即在 SCL 串行时钟的配合下,在 SDA 上逐位地串行传送每一位数据。数据位的传输是边沿触发。

(6) 数据的有效性。I²C总线进行数据传送时,时钟信号为高电平期间,数据线上的数据必须保持稳定，只有在时钟线上的信号为低电平期间，数据线上的高电平或低电平状态才允许变化。即数据在 SCL 的上升沿到来之前就需准备好，并在下降沿到来之前必须稳定。

10.3.2 AT24C02 引脚功能

AT24C02 是美国 Atmel 公司的低功耗 CMOS 型 EEPROM，与 CAT24WC01/02/04/08/16 为同一系列。内含 256×8 位存储空间，具有工作电压宽（2.5～5.5V）、擦写次数多（大于 10000 次）、写入速度快（小于 10ms）、抗干扰能力强、数据不易丢失、体积小等特点。采用 I^2C 总线式进行数据读写的串行器件，占用很少的资源和 I/O 线，且支持在线编程，实时存取数据十分方便。

如图 10-1 所示，双列直插式封装的 AT24C02，引脚功能如下。

SCL：串行时钟。用于产生器件所有数据发送或接收的时钟，输入引脚。供电电压为 1.8～2.5V 时，频率最大为 100kHz，供电电压为 4.5～5V 时，频率最大为 400kHz。

SDA：串行数据/地址，用于器件所有数据的发送或接收，SDA 是开漏输出引脚，可与其他开漏输出或集电极开路输出进行线或。

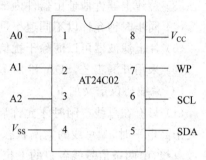

图 10-1 AT24C02 引脚分布

A0、A1、A2：器件地址输入端。用于多个器件级联时设置器件地址，当这些脚悬空时默认值为 0（24WC01 除外）。当使用 24WC01 或 24WC02 时最大可级联 8 个器件，如果只有一个 24WC02 被总线寻址，这三个地址输入脚 A0、A1、A2 可悬空或连接到 V_{SS}。

WP：写保护。如果 WP 引脚连接到 V_{CC}，所有的内容都被写保护，只能读。当 WP 引脚连接到 V_{SS} 或悬空，允许器件进行正常的读/写操作。

V_{CC}：电源输入。1.8～6V 工作电压。

V_{SS}：电源地。

10.3.3 AT24C02 与单片机硬件连接

按 I^2C 总线电气标准，AT24C02 与硬件接口结构如图 10-2 所示，数据线和时钟线须接上拉电阻。

10.3.4 AT24C02 时序与实现

1. AT24C02 时序

AT24C02 支持 I^2C 总线协议，I^2C 总线时序如图 10-3 所示。读写周期时序如图 10-4 所示。

当对 AT24C02 操作时，在总线空闲状态发送起始信号后，主器件向总线传送的第一个字节数据是器件的地址，第二个字节是要操作的器件的内部 RAM 地址，第三个字节传送开始数据，最后是停止信号。每传送一个字节信号后，接收器将使 SDA 拉低，产生应答信号。

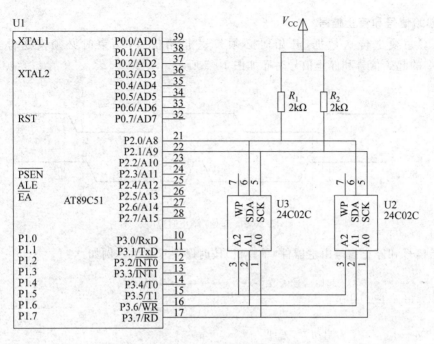

图 10-2　AT24C02 接口结构

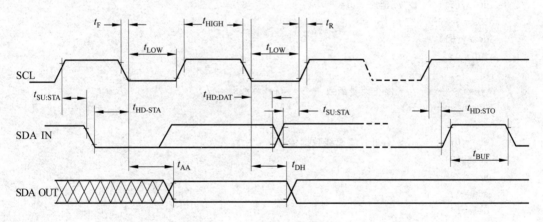

图 10-3　I²C 总线时序

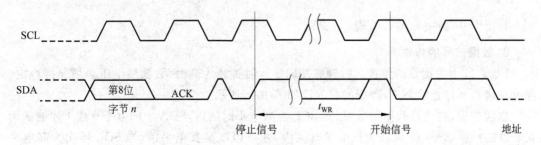

图 10-4　读写周期时序

2. 起始信号和停止信号

在 I²C 总线上传送数据，开始时必须发送起始信号，结束时必须发送停止信号，AT24C02 的起始信号和停止信号时序如图 10-5 所示。

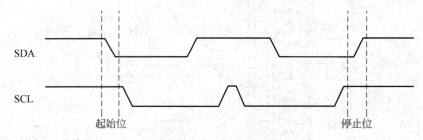

图 10-5　起始/停止时序

起始信号和停止信号由主器件(单片机)按时序要求产生。例如：

```
/ ****************** 起始信号函数 ****************** /
void  iic_start(void)
{
    SDA = 1;           //启动 I²C 总线
    SCL = 1;
    delay(5);          //延迟 5μs
    SDA = 0;
    delay(5);
    SCL = 0;
}
/ ****************** 停止信号函数 ****************** /
void  iic_stop(void)
{
    sda = 0;           //停止 I²C 总线数据传送
    delay(2);
    scl = 1;
    sda = 1;
    delay(3);
    scl = 0;
}
```

程序中 delay() 为延迟函数。

3. 数据信号的传送

I²C 总线上数据位的传送与时钟脉冲同步。时钟线为高时，数据线电压必须保持稳定，除非在启动和停止状态下，数据的有效性如图 10-6 所示。

也就是说，在进行数据传送时，在 SCL 为高电平时间内，SDA 上的电平 0 或 1 才被认为是有效的数据信号，在 SCL 为低电平时间内，才可以改变其电平值，当 SCL 再次为高电平时，SDA 上新的电平信号被认为是新一位数据信号，以此来传送数据。如果时钟线为高时，SDA 上的电平不稳定，发生跳变，将会被识别为起始信号或者停止信号。

写入与读出参考函数如下：

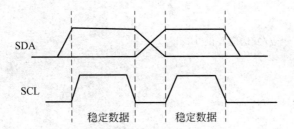

图 10-6 I^2C 总线有效性示意图

```
/ ****************** 写 8b 函数 ****************** /
void write - Byte(unsigned char dat)
{
    unsigned char i;
    for (i = 0;i < 8;i++)
    {
        dat = dat ≪ 1;scl = 0;sda = CY;delay5us();scl = 1;
    }
    scl = 0;
    sda = 1;
}
/ ****************** 读 8b 函数 ****************** /
unsigned char read_1Byte()
{
    unsigned char i,j,k = 0;
    scl = 0;
    sda = 1;
    for (i = 0;i < 8;i++)
    {
        scl = 1;
        if(sda == 1)j = 1;
        else j = 0;
        k = (k ≪ 1)|j;
        scl = 0;
    }
    return(k);
}
```

4. 应答信号及应答查询

在 I^2C 总线上数据传送时,开始信号和结束信号之间传送数据的字节数没有限制。但是,每成功地传送 1 字节(8b)数据后,接收器必须产生一个应答信号,应答的器件在第 9 个时钟周期时将 SDA 线拉低表示其已收到一个 8 位数据。AT24C02 在接收到起始信号和从器件地址之后产生应答信号;如果器件已选择了写操作,则在每接收 1 字节之后发送一个应答信号。

当 AT24C02 工作于读模式时,在发送一个 8 位数据后释放 SDA 线并监视一个应答信号。一旦收到应答信号,则继续发送数据,若主器件没有发送应答信号,器件停止传送数据并等待产生一个应答信号。发送应答位参考程序代码如下:

```
/ ****************** 发送应答子函数 ****************** /
```

```
void ack(void)
{
    SDA = 0;            //发送应答位 0
    SCL = 1;
    delay2us();
    SDA = 1;
    SCL = 0;
}
```

同样，主控制器发送 1 字节数据后要查询应答位。

响应应答位参考程序代码如下：

```
/ ****************** 应答位检查子函数 ****************** /
void check_ack(void)
{
    SDA = 1;            //应答位检查(读端口先向端口写 1)
    SCL = 1;
    nackFlag = 0;       //nackFlag 应答标志
    if(SDA == 1)        //若 SDA = 1 表明非应答，置位非应答标志 F0
    nackFlag = 1;
    SCL = 0;
}
```

5. AT24C02 写操作

AT24C02 写操作分为字节写、页写两种方式。两种方式都是串行传送的。

1) 字节写

在字节写的模式下，主器件首先给从器件发送起始命令和从器件地址信息（R/W 位置 0），从器件产生应答信号后，主器件发送 AT24C02 的字节地址，主器件收到从器件的另一个应答信号后，再发送 1 字节数据到被寻址的存储单元。从器件再次应答，并在主器件产生停止信号后开始内部数据擦写，在内部擦写过程中，从器件不再应答主器件的任何请求。

写 1 字节数据的程序流程如图 10-7 所示。

2) 页写

用页写 AT24C02 可以一次写入 8 字节的数据，页写操作的启动和字节写一样，不同在于传送了一字节数据后，并不产生停止信号。主器件被允许发送 P（AT24C02，P=15）个额外的字节，每发送 1 字节数据

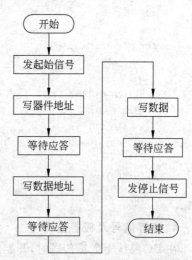

图 10-7　写 1 字节数据的程序流程

后，AT24C02 产生一个应答位（以一个 0 来响应），并将字节地址低位加 1，高位保持不变。如果在发送停止信号之前，主器件发送超过 P+1 字节，地址计数器将自动翻转，先前写入的数据被覆盖。接收到 P+1 字节数据和主器件发送的停止信号后，AT24C02 启动内部写周期，将数据写到数据区。所有接收的数据在一个写周期内写入，控制器必须以一个停止条件来终止页写入序列，页写流程如图 10-8 所示。

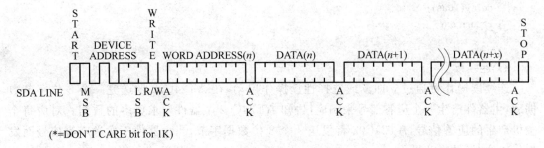

(*=DON'T CARE bit for 1K)

图 10-8　页写流程

6. AT24C02 读操作

对 AT24C02 读操作的初始化方式和写操作一样,仅把 R/W 位置为 1,有三种不同的读操作方式:立即地址读、选择性读和连续读。

1) 立即地址读

AT24C02 的地址计数器内容为最后操作字节的地址加 1,若上次读写的操作地址为 N,则立即读的地址从地址 N＋1 开始。若 N＝E (24WC02,E＝255),则计数器将翻转到 0,且继续输出数据。AT24C02 接收到从器件地址信号后,R/W 位置 1,首先发送一个应答信号,然后发送一个 8 位字节数据。主器件不需发送一个应答信号,但要产生一个停止信号。

2) 选择性读

选择性读操作允许主器件对寄存器的任意字节进行读操作。主器件首先通过发送起始信号、从器件地址及待读取的字节数据的地址。在 AT24C02 应答之后,主器件重新发送起始信号和从器件地址,此时 R/W 位置 1。AT24C02 响应并发送应答信号,然后输出所要求的一个 8 位数据。主器件不发送应答信号,但产生一个停止信号。选择性读程序流程如图 10-9 所示。

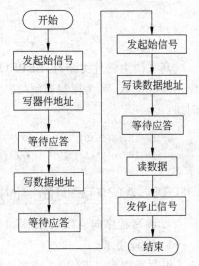

图 10-9　选择性读程序流程

例如,下面程序实现了选择性读 1 字节数据。

```
/ ******************** 选择性读 1 字节子函数 ******************** /
unsigned char x24c02_read(unsigned char address)
{
    unsigned char dat;
    start();                 //起始信号
    write_Byte (0xA0);       //写 AT24C02 写地址 10100000
    delay();                 //延迟代替应答检测
    write_Byte (address);    //写 AT24C02 内读数地址
    delay();
    start();
    write_Byte (0xA1);       //写 AT24C02 读地址(R/W＝1)
    delay();
    dat = read_Byte();
    stop();
```

```
        delay(10us);
        return dat;
    }
```

3）连续读

连续读操作可通过立即读或选择性读操作启动，在 AT24C02 发送完一个 8 位字节数据后，主器件产生一个应答信号来响应，告知 AT24C02 主器件要求更多的数据。对应每个主机产生的应答信号，AT24C02 将发送一个 8 位数据字节，当主器件不发送应答信号而发送停止位时，结束此操作。

从 AT24C02 输出的数据按顺序由 N 到 N+1 输出，读操作时，地址计数器在整个地址内增加，这样整个寄存器区域可在一个读操作内全部读出。当读取的字节超过 E（24WC02，E=255），计数器将翻转到 0，并继续输出数据字节。

7. 器件选择

在起始信号之后，必须进行器件寻址，器件寻址是通过写器件地址字节实现的。器件地址字节的结构如下：

AT24C02：

1	0	1	0	A2	A1	A0	R/W

高 4 位为器件类型符，EEPROM 一般为 1010，接下来 3 位 A2、A1、A0 为器件的地址位。最低位 R/W 为读写控制位，1 表示对从器件进行读操作，0 表示对从器件进行写操作。例如：

```
write_1Byte(0xA0);      //写入控制字 10100000 器件地址为 000，为写操作
write_1Byte(0xA1);      //写入控制字 10100011 器件地址为 001，为读操作
```

10.3.5　AT24C02 时序与应用

1. 编写程序向 AT24C02 写 1 字节数据

1）编程要求

编写程序向 AT24C02 指定地址写入 1 字节数据，并用数码管显示写入的内容。

2）编程思路

采用字节写模式写入数据，主程序流程如图 10-10 所示。

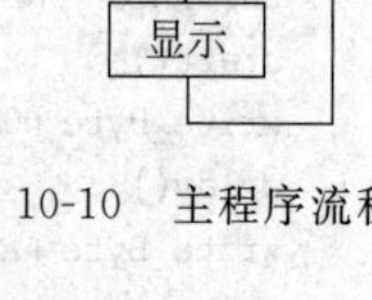

3）编写程序

根据设计思路、按流程编写程序如下：

```
#include<reg51.h>
#define dport P0
sbit scl = P3^1;          //定义 24c02 SCL 引脚
sbit sda = P3^2;          //定义 24c02 SDA 引脚
unsigned char bit_led[2] = {0xFE,0xFD};
unsigned char led_seg_code[] = {0x3F,0x06,0x5B,0x4F,0x66,0x6D, 0x7D,0x07,0x7F,0x6F};
unsigned char code write_buf[1] = {1};
/ ********** 开始总线函数 *************** /
```

图 10-10　主程序流程

```
void at24c02_init()
{
    scl = 1; sda = 1;
}
/ ********* 延迟函数 ************ /
void delay(unsigned char time)
{
    unsigned char i;
    for(i = 0; i < time; i++)
        ;
}
/ ********* 启动函数 ************ /
void iic_start()
{
    sda = 1;
    scl = 1;
    delay(2);
    sda = 0;
    delay(3);
    scl = 0;
}
/ ********* 停止函数 ************ /
void iic_stop()
{
    scl = 0;
    sda = 0;
    delay(2);
    scl = 1;
    sda = 1;
    delay(3);
}
/ ********* 写 8 位函数 ************ /
void write_1Byte(unsigned char dat)
{
    unsigned char i;
    for (i = 0; i < 8; i++)
    {
        dat = dat << 1;
        scl = 0;
        sda = CY;
        scl = 1;
    }
    scl = 0;
    sda = 1;
}
/ ********* 等待应答函数 ************ /
void Answer_instead()
{
    unsigned char i = 0;
    scl = 1;
    while((sda == 1)&&(i < 255))
```

```
    {
        i++;
    }
    scl = 0;
}
/********** 写 1B 到器件地址函数 *********** /
void at24c02_write(unsigned char address,unsigned char info)
{
    iic_start();
    write_1Byte(0xA0);        //写入控制字 10100000
    Answer_instead();
    write_1Byte(address);
    Answer_instead();
    write_1Byte(info);
    Answer_instead();
    iic_stop();
    delay(50);
}
/********** 显示 1 位数据函数 ********** /
void display_1Byte(unsigned char seg_code,unsigned char bit_code)
{
    P2 = 0xFF;
    P0 = seg_code;
    P2 = bit_code;
    delay(100);
}
/********** 主函数 *********** /
main()
{
    at24c02_init();
    at24c02_write(0,write_buf[0]);
    delay(50);
while(1)
    {
        display_1Byte(led_seg_code[write_buf [0]],bit_led[0]);
                        //假设是一个个位数
    }
}
```

2. 编写程序从 AT24C02 读 1 字节数据

1）编程要求

编写程序从 AT24C02 指定地址读出 1 字节数据，并显示。

2）编程思路

采用选择性读的模式读出存入指定空间，然后从存储空间读
出，用 1 位数码管动态显示，主程序流程如图 10-11 所示。

3）编写程序

根据设计思路、按流程编写程序如下：

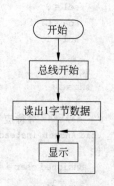

图 10-11　主程序流程

```
#include <reg51.h>
#define dport P0
sbit scl = P3^1;                    //定义 24c02 SCL 引脚
sbit sda = P3^2;                    //定义 24c02 SDA 引脚
unsigned char bit_led[2] = {0xFE,0xFD};
unsigned char led_seg_code[] = {0x3F,0x06,0x5D,0x4F,0x66,0x6D, 0x7D,0x07,0x7F,0x6F};
unsigned char data read_buf[1];
/ ********** 开始总线函数 *************** /
void at24c02_init()
{
    scl = 1; sda = 1;
}
/ ********* 延迟函数 ************ /
void delay(unsigned char time)
{
  unsigned char i;
  for(i = 0;i < time;i++);
  ;
}
/ ********* 启动函数 ************ /
void iic_start()
{
  sda = 1;
  scl = 1;
  delay(2);
  sda = 0;
  delay(3);
  scl = 0;
}
/ ********* 停止函数 ************ /
void iic_stop()
{
  scl = 0;
  sda = 0;
  delay(2);
  scl = 1;
  sda = 1;
  delay(3);
}
/ ********* 写 8 位函数 ************ /
void write_1Byte(unsigned char dat)
{
  unsigned char i;
  for (i = 0;i < 8;i++)
  {
    dat = dat << 1;
    scl = 0;
    sda = CY;
    scl = 1;
  }
  scl = 0;
```

```
        sda = 1;
    }
/ ********* 读 1 字节函数 ************ /
unsigned char read_1Byte()
{
    unsigned char i, j, k = 0;
    scl = 0; sda = 1;
    for (i = 0; i < 8; i++)
    {
        scl = 1;
        if(sda == 1)j = 1;
        else j = 0;
        k = (k << 1)|j;
        scl = 0;
    }
    return(k);
}
/ ********* 等待应答函数 ************ /
void Answer_instead()
{
    unsigned char i = 0;
    scl = 1;
    while((sda == 1)&&(i < 255))
    {
        i++;
    }
    scl = 0;
}
/ ********* 读函数 ************ /
unsigned char at24c02_read(unsigned char address)
{
    unsigned char dat;
    iic_start();
    write_1Byte(0xa0);        //写入控制字 10100000
    Answer_instead();
    write_1Byte(address);
    Answer_instead();
    iic_start();
    write_1Byte(0xa1);        //写入控制字 10100000
    Answer_instead();
    dat = read_1Byte();
    iic_stop();
    delay(10);
    return dat;
}
/ ********* 写 1B 到器件地址函数 *********** /
void at24c02_write(unsigned char address, unsigned char info)
{
 //EA = 0;
    iic_start(); write_1Byte(0xA0);
    Answer_instead();
```

```
    write_1Byte(address);
    Answer_instead();
    write_1Byte(info);
    Answer_instead();
    iic_stop();
 //EA = 1;
    delay(50);
}
/ ********* 显示 1 位数据函数 ********** /
void display_1Byte(unsigned char seg_code,unsigned char bit_code)
{
  P2 = 0xFF;
  P0 = seg_code;
  P2 = bit_code;
  delay(100);
}
/ ********* 主函数 ************ /
main()
{
    at24c02_init();
    read_buf[0] = at24c02_read(0);
    while(1)
    {
        display_1Byte(led_seg_code[read_buf[0]],bit_led[0]);
    }
}
```

10.4　项 目 实 施

10.4.1　数据复制仪总体设计

　　基本功能部分的实现思路：用 AT89C51 单片机控制，对 I²C 器件 AT24C02 采用字节写、选择性读模式，从存有数据器件的指定地址读出，保存到控制器的缓存区，然后写入另一 AT24C02 存储器指定地址，再从写入 AT24C02 的指定地址读出，与写入数据比较核对，判断复制的正确性，如正确则用蓝色发光二极管显示，不正确则用红色二极管显示，总体框图如图 10-12 所示。

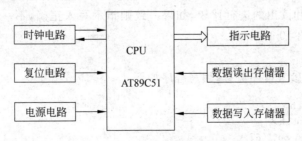

图 10-12　数据复制仪总体框图

10.4.2 设计数据复制仪硬件电路

用 AT89C51 控制、12MHz 时钟，上电复位方式，按键 S1 作为操作按键，2 个红蓝发光二极管作为状态提示。P1 端口的 P1.0～P1.2 用发光二极管指示端口，P1.7 作为按键端口，P3 口的 P3.1、P3.2 作为 I²C 存储器的 SDA、SCL 端口，器件 1 的 A0、A1、A2 接低电平，地址为 000，器件 2 的 A0 接高电平、A1、A2 接低电平，地址为 001，硬件电路如图 10-13 所示。

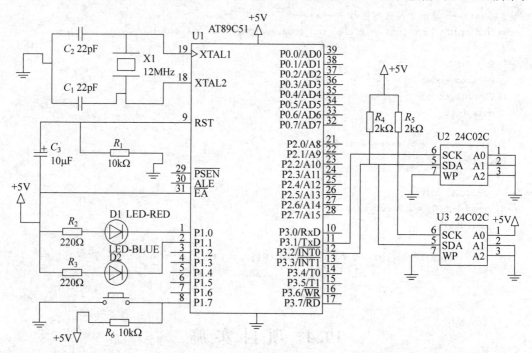

图 10-13　数据复制仪硬件电路

10.4.3 设计数据复制仪程序

1）编程思路

采用选择性读的模式，分 6 次从地址为 000 的 AT24C02 存储器件中，起始地址为 0 的 6 个连续空间读出数据，存入数组 1，采用字节写模式分 6 次写入数据，从数组写入地址为 001 的 AT24C02 存储器件的起始地址为 0 的 6 个连续存储空间，然后又从写入器件读出存入数组 2，把写入的和读出的进行比较，如果一致则指示写入正确，不一致则指示写入不正确。主程序流程如图 10-14 所示。

2）编写程序

根据硬件电路、参考程序流程，编写程序如下：

```
# include < reg51. h >
# include < intrins. h >
unsigned char read_buf1[6];

unsigned char read_buf2[6];
sbit SCL = P3^1;          //24c02 SCL
```

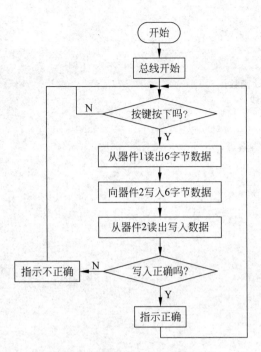

图 10-14　数据复制仪主程序流程

```
sbit SDA = P3^2;              //24c02 SDA
sbit led1 = P1^1;             //24c02 SDA
sbit led2 = P1^2;             //24c02 SDA
sbit S1 = P1^7;
/ *************************
函数名称:延时函数
函数功能:实现 cc * 10ms 延迟
入口参数:延迟量 cc
出口参数:无
************************* /
void delayms(unsigned int cc)
{
    unsigned int i,j;
    for(i = cc;i > 0;i-- )
    for(j = 113;j > 0;j-- );
}
/ *************************
函数名称:I²C 总线初始化函数
函数功能:I²C 总线初始化
入口参数:无
出口参数:无
************************* /
void IIC_init()
{
    SDA = 1;
    _nop_();
    _nop_();
    SCL = 1;
```

```
    _nop_();
    _nop_();
}
/ **************************
函数名称:I²C 总线启动函数
函数功能:启动 I²C 总线
入口参数:无
出口参数:无
 ************************** /
void IIC_start()
{
    SDA = 1;
    _nop_();
    _nop_();
    SCL = 1;
    _nop_();
    _nop_();
    SDA = 0;
    _nop_();
    _nop_();
}
/ **************************
函数名称:I²C 总线应答信号函数
函数功能:产生总线应答信号
入口参数:无
出口参数:无
 ************************** /
void IIC_respons()
{
    unsigned char i;
    SCL = 1;
    _nop_();
    _nop_();
    while((SDA == 1)&&(i < 255))
    {
        i++;
    }
    SCL = 0;
    _nop_();
    _nop_();
}
/ **************************
函数名称:I²C 总线停止信号函数
函数功能:产生总线停止信号
入口参数:无
出口参数:无
 ************************** /
void IIC_stop()
{
    SDA = 0;
    _nop_();
```

```
    _nop_();
    SCL = 1;
    _nop_();
    _nop_();
    SDA = 1;
    _nop_();
    _nop_();
}
/ ***************************
```

函数名称:写 1 字节函数
函数功能:写 1 字节数据
入口参数:写入数据 date
出口参数:无

```
*************************** /
void IIC_writebyte(unsigned char date)
{
    unsigned char i,j;
    j = date;
    for(i = 0;i < 8;i++)
    {
        j = j << 1;
        SCL = 0;
        _nop_();
        _nop_();
        SDA = CY;
        _nop_();
        _nop_();
        SCL = 1;
        _nop_();
        _nop_();
    }
    SCL = 0;
    _nop_();
    _nop_();
    SDA = 1;
    _nop_();
    _nop_();
}
/ ***************************
```

函数名称:读 1 字节函数
函数功能:读 1 字节数据
入口参数:无
出口参数:无

```
*************************** /
unsigned char IIC_readbyte()
{
    unsigned char i,j,k;
    SCL = 0;
    _nop_();
    _nop_();
    SDA = 1;
```

```
        for(i = 0;i < 8;i++)
        {
            _nop_();
            _nop_();
            SCL = 1;
            _nop_();
            _nop_();
            if(SDA == 1)
            {
                j = 1;
            }
            else j = 0;
            k = (k << 1)|j;
            SCL = 0;
            _nop_();
            _nop_();
        }
        _nop_();
        _nop_();
        return k;
}
/ **************************
函数名称:向指定地址写1字节函数
函数功能:向指定地址写1字节数据
入口参数:器件存储空间地址 address,数据 date
出口参数:无
************************** /
void IIC02_writedata(unsigned char number,unsigned char address,unsigned char date)
{
    IIC_start();
    IIC_writebyte(number); //0xa0
    IIC_respons();
    IIC_writebyte(address);
    IIC_respons();
    IIC_writebyte(date);
    IIC_respons();
    IIC_stop();
    delayms(10);
}
/ **************************
函数名称:从指定器件、指定地址读1字节函数
函数功能:从指定器件、地址读1字节数据
入口参数:器件地址 number,器件空间地址 address
出口参数:读出数据 dat
************************** /
unsigned char IIC02_readbyte(unsigned char number,unsigned char address)
{
    unsigned char dat;
    IIC_start();
    IIC_writebyte(number); //0xa0
    IIC_respons();
```

```
        IIC_writebyte(address);
        IIC_respons();
        IIC_start();
        IIC_writebyte(number + 1);        //0xa1
        IIC_respons();
        dat = IIC_readbyte();
        IIC_stop();
        delayms(10);
        return dat;
    }
    / ************ 主函数 ************ /
    main()
    {
        unsigned char i;
        IIC_init();                        //总线初始化
        led1 = 1;                          //关指示
        led2 = 1;
        while(1)
        {
            if(S1 == 0)                    //是否按键按下
            {
             delayms(10);                  //去抖动
             if(S1 == 0)
              {
                while(S1 == 0);            //等待释放
                …                          //复制数据,并比对是否正确
              }
            }
        }
    }
```

10.4.4 数据复制仪仿真

(1) 利用 Keil μVision2 的调试功能,根据错误提示,找到错误代码,排除各种语法错误,编译成 hex 文件。

(2) 通过对端口、子函数入口参数赋值、变量赋值,对存储空间、端口数据、变量数据观察,单步调试的方式调试函数和主程序。

(3) 按设计的硬件电路,为了直观看到复制的数据与读出一致,增加数码管显示,用Proteus 设计如图 10-15 所示的仿真模型,编写程序写入被复制器件 1,并读出复制到器件2,再从器件 2 读出与复制内容比较显示结果,进行仿真调试。

10.4.5 制作与调试数据复制仪

(1) 仿真调试成功后,按硬件电路把元器件安装焊接在电路板上,下载程序,进行静态和动态检测。

(2) 运行程序,如不能运行,先排除各种故障(供电、复位、时钟,内外存储空间选择、软硬件端口应用一致等方面)。

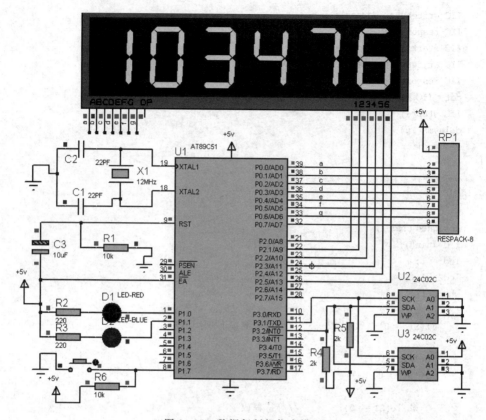

图 10-15 数据复制仪仿真模型

（3）按仿真模型，制作调试电路，观察复制的数据是否正确。

（4）如没有达到性能指标，调整电路或元器件参数、优化程序，重新调试、编译、下载、运行程序，测试性能指标。

10.5 拓展训练

1. 用 AD0809 设计制作数据采集器，将采集数据存入存储器 AT24C02。

2. 完善密码锁，实现密码重新设置与掉电存储功能。

设计制作数字钟

11.1 学习目标

(1) 掌握 MCS-51 系列单片机与时钟器件 DS1302 接口应用的方法。

(2) 巩固矩阵键盘接口应用技术。

(3) 巩固液晶接口应用技术。

(4) 熟练掌握 C51 程序设计的方法。

11.2 项目描述

1. 项目名称

设计制作数字钟

2. 项目要求

(1) 用 Keil C51、Proteus 作为开发工具。

(2) 用 AT89C51 单片机控制。

(3) 用 DS1302 作为计时器件。

(4) LCD 作为显示,显示时间:时、分、秒。

(5) 发挥功能,显示年、月、日,定时闹铃等。

3. 设计制作任务

(1) 拟订总体设计制作方案。

(2) 设计硬件电路。

(3) 编制软件流程图及设计相应源程序。

(4) 仿真调试数字钟。

(5) 安装元器件,制作数字钟,调试功能指标。

(6) 完成项目报告。

11.3　相关知识

11.3.1　结构体、联合体与枚举

1. 结构体

结构是由基本数据类型构成的，并用一个标识符来命名的各种变量的组合。结构中可以使用不同的数据类型。

1）结构体类型的定义

在 C51 中，结构也是一种数据类型，在使用结构变量时要先对其定义。定义的一般形式为：

```
struct 结构名
{
    成员表;
};
```

struct 是关键字，不能省略。结构名为结构体的名称，由用户命名，命名规则与标识符命名规则相符。

{}内为结构体，{}后分号是不可少。结构体内的成员表由若干个成员组成，每个成员都是该结构的一个组成部分，对每个成员也必须做类型说明，其形式为：

```
类型说明符 成员名;
```

成员名的命名应符合标识符的书写规定。

例如：

```
struct stu
{
    int num;                //第一个成员为 num,整型变量
    char name[20];          //第二个成员为 name,字符数组
    float high;             //第三个成员为 high,实型变量
};
```

struct 是关键字；stu 为结构名，由 3 个成员组成。

2）结构体类型变量的定义

结构体定义之后，只声明了一个新的数据类型，说明了结构 stu 的变量都由上述 3 个成员组成，只有定义了结构体类型的变量之后才能存储数据。结构体类型变量简称结构体变量。结构体变量定义的一般格式为：

```
struct 结构体名
{
  成员类型 变量名;
  成员类型 变量名;
  …
}结构体变量;
```

例如：

```
struct stu
{
    int num;
    char name[20];
    float high;
} stu1;
```

定义了一个结构体名为 stu 的结构体变量 stu1。

也可用已说明的结构体名定义结构体变量。例如,如果先说明了 struct stu,则定义结构体变量 stu1 如下:

```
struct  stu  stu1;
```

3)结构体变量的初始化

结构体变量的初始化是指在定义结构体变量的同时给结构体变量赋初值。结构体变量有三种存储种类,它们是 extern、static 和 auto(即外部、静态和自动)。当结构体变量为外部全局变量或静态变量时,可以在定义结构类型时给它赋初值。

例如,给结构变量赋初值。

```
# include < reg51. h>
struct stu
{
    int num;
    char age;
    float high;
} student1 = {18,20,160.5};
```

上述语句用成员值对 student1 初始化。也可以用同类型的变量对结构体变量初始化。例如:

```
struct stu student2 = student1;
```

自动存储种类型结构体变量不能在定义时赋初值,只能在程序执行中用赋值语句给各个结构元素分别赋值,给结构体变量赋初值与给数组变量赋初值一样。

4)结构体类型变量的引用

结构体是一个构造型数据类型,由此定义的结构体变量的成员也可以参与运算及用于输入、输出等操作。大多的操作是使用结构体成员操作符“.”对成员进行访问。访问结构体成员的一般格式为:

结构体变量名.成员名

其中,“.”是存取结构元素的成员运算符,优先级最高。

例如:

```
# include < reg51. h>
    unsigned char code table[] = {0x3F,0x06,0x5B,0x4F,0x66, 0x6D,0x7D,0x07,0x7F,0x6F,0x00,0x40};
struct stu
{
    int num;
```

```
        char age;
        float high;
} student1 = {18,20,160.5};
void delay(unsigned int i)
{
    unsigned int j,k;
    for(j = 0;j < i;j++)
    for(k = 0;k < 120;k++)
    ;
}
main()
{
  while(1)
  {
      P1 = table[student1.num/10];          //引用成员 num
      P2 = 0xFD;
      delay(1);
      P2 = 0xFF;
      P1 = table[student1.num % 10];         //引用成员 num
      …
      P1 = table[student1.age/10];           //引用成员 age
      …
      P1 = table[student1.age % 10];          //引用成员 age
      …
  }
}
```

程序实现了从结构体中读出成员 num、age 并用数码管显示。

5）结构体数组

结构体数组是指数组的数据类型是结构体类型。结构体数组的使用与普通数组一样，也是通过下标来访问数组元素，在实际应用中，经常用结构体数组来表示具有相同数据结构的一个群体。

（1）结构体数组的定义

结构体数组变量定义的一般形式是：

```
struct 结构体名
{
    成员类型 变量名;
    成员类型 变量名;
    …
}数组名[数组长度];
```

例如：

```
struct stu
{
    int num;
    char age;
    float high;
} student1[2];
```

也可以用已说明的结构体类型定义结构体数组。例如，若先说明了 struct stu，则定义结构体数组 student1[2]如下：

```
struct stu student1[2];
```

（2）结构体数组的初始化

结构体数组一般在定义结构体类型数组的同时，会对其中的每个元素进行初始化。

例如：

```
struct stu
{
    int num;
    char age;
    float high;
} student1[2] = {{18,20,160.5},{19,21,162.5}};
```

定义并初始化了一个包含两个元素的结构体数组。

（3）结构体数组的使用

结构体数组元素的使用是通过下标来实现的。引用方式为：

结构体数组名[下标].成员名

例如：

```
# include < reg51.h >
unsigned char code table[ ] = {0x3F,0x06,0x5B,0x4F,0x66, 0x6D,0x7D,0x07,0x7F,0x6F,0x00,0x40};
struct stu
{
    int num;
    char age;
    float high;
} student1[2] = {
  {18,20,160.5},
  {19,21,162.5}
};
void delay(unsigned int i)
{
    unsigned int j,k;
    for(j = 0;j < i;j++)
    for(k = 0;k < 120;k++)
    ;
}
main()
{
    while(1)
    {
        P1 = table[student1[1].num/10];   //引用成员 num
        P2 = 0xFD;
        delay(1);
        P2 = 0xFF;
        P1 = table[student1[1].num % 10];  //引用成员 num
```

```
        …
        P1 = table[student1[1].age/10];    //引用成员 age
        …
        P1 = table[student1[1].age % 10];   //引用成员 age
        …
    }
}
```

程序实现了读出结构体数组的元素并用数码管显示的功能。

6）结构体指针

指向结构体变量的指针称为结构体指针，它会保存结构体变量的存储首地址。

（1）结构体指针的定义与初始化

结构体指针由一个加在结构变量名前的"＊"操作符来定义。例如，用前面已说明的结构定义一个结构指针如下：

```
struct stu
{
    int num;
    char age;
    float high;
} * student
```

也可用已说明的结构体名定义结构体指针。例如，如果先说明了 struct stu，则定义结构指针 student1 如下：

```
struct stu * student;
```

一般在定义结构体指针变量的同时赋予其一结构体变量的地址。

例如：

```
struct stu student1 = {18,20,160.5};
struct stu * student = & student1;
```

（2）结构体指针的应用

C51 中结构体指针可以参与＋＋、－－、＋、＊ －＞、!、& 等运算。结构指针对结构成员的访问表示为：

```
结构指针名 ->结构成员
```

"－＞"是两个符号"－"和"＞"的组合，好像一个箭头指向结构成员。

例如：

```
# include < reg51. h >
unsigned char code
table[] = {0x3F,0x06,0x5B,0x4F,0x66,0x6D,0x7D,0x07,0x7F,0x6F,0x00,0x40};
struct stu
{
    int num;
    char age;
    float high;
```

```
} student = {18,20,160.5};
struct stu * st = &student;
void delay(unsigned int i)
{
    unsigned int j,k;
    for(j = 0;j < i;j++)
    for(k = 0;k < 120;k++)
    ;
}
main()
{
  while(1)
  {
  P1 = table[st - > num/10];              //用 st - > num 访问成员变量 num
  P2 = 0xFD;
  delay(1);
  P2 = 0xFF;
  P1 = table[st - > num % 10];            //用 st - > num 访问成员变量 num
   …
  P1 = table[st - > age/10];              //用 st - > num 访问成员变量 age
   …
  P1 = table[st - > age % 10];            //用 st - > num 访问成员变量 age
   …
  }
}
```

程序同样实现读出结构体成员变量并用数码管显示。

2. 联合体

联合体也是一种数据类型,联合体变量也是一种特殊形式的变量。

1) 联合体类型的定义

定义一个联合体类型的一般形式为:

```
union 联合体名{
    数据类型 成员名;
    数据类型 成员名;
    …
};
```

例如:

```
union data                        //联合体
{
    int x;
    float y;
    char z;
};
```

定义了一个联合体类型 union data。

联合体定义形式与结构体非常相似,但是数据表示的含义和存储方式是完全不同的。结构体类型所占用的内存空间是它的各成员所占空间之和,而联合所占用的内存空间是它的字节数最多的成员所占的空间。

2）联合体变量的定义

联合体变量一般在定义联合体类型的同时定义。

例如：

```
union data                           //联合体
{
    int x;
    float y;
    char z;
}a;
```

定义联合体类型 union data 的同时定义了联合体变量 a。

也可以在先定义联合体类型 union data 之后，再定义联合体变量 a，语句如下：

```
union data a;
```

3）联合体变量的引用

引用联合体变量中的某个成员项的方式与引用结构体变量的形式类似，必须先定义，后引用。在引用时，只能引用联合体变量中的成员，而不能引用联合体变量。一般采用如下形式：

联合体变量名.成员变量名

例如：

```
#include <stdio.h>
#include <reg51.h>
unsigned char code table[] = {0x3F,0x06,0x5B,0x4F,0x66,0x6D,0x7D,0x07,0x7F,0x6F,0x00,0x40};
void delay(unsigned int i)
{
    unsigned int j,k;
    for(j = 0;j < i;j++)
    for(k = 0;k < 120;k++)
    ;
}
main()
{
    union stu
    {
        char num;
        char age ;
        float high;
    }a;
    a.num = 18;                      //引用联合体成员变量
    a.age = 20;                      //引用联合体成员变量
    while(1)
    {
    P1 = table[a.num/10];
    P2 = 0xFD;
```

```
        delay(1);
        P2 = 0xFF;
        P1 = table[a.num % 10];
        …
        P1 = table[a.age/10];
        …
        P1 = table[a.age % 10];
        …
        }
    }
```

程序引用结构成员 num 和 age,输出结构成员 num 和 age 值并用数码管显示。

由于联合体各成员共用同一段内存空间,使用时要根据需要引用其中的某一成员,不能同时引用多个成员。因为它们在空间上是重叠的,后来的引用可能会覆盖以前引用的数值,故只能显示 20。

3. 枚举

枚举是一个命名为整型常数的集合,例如表示星期的星期一,星期二,……,星期天,就是一个枚举。

枚举的说明与结构先类似,一般形式为:

```
enum 枚举名{
        标识符[ = 整型常数],
        标识符[ = 整型常数],
         …
        标识符[ = 整型常数],
            } 枚举变量;
```

如果枚举没有初始化,即省掉"＝整型常数"时,则从第一个标识符开始,依次赋给标识符 0,1,2,…。当枚举中的某个成员赋值后,其后的成员按依次加 1 的规则确定其值。

例如:

```
enum string{x1,x2,x3,x4}x;
```

枚举说明后,x1、x2、x3、x4 的值分别为 0、1、2、3。

当定义改变成:

```
enum string
{
    x1,
    x2 = 0,
    x3 = 50,
    x4,
}x;
```

则 x1＝0、x2＝0、x3＝50、x4＝51。

枚举通过直接引用标示符或枚举变量进行操作。例如:

```
# include < stdio. h >
# include < reg51. h >
```

```
unsigned char code table[] = {0x3F,0x06,0x5B,0x4F,0x66, 0x6D,0x7D,0x07,0x7F,0x6F,0x00,0x40};
void delay(unsigned int i)
{
    unsigned int j,k;
    for(j = 0;j < i;j++)
    for(k = 0;k < 120;k++)
    ;
}
    enum stu
    {
     x1 = 3,x2, x3
    }x;
enum stu x = x3;
main()
{
  while(1)
  {
    P1 = table[x];                       //引用枚举变量
    P2 = 0xFD;
    delay(1);
    P2 = 0xFF;
    P1 = table[x2];                      //引用枚举标示符
    ...
  }
}
```

程序执行读出枚举整型数据并用数码管显示。

11.3.2 DS1302特性与引脚

DS1302是美国达拉斯半导体公司推出的一种高性能、低功耗的实时时钟芯片,附加31字节静态RAM,采用SPI三线接口与CPU进行同步通信。并可采用突发方式一次传送多个字节的时钟信号和RAM数据。实时时钟可提供秒、分、时、日、星期、月和年。一个月小于31天时可以自动调整,且具有闰年补偿功能。工作电压为2.5~5.5V,采用双电源供电(主电源和备用电源),可设置备用电源充电方式,提供了对后备电源进行涓细电源充电的能力。

DS1302用于数据记录,特别是对某些具有特殊意义的数据点的记录上,能实现数据与出现该数据的时间同时记录,因此广泛应用于测量系统中。

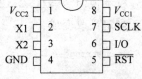

DS1302为双列8引脚器件。有DIP和SOIC两种封装。DS1302引脚分布如图11-1所示。

图11-1 DS1302引脚分布

各引脚的功能是:

V_{CC1}:主电源。

V_{CC2}:后备电源。

当$V_{CC2} > V_{CC1} + 0.2$时,由V_{CC2}向DS1302供电,当$V_{CC2} < V_{CC1}$时,由V_{CC1}向DS1302供电。

SCLK:串行时钟输入。

I/O:三线接口时的双向输入线。

$\overline{RST}$:复位/片选。上电运行时,在$V_{CC} \geqslant 2.5V$之前,RST必须保持低电平。只有在

SCLK 为低电平时,才能将 RST 置为高电平。当 RST 为高电平时,所有的数据传送被初始化,允许对 DS1302 进行操作。

　　X1 和 X2:时钟输入与输出,外接 32.768kHz 晶振。

　　GND:地。

11.3.3　DS1302 内部寄存器与控制字

　　DS1302 内部结构如图 11-2 所示,内有多个工作寄存器组和静态存储器。

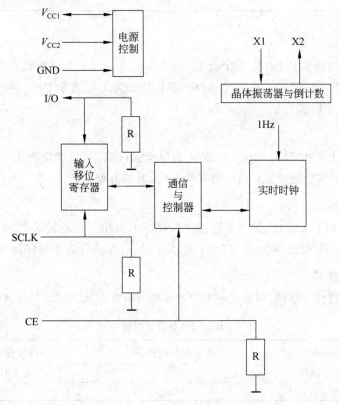

图 11-2　DS1302 内部结构

1. 日历、时间寄存器

　　日历、时间寄存器结构如表 11-1 所示。读时寄存器 81h~8Dh,写时寄存器 80h~8Ch,数据存放的格式为 BCD 码形式。

表 11-1　DS1302 日历、时间寄存器结构

控　制　字		各　位　内　容								
读寄存器	写寄存器	B7	B6	B5	B4	B3	B2	B1	B0	范围
81h	80h			10 秒						0~59
83h	82h			10 分						0~59
85h	84h	12/24	0	10						0~12
				AM/PM						0~24

续表

控制字		各位内容								
读寄存器	写寄存器	B7	B6	B5	B4	B3	B2	B1	B0	范围
87h	86h	0	0	10 日						0～31
89h	88h	0	0	0	10					0～12
8Bh	8Ah	0	0	0	0	0	周日			1～7
8Dh	8Ch	10 年				年				0～99
8Fh	8Eh	WP	0	0	0	0	0	0	0	—

2. 小时寄存器

小时寄存器(85h、84h)的位 7 定义 DS1302 是运行于 12 小时模式还是 24 小时模式。当为高时,选择 12 小时模式。在 12 小时模式时,位 5 为 1 时表示 PM。在 24 小时模式时,位 5 是第二个 10 小时位。

3. 秒寄存器

秒寄存器(81h、80h)的位 7 定义为时钟暂停标志(CH)。当该位置为 1 时,时钟振荡器停止,DS1302 处于低功耗状态;当该位置为 0 时,时钟开始运行。

4. 控制寄存器

控制寄存器(8Fh、8Eh)的位 7 是写保护位(WP),其中 7 位均置为 0,在对时钟和 RAM 进行写操作之前,WP 位必须为 0。当 WP 位为 1 时,写保护位防止对任何寄存器的写操作。

5. 突发寄存器

DS1302 可一次性顺序读、写除充电寄存器外的所有寄存器。突发寄存器如表 11-2 所示。

表 11-2　突发寄存器

工作模式寄存器	读寄存器控制字	写寄存器控制字
时钟突发模式寄存器	BFh	BEh
RAM 突发模式寄存器	FFh	FEh

6. 涓流充电寄存器

涓流充电寄存器为涓流充电控制用。控制字结构如下:

B7	B6	B5	B4	B3	B2	B1	B0
TCS	TCS	TCS	TCS	DS	DS	RS	RS

其中,位 4～位 7(TCS)为涓流充电控制位。1010 为有涓流充电,其他为无充电。位 2～位 3 (DS)为内部二极管选择位。01 为选择一个二极管,10 为选择两个二极管。位 0～位 1(RS) 为 V_{CC1} 与 V_{CC2} 之间电阻选择位。00 为无电阻,01 为选择 2kΩ 电阻,10 为选择 4kΩ 电阻,11 为选择 8kΩ 电阻。

7. 静态 RAM

DS1302 附加 31 字节静态 RAM 的控制字如表 11-3 所示。

表 11-3 DS1302 静态 RAM 控制字表

控　制　字		数 据 范 围
读	写	
C1h	C0h	00—FFh
C3h	C2h	00—FFh
C5h	C4h	00—FFh
⋮	⋮	⋮
FDh	FCh	00—FFh

DS1302 是 SPI 总线驱动方式。要向寄存器写入控制字,才能进行数据传送。

8. DS1302 的控制字

DS1302 的控制字格式如下,控制字的最高位 B7 必须是逻辑“1”,若是“0”,则不能把数据写入 DS1302 中。若 B6 为 0,则表示存取日历时钟数据,若为 1 则表示存取 RAM 数据。B5~B1(A4~A0)指示操作单元的地址。B0 是最低位,若为 0 则表示进行写操作,若为 1 则表示进行读操作。

B7	B6	B5	B4	B3	B2	B1	B0
1	RAM/$\overline{\text{CK}}$	A4	A3	A2	A1	A0	RD/$\overline{\text{WR}}$

11.3.4 DS1302 与单片机硬件连接

如图 11-3 所示,DS1302 应用时常用外接 32.768kHz 晶振为芯片提供计时脉冲,其 $\overline{\text{RST}}$ 引脚、SCLK 串行时钟引脚、I/O 串行数据引脚分别与单片机 I/O 引脚连接。V_{CC2} 为后备电源。

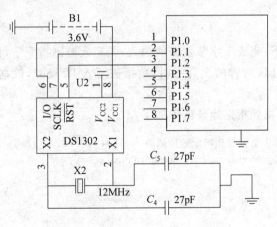

图 11-3 DS1302 与单片机连接

11.3.5 DS1302 读/写时序与实现

1. 突发读/写模式

DS1302 的读写有单字节读/写模式和突发读/写模式。突发读/写模式下可一次性读/

写所有 RAM 的 31 字节,命令控制字为 FEh(写)、FFh(读)。

2. 单字节读/写模式

单字节写操作时序如图 11-4 所示,DS1302 在进行写操作时,$\overline{RST}$ 必须为高电平,在每个 SCLK 的下降沿写入 1 位数据,8 个脉冲写入 1 字节内容。

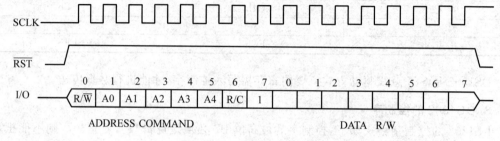

图 11-4　单字节写操作时序

例如,写入 8 位数据参考函数如下:

```
/ ************* 写入 8 位数据函数 ************* /
void ds1302InputByte(unsigned char dat)
{
    unsigned char i;
    ACC = dat;
    for(i = 8; i > 0; i-- )
    {
        ds1302_io = ACC0;
        ds1302_clk = 1;
        ds1302_clk = 0;
        ACC = ACC >> 1;
    }
}
```

单字节输入模式下,完成 1 字节数据的输入,先写入控制指令字,再写数据,在输入控制指令字后的下一个 SCLK 时钟的上升沿时,数据被写入 DS1302,数据输入从低位(即位 0)开始。

例如,写 1 字节数据到指定地址函数如下:

```
/ ************* 写 1 字节数据到指定地址函数 ************* /
void Write1302(unsigned char ucAddr, unsigned char ucDa)
{
    ds1302_rst = 0;
    ds1302_clk = 0;
    ds1302_rst = 1;
    ds1302InputByte(ucAddr);
    ds1302InputByte(ucDa);
    ds1302_clk = 1;
    ds1302_rst = 0;
}
```

DS1302 单字节读操作时序与写操作时序相同,读操作实现方法基本相同。

例如,读出 8 位数据函数如下:

```c
/ ************* 读取 8 位数据函数 ************** /
unsigned char ds1302OutputByte(void)
{
    unsigned char i;
    for(i = 8; i > 0; i -- )
    {
        ACC = ACC >> 1;
        ACC7 = ds1302_io;
        ds1302_clk = 1;
        ds1302_clk = 0;
    }
    return(ACC);
}
```

完成 1 字节数据的输出与完成 1 字节数据输入操作相同。

例如,读取某地址 1 字节数据函数如下:

```c
/ ************* 读取某地址 1 字节数据函数 ************** /
unsigned char Read1302(unsigned char ucAddr)
{
    unsigned char ucData;
    ds1302_rst = 0;
    ds1302_clk = 0;
    ds1302_rst = 1;
    ds1302InputByte(ucAddr | 0x01);
    ucData = ds1302OutputByte();
    ds1302_clk = 1;
    ds1302_rst = 0;
    return(ucData);
}
```

11.3.6 DS1302 应用

1. 编程读取 DS1302 秒时间数据

1) 编程要求

编写程序从 DS1302 读出秒计时数据,并用数码管显示。

2) 编程思路

先向指定地址 0x80 读出秒数据,然后把 BCD 码还原成
十进制数,可得到秒的十进制时间数据,再用数码管译码显
示,程序流程如图 11-5 所示。

3) 编写程序

根据编程思路。按程序流程编写程序如下:

(按前面编写的写 8 位数据到 DS1302 函数、读出 8 位数
据的函数,调用这两个函数编写向指定地址读数据函数。再
调用指定地址读数据函数读出 0x80 地址的秒数据。)

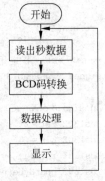

图 11-5 读秒数据程序流程

```
#include < reg51. h >
sbit ds1302_clk = P1^1;
sbit ds1302_io = P1^0;
sbit ds1302_rst = P1^2;
sbit ACC0 = ACC^0;
sbit ACC7 = ACC^7;
unsigned Second;
unsigned char code led_seg_code[ ] = {0x3F,0x06,0x5B,0x4F,0x66,0x6D,0x7D,0x07,0x7F,0x6F};
unsigned char dat_display[2];
unsigned char bit_array[2] = {0xFE,0xFD};
/ ****** 写 8 位数据到 DS1302 ****** /
void Ds1302InputByte(unsigned char dat)
{
    unsigned char i;
    ds1302_rst = 1;
    ds1302_clk = 0;
    ACC = dat;
    for(i = 8; i > 0; i -- )
    {
        ds1302_io = ACC0;
        ds1302_clk = 1;
        ds1302_clk = 0;
        ACC = ACC >> 1;
    }
}


/ ***** 读出 8 位数据的函数 ****** /
unsigned char ds1302OutputByte(void)
{
    unsigned char i;
    ds1302_rst = 1;
    for(i = 8; i > 0; i -- )
    {
        ACC = ACC >> 1;
        ACC7 = ds1302_io;
        ds1302_clk = 1;
        ds1302_clk = 0;
    }
    return(ACC);
}
/ *********** 指定地址读 1 字节数据到函数 ************* /
unsigned char Read1302(unsigned char ucAddr)
{
    unsigned char ucData;
    ds1302_rst = 0;
    ds1302_clk = 0;
    ds1302_rst = 1;
    Ds1302InputByte(ucAddr|0x01);
    ucData = ds1302OutputByte();
    ds1302_clk = 1;
    ds1302_rst = 0;
```

```
        return(ucData);
}


/ ***************** 读秒数据函数 ***************** /
void ds1302_GetTime_s()
{
    unsigned char ReadValue;
    ReadValue = Read1302(0x80);
    Second = ((ReadValue >> 4)&0x0F) * 10 + (ReadValue&0x0F);
}


/ ********* 延迟函数 *********** /
void delay(unsigned int time)
{
    unsigned int i,j;
    for(i = 0;i < time;i++)
        for(j = 0;j < 120;j++)
        ;
}
/ ******** 数据处理函数 *********** /
void dat_change(unsigned char dat)
{
    dat_display[0] = dat/10;
    dat_display[1] = dat % 10;
}
/ ************** 显示 1 位数据函数 **************** /
void display(unsigned char SEG_dat,unsigned char bit_code)
{
    P0 = 0x00;
    P0 = SEG_dat;
    P2 = bit_code;
    delay(50);
}
/ ************** 主函数 **************** /
main()
{
  while(1)
  {
    ds1302_GetTime_s();
    dat_change(Second);
    display(led_seg_code[dat_display[0]],bit_array[0]);
    display(led_seg_code[dat_display[1]],bit_array[1]);
  }
}
```

2. 编写 DS1302 写保护控制程序

1）编程要求

编写程序控制 DS1302 打开写保护和关闭写保护。

2）编程思路

关闭写保护与打开写保护控制主要通过改变寄存器 0x8E 的最高位进行设置。写入 0x80

关闭写保护,写入 0x00 打开写保护。因此,可设置标志位,调用向指定地址写数据函数,选择写入不同的内容来打开保护和关闭写保护。若标志位为 1,则写入 0x80,否则写入 0x00。

3) 编写程序

根据编程思路,编写程序如下:

（在前面案例的基础上编写写保护控制函数）

```
/ ************* 写保护控制函数 ************* /
void ds1302_SetProtect(bit flag)
{
    if(flag)
    Write1302(0x8E,0x80);
    else
    Write1302(0x8E,0x00);
}
```

3. 编写设置时间格式程序

1) 编程要求

编写程序控制 DS1302 时间设置。

2) 编程思路

设置时间格式是通过时间寄存器的位 7 进行设置,设置为 1,是 12 小时格式；设置为 0,是 24 小时格式。可通过先读出时间寄存器的数据,然后关闭写保护,把读出信息的位 7 进行修改,写入时间寄存器,再打开写保护来实现。实现语句如下:

读出:hour = (Read1302(0x85)&0x7F);
关保护:ds1302_SetProtect(0);
写入:Write1302(0x84,0x80|hour);或:Write1302(0x84,0x00|hour);
开保护:ds1302_SetProtect(1);

3) 编写程序

根据编程思路,参考程序如下:

```
/ ************* 12/24 小时制设置函数 ******* /
void AMPM(bit flag)                        //flag 为 1,为 12 小时制;为 0,则为 24 小时制
{
    unsigned char hour;
    hour = (Read1302(0x85)&0x7f);
    ds1302_SetProtect(0);
    if(flag)
    Write1302(0x84,0x80|hour);
    else
    Write1302(0x84,0x00|hour);
    ds1302_SetProtect(1);
}
```

4. 编写设置 DS1302 时、分、秒数据程序

1) 编程要求

编写程序设置 DS1302 的时、分、秒数据。

2）编程思路

编写一个设置时间的子函数。然后调用设置时间函数设置时、分、秒初值。设置时间的
函数实现方法：

```
先关保护:ds1302_SetProtect(0);                              //允许写
设置数据:Write1302(Address, ((Value/10)<< 4 | (Value%10)));  //写数据
再开保护:ds1302_SetProtect(1);                              //禁止写
```

3）编写程序

根据编程思路，编写程序如下：

```
/ ************ 时间设置函数 ************* /
void ds1302_SetTime(unsigned char Address, unsigned char Value)
{
    ds1302_SetProtect(0);                                  //允许写
    Write1302(Address, ((Value/10)<< 4|(Value%10)));       //写数据
    ds1302_SetProtect(1);                                  //禁止写
}
/ ********** 设置初始时间函数 *********** /
void set_Time(void)
{
    AMPM(0);                                               //0 为 24 小时制,1 为 12 小时制
    ds1302_SetTime(0x81,00);
    ds1302_SetTime(0x83,00);
    ds1302_SetTime(0x85,00);
}
```

5. 编写调整分计时程序

1）编程要求

编写程序实现调整 DS1302 分计时。

2）编程思路

按照如下流程编程：读出分寄存器中的分数据→进行 BCD 与十进制的转换→对转换
后的分数据进行加 1 或减 1 操作→60 分回零判断→转换成 BCD 码→写入分寄存器。

3）编写程序

根据编程思路，编写程序如下：

```
/ ************ 十进制转 BCD 码函数 ************* /
unsigned char INT_to_BCD(unsigned char timer_dat)
{
    unsigned char timer_BCD;
    timer_BCD = (((timer_dat/10)&0x0F)<< 4) + timer_dat%10;
    return(timer_BCD);
}
/ ************ 调分函数 ************* /
change_minutes()
{
  unsigned char ReadValue,Minute_dat,val;
  ReadValue = Read1302(0x83);                              //读分数据
  Minute_dat = ((ReadValue >> 4)&0x0f) * 10 + (ReadValue&0x0f);
```

```
Minute_dat++;
if(Minute_dat > = 60)
Minute_dat = 0;
val = INT_to_BCD(Minute_dat);                        //十进制转换成 BCD 码
ds1302_SetTime(0x82, val);
}
```

6. 编写 DS1302 运行控制程序

1）编程要求

编写程序控制 DS1302 启动/停止计时。

2）编程思路

启动/停止计时是通过对秒寄存器的位 7 设置来实现的，当该位置为 1 时，时钟振荡器停止，DS1302 处于低功耗状态；当该位置为 0 时，时钟开始运行。启动/停止可通过设置标志位，先读出秒计时数据，关闭写保护，按标志位选择启动/停止计时，然后打开写保护。

3）编写程序

```
/ ************* 运行控制函数 ************* /
void ds1302_Time_on_off (bit flag)
{
    unsigned char Data;
    Data = Read1302(0x81);
    ds1302_SetProtect(0);
    if(flag)
        Write1302(0x80, Data|0x80);                    //停止
    else
        Write1302(0x80, Data&0x7F);                    //启动
        ds1302_SetProtect(1);
}
```

11.4 项 目 实 施

11.4.1 数字钟总体设计思路

基本功能部分的实现思路：用 AT89C51 单片机控制，对计时器件 DS1302 采用字节读写模式，写入时、分、秒寄存器控制字，读出时、分、秒时间数据处理后用液晶器件显示，2×2 矩阵键盘作为时间调整按键，总体框图如图 11-6 所示。

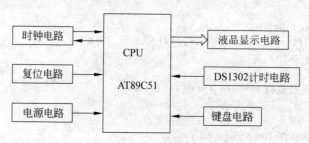

图 11-6 数字钟总体框图

11.4.2　设计数字钟硬件电路

用 AT89C51 控制、LCD1602 作为显示、DS1302 作为计时器件，2×2 矩阵式键盘调整按键。AT89C51 的 P1 端口的 P1.0～P1.2 作为 DS1302 的 I/O、RST、CLK 数据传送和控制引脚；P0 口的 P0.0～P0.7 作为 LCD1602 显示数据输出，P2 口的 P2.0～P2.2 作为液晶 RS、R/W、E 的控制端口，P3.0～P3.3 作为矩阵式键盘 I/O 口，硬件电路如图 11-7 所示。

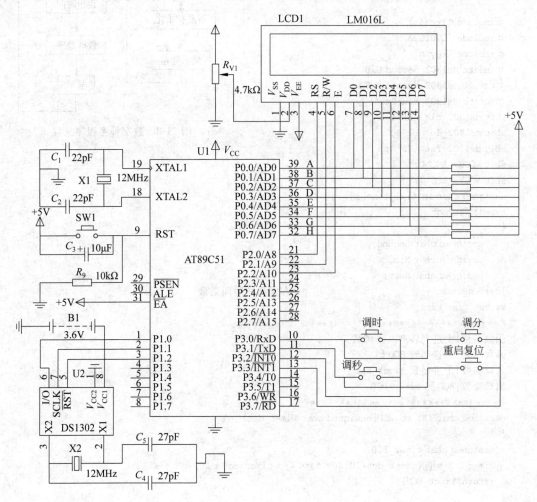

图 11-7　数字钟硬件电路

11.4.3　设计数字钟程序

1）编程思路

根据 DS1302 内部寄存器的结构及时序，分别向相关的寄存器写命令，用读出数据、写入数据来设置时间格式、设置时间初值、读出当前时间。

采用程序查询的方式进行键盘扫描，4 按键分别执行调时、调分、调秒、重新启动操作。

调时、调分、调秒操作采用读出当前时间（时、分、秒），调整后再写入的方法实现。

时间显示是先将读出时、分、秒数据由 BCD 码转换成十进制数，分离个、十位，再把分离

后的个、十位数据转换成 ASCII 码写入液晶 LCD
进行显示。

主程序参考程序流程如图 11-8 所示。

2）编写程序

根据硬件电路、程序流程设计程序，主要程序
如下：

```c
# include < reg51. h>
# include "LCD1602. h"
# include "key. h"
# define ds1302_Second 0x80
# define ds1302_Minute 0x82
# define ds1302_Hour 0x84
sbit ds1302_clk = P1^1;
sbit ds1302_io = P1^0;
sbit ds1302_rst = P1^2;
sbit ACC0 = ACC^0;
sbit ACC7 = ACC^7;
unsigned char initial_time[3];
typedef struct
{
    unsigned char Second;
    unsigned char Minute;
    unsigned char Hour;
}system_time;                          //定义的时间类型
system_time time;
/ ********************************
函数名称:十进制转 BCD 码函数
函数功能:十进制转 BCD 码
入口参数:十进制数 timer_dat
出口参数:BCD 码 timer_BCD
********************************* /
unsigned char INT_to_BCD(unsigned char timer_dat)
{
  unsigned char timer_BCD;
  timer_BCD = (((timer_dat/10)&0x0f)<< 4) + timer_dat % 10;
  return(timer_BCD);
}
/ ********************************
函数名称:写入 1 字节数据函数
函数功能:写入 1 字节数据到 DS1302
入口参数:写入数据 dat
出口参数:无
********************************* /
void ds1302InputByte(unsigned char dat)
{
    unsigned char i;
    ACC = dat;
    for(i = 8; i> 0; i -- )
    {
```

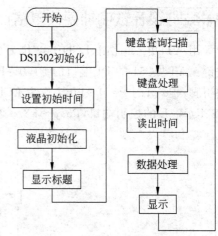

图 11-8　数字钟主程序流程

```
        ds1302_io = ACC0;
        ds1302_clk = 1;
        ds1302_clk = 0;
        ACC = ACC >> 1;
    }
}
/ **********************************
函数名称:读取 1 字节数据函数
函数功能:从 DS1302 读取 1 字节数据
入口参数:无
出口参数:读出存放在 ACC 的数据
********************************** /
unsigned char ds1302OutputByte(void)
{
    unsigned char i;
    for(i = 8; i > 0; i-- )
    {
        ACC = ACC >> 1;
        ACC7 = ds1302_io;
        ds1302_clk = 1;
        ds1302_clk = 0;
    }
    return(ACC);
}
/ **********************************
函数名称:写 1 字节数据到指定地址函数
函数功能:写 1 字节数据到 DS1302 指定地址
入口参数:地址 ucAddr、数据 ucDa
出口参数:无
********************************** /
void Write1302(unsigned char ucAddr, unsigned char ucDa)
{
    ds1302_rst = 0;
    ds1302_clk = 0;
    ds1302_rst = 1;
    ds1302InputByte(ucAddr);
    ds1302InputByte(ucDa);
    ds1302_clk = 1;
    ds1302_rst = 0;
}
/ **********************************
函数名称:读取某地址 1 字节数据函数
函数功能:读取某地址 1 字节数据
入口参数:地址 ucAddr
出口参数:数据 ucDa
********************************** /
unsigned char Read1302(unsigned char ucAddr)
{
    unsigned char ucData;
    ds1302_rst = 0;
    ds1302_clk = 0;
```

```
        ds1302_rst = 1;
        ds1302InputByte(ucAddr|0x01);
        ucData = ds1302OutputByte();
        ds1302_clk = 1;
        ds1302_rst = 0;
        return(ucData);
}
/ *********************************
函数名称:写保护函数
函数功能:写保护
入口参数:保护标志 flag
出口参数:无
********************************* /
void ds1302_SetProtect(bit flag)
{
    if(flag)
        Write1302(0x8E,0x80);
    else
        Write1302(0x8E,0x00);
}
/ *********************************
函数名称:时间设置函数
函数功能:时间设置
入口参数:地址 Address、数据 Value
出口参数:无
********************************* /
void ds1302_SetTime(unsigned char Address, unsigned char Value)
{
    ds1302_SetProtect(0);              //允许写
    Write1302(Address, ((Value/10)<< 4 | (Value % 10)));
    ds1302_SetProtect(1);             //禁止写
}
/ *********************************
函数名称:12/24 小时制设置函数
函数功能:设置时间格式
入口参数:标志 flag
出口参数:无
********************************* /

void AMPM(bit flag)                    //flag 为 1,为 12 小时制;为 0,则为 24 小时制
{
    unsigned char hour;
    hour = (Read1302(0x85)&0x7F);
    ds1302_SetProtect(0);
    if(flag)
    {
        Write1302(0x84,0x80|hour);
    }
    else
    {
        Write1302(0x84,0x00|hour);
```

```
    }
    ds1302_SetProtect(1);
}
/ *********************************
函数名称:读出时间函数
函数功能:读出时间
入口参数:指针 * Tt
出口参数:无
********************************* /
void ds1302_GetTime(system_time * Tt)
{
    unsigned char ReadValue;
    ReadValue = Read1302(ds1302_Second);
    Tt - > Second = ((ReadValue >> 4)&0x0F) * 10 + (ReadValue&0x0F);
    ReadValue = Read1302(ds1302_Minute);
    Tt - > Minute = ((ReadValue >> 4)&0x0F) * 10 + (ReadValue&0x0F);
    ReadValue = Read1302(ds1302_Hour);
    Tt - > Hour = ((ReadValue >> 4)&0x0F) * 10 + (ReadValue&0x0F);
}
/ *********************************
函数名称:设置初始时间函数
函数功能:设置初始时间
入口参数:无
出口参数:无
********************************* /
void Init_Time(void)
{
    AMPM(0);
    ds1302_SetTime(ds1302_Second,00);
    ds1302_SetTime(ds1302_Minute,00);
    ds1302_SetTime(ds1302_Hour,00);
}
/ *********************************
函数名称:DS1302 初始化函数
函数功能:DS1302 初始化设置
入口参数:无
出口参数:无
********************************* /
void Init_ds1302(void)
{
    unsigned char Second;
    Second = Read1302(ds1302_Second);
    if(Second&0x80)
    ds1302_SetTime(ds1302_Second,0);
}
/ *********************************
函数名称:运行控制函数
函数功能:运行控制
入口参数:标志 flag
出口参数:无
********************************* /
```

```
void ds1302_TimeStop(bit flag)
{
    unsigned char Data;
    Data = Read1302(ds1302_Second);
    ds1302_SetProtect(0);
    if(flag)
        Write1302(ds1302_Second, Data|0x80);
    else
        Write1302(ds1302_Second, Data&0x7F);
}
/ *********************************
```

函数名称：数据处理函数
函数功能：数据处理
入口参数：无
出口参数：无

```
********************************* /
void string(void)
{
    initial_time[2] = time.Second;
    initial_time[1] = time.Minute;
    initial_time[0] = time.Hour;
    display_time[15] = initial_time[2] % 10 + 0x30;
    display_time[14] = initial_time[2]/10 + 0x30;
    display_time[13] = ':';
    display_time[12] = initial_time[1] % 10 + 0x30;
    display_time[11] = initial_time[1]/10 + 0x30;
    display_time[10] = ':';
    display_time[9] = initial_time[0] % 10 + 0x30;
    display_time[8] = initial_time[0]/10 + 0x30;
}
/ ********************************
```

函数名称：调时函数
函数功能：时钟调整
入口参数：无
出口参数：无

```
********************************* /
change_time() //
{
    unsigned char ReadValue, hour_dat, val;
    ds1302_TimeStop(1);
    ReadValue = Read1302(ds1302_Hour + 1);
    hour_dat = ((ReadValue >> 4)&0x0F) * 10 + (ReadValue&0x0F);
    hour_dat++;
    if(hour_dat >= 24)
    hour_dat = 0;
    val = INT_to_BCD(hour_dat);
    ds1302_SetTime(ds1302_Hour, val);
}
/ ********************************
```

函数名称：调分函数
函数功能：分钟调整

```
入口参数:无
出口参数:无
********************************* /
change_minutes()
{
    unsigned char ReadValue,Minute_dat,val;
    ds1302_TimeStop(1);
    ReadValue = Read1302(ds1302_Minute + 1);
    Minute_dat = ((ReadValue >> 4)&0x0F) * 10 + (ReadValue&0x0F);
    Minute_dat++;
    if(Minute_dat > = 60)
    Minute_dat = 0;
    val = INT_to_BCD(Minute_dat);
    ds1302_SetTime(ds1302_Minute, val);
}
/ *********************************
函数名称:调秒函数
函数功能:秒钟调整
入口参数:无
出口参数:无
********************************* /
change_second()
{
    unsigned char ReadValue,Second_dat,val;
    //ds1302_TimeStop(1);
    ReadValue = Read1302(ds1302_Second + 1);
    Second_dat = ((ReadValue >> 4)&0x0F) * 10 + (ReadValue&0x0F);
    Second_dat++;
    if(Second_dat > = 60)
    Second_dat = 0;
    val = INT_to_BCD(Second_dat);
    ds1302_SetTime(ds1302_Second,val);
}
/ *********************************
函数名称:启动函数
函数功能:启动
入口参数:无
出口参数:无
********************************* /
void restart (void)
{
    ds1302_TimeStop(0);
}
/ ************************
函数名称:主函数
************************ /
main()
{
    unsigned char key_v,key_n;
    Init_ds1302();
    Init_Time();                       //设置 DS1302 初始时间
```

```
    lcd_init();
    display_string(0,0,title);          //显示标题
    while(1)
    {
        key_v = key_val();              //获得键值
        key_n = key_numb(key_v);        //获得键盘编码
        key_change(key_n);              //按编码处理
        ds1302_GetTime(&time);
        string();
        display_string(0,1,display_time);
    }
}
```

11.4.4　仿真数字钟

（1）利用 Keil μVision2 的调试功能，根据错误提示，找到错误代码，排除各种语法错误，编译成 hex 文件。

（2）通过对端口、子函数入口参数赋值、变量赋值，对存储空间、端口数据、变量数据观察，单步调试的方式调试函数和主程序。

（3）按硬件电路，用 Proteus 设计如图 11-9 所示仿真模型，进行仿真调试。

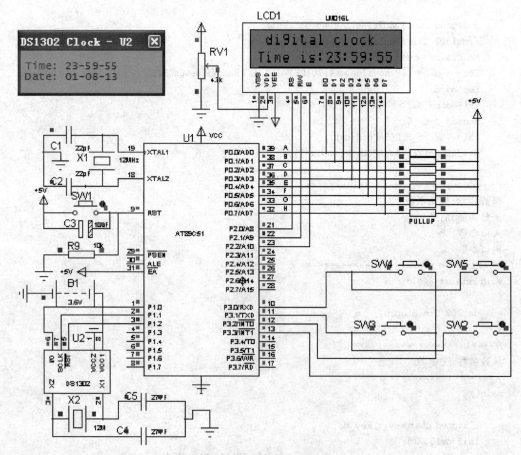

图 11-9　数字钟仿真模型

11.4.5　调试数字钟

(1) 仿真调试成功后,按硬件电路把元件安装焊接在电路板上,下载程序,进行静态和动态检测。

(2) 运行程序,如不能运行,先排除各种故障(供电、复位、时钟,内外存储空间选择、软硬件端口应用一致等方面)。

(3) 用标准时钟测试数字钟功能、功能是否实现,计时是否准确。

(4) 如没有达到性能指标,调整电路或元件参数、优化程序,重新调试、编译、下载、运行程序,测试性能指标。

11.5　拓 展 训 练

1. 利用单片机内部定时器设计数字钟。
2. 应用 DS1302 设计数字钟,能显示年、月、日等。

设计制作数字温度计

12.1 学习目标

(1) 了解单总线协议。

(2) 掌握 MCS-51 系列单片机与单总线器件 DS18B20 接口应用技术。

(3) 熟练掌握 C51 程序设计。

12.2 项目描述

1. 项目名称

设计制作数字温度计

2. 项目要求

(1) 用 Keil C51、Proteus 作为开发工具。

(2) 用 AT89C51 单片机控制。

(3) 用 DS18B20 作为测温器件,测温环境温度为 0～99℃,温度精确到 1℃。

(4) 数码管作为显示,显示 ＊＊ ℃。

(5) 发挥功能,提高测温精度,当温度超过 25℃时蜂鸣报警等。

3. 设计制作任务

(1) 拟订总体设计制作方案。

(2) 设计硬件电路。

(3) 编制软件流程图及设计相应源程序。

(4) 仿真调试数字温度计。

(5) 安装元件,制作数字温度计,调试功能指标。

(6) 完成项目报告。

12.3 相关知识

12.3.1 单总线简介

美国的达拉斯半导体公司推出了一项特有的单总线(1-Wire Bus)技术。该技术采用单根信号线,既可传输时钟,又能传输数据,而且数据传输是双向的,因而这种单总线技术具有线路简单,成本低廉,便于总线扩展和维护等优点。

单总线适用于单主机系统,能够控制一个或多个从机设备。主机可以是微控制器,从机可以是单总线器件,它们之间的数据交换只通过一条信号线。当只有一个从机设备时,系统可按单节点系统操作。当有多个从机设备时,系统则按多节点系统操作。

1. 单总线工作原理

单总线只有一根数据线,系统的数据传递、控制都由它完成,设备通过一个漏极开路或三态端口连接它,使设备在不发送数据时能释放总线,让其他设备使用总线。总线外接上拉电阻,闲置时为高电平,主机与从机之间的通信通过初始化单总线器件→识别器件→交换数据三个步骤完成。只有主机呼叫从机时,才能产生应答,主机访问从机时严格遵守初始化→ROM 命令→功能命令的命令序列。

2. 单总线信号的方式

单总线器件有严格的通信协议,以保证数据的完整性。协议定义了复位脉冲、应答脉冲、写 0、读 0 和读 1 时序等几种信号类型。所有的单总线命令序列(初始化、ROM 命令、功能命令)都是由这些基本的信号类型组成的。在这些信号中,除了应答脉冲外,其他均由主机发出同步信号,并且发送的所有命令和数据都是字节的低位在前。

单总线上所有的通信都是以初始化序列开始的,初始化序列包括主机发出的复位脉冲及从机的应答脉冲。图 12-1 所示为单总线协议的初始化时序,初始化时序包括主机发出的复位脉冲和从机发出的应答脉冲。主机通过拉低单总线至少 $480\mu s$ 产生 Tx 复位脉冲,然后由主机释放总线,并进入 Rx 接收模式。主机释放总线时,会产生由低电平跳变为高电平的上升沿,单总线器件检测到该上升沿后,延时 $15\sim60\mu s$,接着单总线器件通过拉低总线 $60\sim240\mu s$ 来产生应答脉冲。主机接收到从机的应答脉冲后,说明有单总线器件在线,主机就可以开始对从机进行 ROM 命令和功能命令操作。

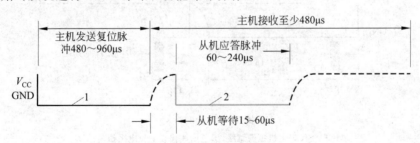

图 12-1　单总线协议的初始化时序

(黑色实线 1 代表主机拉低总线,灰色实线 2 代表从机拉低总线,黑色虚线代表上拉电阻拉高总线)

图 12-2 所示为单总线通信协议的写时序,单总线通信协议中存在两种写时序:写 0 和写 1。主机采用写 1 时序向从机写入 1,写 0 时序向从机写入 0。所有写时序至少要 $60\mu s$,且在两次独立的写时序之间至少要 $1\mu s$ 的恢复时间。两种写时序均起始于主机拉低数据总线。

产生 1 时序的方式是主机拉低总线后,接着必须在 $15\mu s$ 之内释放总线,由上拉电阻将总线拉至高电平;产生写 0 时隙的方式是在主机拉低总线后,只需要在整个时隙间(至少 $60\mu s$)保持低电平即可。在写时隙开始后 $15\sim60\mu s$ 期间,单总线器件采样总线上电平状态。

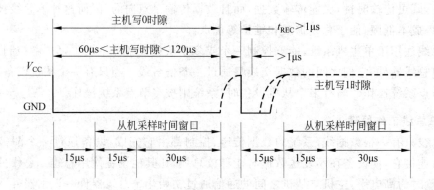

图 12-2　单总线通信协议的写时序

（黑色实线代表主机拉低总线，黑色虚线代表上拉电阻将总线拉高）

如果在此期间采样值为高电平，则逻辑 1 被写入器件；如果为 0，则写入逻辑 0。

图 12-3 所示为读（包括 0 或 1）时序，单总线器件仅在主机发出读时序时，才向主机传输数据。所有主机发出读数据命令后，必须马上产生读时序，以便从机能够传输数据。所有读时序至少需要 60μs，且在两次独立的读时序之间至少需要 1μs 恢复时间。每个读时序都由主机发起，至少拉低总线 1μs。在主机发出读时隙后，单总线器件才开始在总线上发送 1 或 0。若从机发送 1，则保持总线为高电平；若发出 0，则拉低总线。

当发送 0 时，从机在读时序结束后释放总线，由上拉电阻将总线拉回至空闲高电平状态。从机发出的数据在起始时序之后，保持有效时间 15μs，因此主机在读时序期间必须释放总线，并且在时序起始后的 15μs 之内采样总线状态。

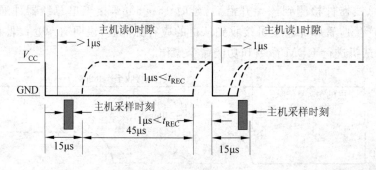

图 12-3　读时序

（黑色实线代表主机拉低总线，黑色虚线代表上拉电阻拉高总线）

3. 单总线器件

通常把挂在单总线上的器件称为单总线器件，单总线器件内一般都具有控制、收发、存储等电路。为了区分不同的单总线器件，厂家生产单总线器件时都要刻录一个 64 位的二进制 ROM 代码，以标志其 ID 号。目前，单总线器件主要有数字温度传感器（如 DS18B20）、A/D 转换器（如 DS2450）、门标、身份识别器（如 DS1990A）、单总线控制器（如 DS1WM）等。

12.3.2 DS18B20引脚与内部结构

DS18B20 是达拉斯半导体公司生产的一线式数字温度传感器,温度测量范围为－55～125℃,可编程为 9～12 位 A/D 转换精度,测温分辨率可达 0.0625℃,被测温度用符号扩展的 16 位数字量串行输出,其工作电源既可在远端引入,也可采用寄生电源方式产生。每个 DS18B20 都有一个 64 位的序列号,CPU 只需一根端口线就能与多个 DS18B20 通信,占用微处理器的端口较少,节省大量的引线和逻辑电路,适用于远距离多点温度检测系统。

DS18B20 有 TO-92 小体积和 8 引脚 SOIC 两种封装形式,外观及引脚排列如图 12-4 所示。

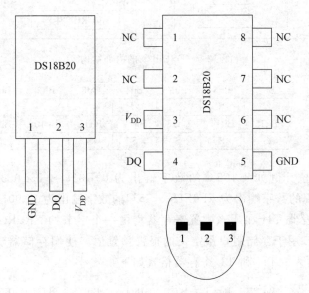

图 12-4 DS18B20 的外观及引脚排列

引脚功能如表 12-1 所示。

表 12-1 DS18B20 引脚功能表

8 引脚 SOIC 封装	3 引脚 TO-92 封装	符 号	引 脚 功 能
5	1	GND	接地
4	2	DQ	数据输入输出
3	3	V_{DD}	外接供电电源输入端
1、2、6、7、8		NE	空脚

DS18B20 主要由 64 位 ROM、温度传感器、非挥发的温度报警触发器 TH 和 TL、配置寄存器 4 部分组成,内部结构如图 12-5 所示。

ROM 中的 64 位序列号可看作 DS18B20 的地址序列码,每个 DS18B20 的序列号都不相同,用以实现一根总线上挂接多个 DS18B20 的目的。

DS18B20 中的温度传感器完成对温度的测量,经 A/D 转换后,用 16 位带符号的二进制补码读数输出,温度值数据格式如下:

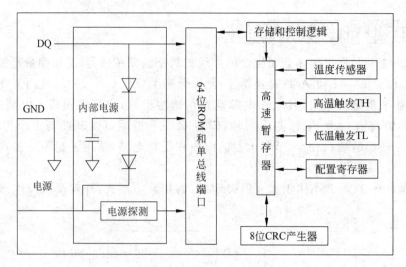

图 12-5　DS18B20 的内部结构

温度值低字节：

Bit7	Bit6	Bit5	Bit4	Bit3	Bit2	Bit1	Bit0
2^3	2^2	2^1	2^0	2^{-1}	2^{-2}	2^{-3}	2^{-4}

温度值高字节：

Bit15	Bit14	Bit13	Bit12	Bit11	Bit10	Bit9	Bit8
S	S	S	S	S	2^6	2^5	2^4

其中 S 为符号位。例如＋125℃的数字输出为 07D0H，＋25.0625℃的数字输出为 0191H，−25.0625℃的数字输出为 FF6FH，−55℃的数字输出为 FC90H。

高低温报警触发器 TH 和 TL、配置寄存器均由一个字节的 EEPROM 组成，高低温报警触发器 TH 和 TL 用于存储用户预定义的报警预置值。使用存储器功能命令可对 TH、TL 或配置寄存器写入。TH 和 TL 寄存器格式如下：

TH/TL 寄存器：

Bit7	Bit6	Bit5	Bit4	Bit3	Bit2	Bit1	Bit0
S	2^6	2^5	2^4	2^3	2^2	2^1	2^0

其中 S 为符号位，S＝0 为正，S＝1 为负。

配置寄存器主要用于设置测量精度，其格式如下：

配置寄存器：

Bit7	Bit6	Bit5	Bit4	Bit3	Bit2	Bit1	Bit0
0	R1	R0	1	1	1	1	1

其中 Bit0～Bit4 及 Bit7 为器件保留，R1、R0 决定温度转换的精度位数，R1、R0 与精度的关系如表 12-2 所示，未编程时默认为 12 位精度。

表 12-2　R1、R0 与精度的关系

R1	R0	精度/位	增量/℃	转换时间/ms
0	0	9	0.5	93.75
0	1	10	0.25	187.5
1	0	11	0.125	375
1	1	12	0.0625	750

高速暂存器是一个 9 字节的存储器。第 1、2 字节包含被测温度的数字量信息（二字节补码形式），低位在前，高位在后；第 3、4、5 字节分别是 TH、TL、配置寄存器的临时拷贝，每一次上电复位时被刷新；第 6、7、8 字节未用；第 9 字节读出的是前面所有 8 个字节的 CRC 码，用于纠错。

CRC 发生器用于按 $CRC = X^8 + X^5 + X^4 + 1$ 计算产生高速暂存器中数据的循环冗余校验码。

12.3.3 DS18B20 与单片机硬件连接

单总线系统包括一个总线控制器和一个或多个从机。只有一个从机挂在总线系统时称为"单点"系统；若有多个从机挂在系统时称为"多点"系统。单总线系统数据和指令传送都是通过单总线从最低有效位开始传送，DS18B20 在单总线系统中总是充当从机。

单总线系统只有一条定义的信号线，挂在总线上的器件必须是漏极开路或三态输出。DS18B20 的单总线端口 DQ 是漏极开路型的。单总线需外接一个 5kΩ 左右的上拉电阻，空闲状态是高电平。如果总线低电平时间大于 $480\mu s$，总线上器件将被复位。

DS18B20 的供电有寄生电源方式和外接电源方式两种模式。采用寄生电源方式时，无外部电源，其 V_{DD} 和 GND 均接地，当总线处于高电平时，电路吸取能量存储在寄生电源储能电容内，当总线处于低电平时，释放能量供电。为了保证 DS18B20 充足的供电，在进行温度转换时必须给单总线接强上拉电阻，如图 12-6 所示。温度在 100℃ 以上时不推荐使用这种方式。

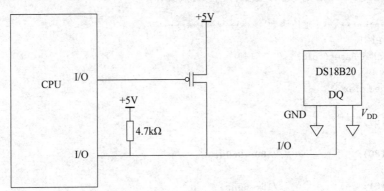

图 12-6 寄生电源工作方式

外接电源方式是从 V_{DD} 端接入 3～5.5V 外部电源供电。这时单总线上不需要强上拉电阻，而且总线不用在温度转换时间总保持高电平，如图 12-7 所示。

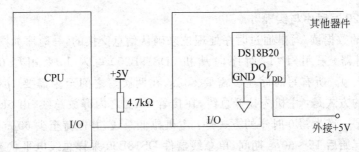

图 12-7 外接电源工作方式

12.3.4 DS18B20 复位时序与实现，读/写时序与实现

1. DS18B20 复位时序与实现

DS18B20 的单总线工作协议流程是：复位操作→ROM 操作→存储器（RAM）操作。

DS18B20 复位操作包括一个由主控制器发出的复位脉冲和从机发出的应答脉冲。复位操作时序如图 12-8 所示。

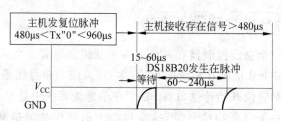

图 12-8　复位操作时序

复位时，要求主控制器进入发送状态，将单总线下拉低至少 $480\mu s$，以产生复位脉冲。接着主机释放单总线，并进入接收状态，$5k\Omega$ 上拉电阻将单总线拉高。延迟 $15\sim60\mu s$，并进入接收模式（Rx），接着拉低单总线 $60\sim240\mu s$ 的方式产生应答信号，CPU 收到应答信号，则复位成功。例如：

用 P1.1 模拟时钟输出，进行复位，复位函数如下：

```
/ ****************** 复位函数 ****************** /
sbit DQ = P1^1;
unsigned char Reset(void)
{
    unsigned char i;
    DQ = 1;
    delay(8);
    DQ = 0;
    delay(80);                  //480～960μs
    DQ = 1;
    delay(8);                   //15～60μs
    i = DQ;                     //采样
    delay(4);
    return i;
}
```

2. DS18B20 写时序与实现

DS18B20 的数据读/写是通过时序处理位来确认信息交换的，写时序如图 12-9 所示。

主机（控制器）采用写"1"时序向从机（DS18B20）写入 1，采用写 0 时序向从机（DS18B20）写入 0。所有写时序至少需要 $60\mu s$，在两次写之间至少需要 $1\mu s$ 的恢复时间。产生写 1 时序的方式是：主机先拉低总线，在接着 $15\mu s$ 之内释放总线，由 $5k\Omega$ 上拉电阻将总线拉至高电平。产生写 0 时序的方式是：主机拉低总线，并保持至少 $60\mu s$ 的低电平。

在写时序起始后 $15\sim60\mu s$ 期间，单总线器件 DS18B20 采样总线电平状态，如果在此期间采样为高电平，则逻辑 1 写入器件，如果为低电平，则逻辑 0 写入器件。

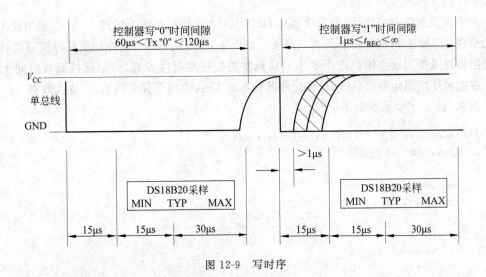

图 12-9 写时序

例如,写 1 字节函数如下:

```
/ ************* 写 1 字节函数 ***************** /
void write_byte(unsigned char dat)
{
    unsigned char i;
    for(i = 0;i < 8;i ++)
    {
        DQ = 0;
        DQ = dat & 0x01;
        delay(4);
        DQ = 1;
        dat >> = 1;
    }
    delay(4);
}
```

3. DS18B20 读时序与实现

读数据时,主机(控制器)采用读 1 时序向从机(DS18B20)读出 1,采用读 0 时序向从机 (DS18B20)读出 0。所有读时序至少需要 60μs,在两次读之间至少需要 1μs 的恢复时间。读时序都由主机通过拉低单总线至少 1μs 发起,读时序如图 12-10 所示。

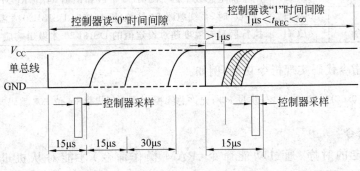

图 12-10 读时序

在主机发起读时序之后，单总线器件 DS18B20 才开始在总线上发送 0 或 1。若发送 0，则拉低总线；若发送 1，则保持总线为高电平。当发送 0 时，从机在该时序结束后释放总线，由上拉电阻将总线拉回至空闲高电平状态。从机发送数据在时序发起之后，保持有效时间 $15\mu s$。主机在读时序期间须释放总线，且在时序起始后的 $15\mu s$ 之内采样总线状态，读入数据。

例如，读 1 字节函数如下：

```
/ ************* 读1字节函数 ***************** /
unsigned char read_byte()
{
    unsigned char i,value;
    for(i = 0;i < 8;i ++)
    {
        DQ = 0;
        value >> = 1;
        DQ = 1;
        if(DQ)
        {
            value | = 0x80;
        }
        delay(4);
    }
    return value;
}
```

12.3.5 DS18B20 命令与操作流程

1. ROM 命令

主机在发出功能命令之前，必须先发出相应的 ROM 命令，DS18B20 可支持 5 种 ROM命令，操作指令如表 12-3 所示。

表 12-3　ROM 操作指令

指　　令	代　　码	功　　　能
读 ROM	33H	读 DS18B20 中 ROM 中的编码（即 64 位地址）
符合 ROM	55H	发出此命令后，接着发送 64 位 ROM 编码，访问与编码相对应的 DS18B20，使其做出响应
搜索 ROM	0F0H	用于确定总线上的 DS18B20 个数和识别 64 位 ROM 地址
跳过 ROM	0CCH	"单点"时，系统忽略 64 位地址，直接向 DS18B20 发温度转换指令
告警搜索命令	0ECH	执行后只有温度超过设定值的 DS18B20 才做出响应

通过写入指令代码实现指令功能，例如：

```
write_byte(0xCC);              //跳过 ROM;允许总线控制器不用提供 64 位 ROM 编码
```

2. RAM 命令

主机按一定的时序，通过功能命令（RAM 操作命令）才能对从机进行数据操作，DS18B20 的 RAM 操作指令如表 12-4 所示。

表 12-4　RAM 操作指令

指　　令	代码	功　　能
温度变换	44H	启动 DS18B20 进行温度转换,结果存入内部高速暂存器中
读暂存器	0BEH	读内部高速暂存器中的内容
写暂存器	4EH	发出向 TL、TH、配置暂存器写内温度数据指令,紧跟着传送 2 字节的数据。必须在复位信号发起之前
复制暂存器	48H	将 TL、TH、配置暂存器中内容复制到 EEPROM 中
重调 EEPROM	0B8H	将 EEPROM 内容恢复到 TL、TH、配置暂存器
读供电方式	0B4H	读 DS18B20 供电模式。寄生供电时发送 0,外接电源供电时发送 1

通过写入指令代码实现指令功能,例如,读出温度值如下:

```
write_byte(0xBE);              //发读暂存器命令
temp_data[0] = read_byte();    //温度低 8 位存入定义的 temp_data 数组
temp_data[1] = read_byte();    //温度高 8 位存入定义的 temp_data 数组
```

3. DS18B20 操作流程

根据 DS18B20 单总线工作协议,主机控制 DS18B2 完成温度转换,每次必须对从机 DS18B20 进行复位操作,复位成功之后发送 ROM 指令,最后发送 RAM 指令。

如果在总线上挂接有多个 DS18B20,要对其中一个做启动温度测量转换操作,流程如表 12-5 所示。每项操作都要对 DS18B20 复位→确认应答→发地址编码→发操作指令(ROM 指令与 RAM 指令)→完成操作,如要中断操作则通过复位实现。

表 12-5　多个 DS18B20 对其中一个启动温度测量转换操作流程

流程	主机执行操作	从机 DS18B20 操作	单总线内容
1	发送复位脉冲	接收复位脉冲,复位	复位脉冲
2	接收 DS18B20 应答脉冲	等待后,发送存在脉冲	应答脉冲
3	发 ROM 编码匹配指令	收编码匹配指令	55H
4	发 ROM 编码	收编码	要执行温度转换操作的 DS18B20 编码
5	发温度转换指令	收转换指令	44H
6	置单总线为高电平	完成温度转换	高电平

12.3.6　DS18B20 应用

1. 编程启动单点温度转换

1) 编程要求

编写程序实现启动 DS18B20 单点温度转换。

2) 编程思路

根据 DS18B20 单总线工作协议,控制 DS18B20 完成温度转换,每次必须对 DS18B20 进行复位操作→发地址编码(或跳过地址)→发操作指令(ROM 指令与 RAM 指令)。因此,先调用复位函数 Ds18_init()复位 DS18B20。

然后调用写 1 字节数据函数 write_byte(unsigned char val)写跳过 ROM 的指令 0xCC。

最后调用写 1 字节数据子函数 write_byte(unsigned char val)写入启动指令 0x44,并延迟等待写入指令。

3) 编写程序

根据编程思路，按操作流程则参考函数如下：

```c
include < reg51.h >
sbit DQ = P1^5;
/ ************ 延迟函数 ******************* /
void delay(unsigned int x)
{
    while(x -- );
}
/ ************ 初始化(复位)函数 ******************* /
unsigned char Ds18_init()
{
    unsigned char x;
    DQ = 1;
    delay(8);
    DQ = 0;
    delay(80);                  //480~960μs
    DQ = 1;
    delay(8);                   //15~60μs
    x = DQ;                     //采样
    delay(4);
    return x;
}


/ ************ 写 1 字节子函数 **************** /
void write_byte(unsigned char dat)
{
    unsigned char i;
    for(i = 0;i < 8;i ++)
    {
        DQ = 0;
        DQ = dat & 0x01;
        delay(4);
        DQ = 1;
        dat >> = 1;
    }
    delay(4);
}


/ ************ 读 1 字节子函数 **************** /
unsigned char read_byte()
{
    unsigned char i,value;
    for(i = 0;i < 8;i++)
    {
        DQ = 0;
        value >> = 1;
        DQ = 1;
        if(DQ)
        {
            value | = 0x80;
```

```
        }
        delay(4);
    }
    return value;
}
/ ****************** 启动单点温度转换函数 ****************** /
void start_temp(void)
{
    Ds18_init ();
    write_byte(0xCC);           //跳过 ROM
    write_byte(0x44);           //启动温度测量
    delay(400);
}
```

2. 编程读出温度数据

1) 编程要求

编写程序从 DS18B20 读出温度数据,并把高 8 位数据通过 P2 口输出,低 8 位数据通过 P0 口输出。

2) 编程思路

与启动温度转换一样,主机控制读出 DS18B20 温度值,每次必须对从机 DS18B20 进行复位操作,复位成功之后发送 ROM 指令跳过地址,最后发送读 RAM 数据指令。

因此,先调用复位函数 unsigned char Reset(void)复位 DS18B20。

然后调用写 1 字节数据函数 write_byte(unsigned char val)写跳过 ROM 的指令 0xCC。

调用写 1 字节数据子函数 write_byte(unsigned char val),写入读内部高速暂存器中的内容指令 0xBE。

最后调用读 1 字节数据函数先后读出温度值的低 8 位、高 8 位。

3) 编写程序

根据编程思路,按操作流程编写参考函数如下:

```
(初始化(复位)函数、读写函数同上)
/ ************ 温度读取子函数 **************** /
void read_temp(void)
{
    Ds18_init();
    write_byte(0xCC);           //跳过 ROM
    write_byte(0xBE);           //读内部高速暂存器中的内容
    P0 = read_byte();
    P2 = read_byte();
}
```

12.4　项 目 实 施

12.4.1　数字温度计总体设计思路

基本功能部分的实现思路:用 AT89C51 单片机控制,按单总线器件时序要求控制测温器件 DS18B20 进行温度转换,读出结果经数据处理用 4 位数码显示。如果温度超过 25℃,

按一定的周期输出高低变化的方波信号，经放大驱动蜂鸣器发声，实现报警功能。数字温度计总体框图如图 12-11 所示。

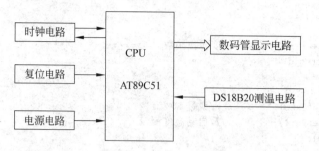

图 12-11　数字温度计总体框图

12.4.2　设计数字温度计硬件电路

用 AT89C51 控制、4 位共阴数码管作为显示、DS18B20 作为测温器件、蜂鸣器作为报警器件。DS18B20 采用外接电源方式，AT89C51 的 P1.5 作为 DS18B20 单总线端口，P0 口的 P0.0～P0.7 作为显示数据输出端口，P2 口的 P2.0～P2.3 作为位选控制端口，P3.0 作为报警信号输出。其硬件电路如图 12-12 所示。

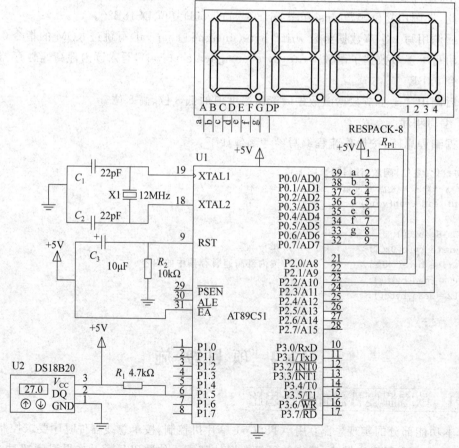

图 12-12　数字温度计硬件电路

12.4.3　设计数字温度计程序

1）编程思路

根据 DS18B20 内部寄存器的结构及信号的时序、ROM 指令、RAM 指令，操作流程采用单点控制形式进行复位、启动转换、读出转换结果、数据处理，然后用 2 位数码管显示温度值、2 位数码管显示单位。当温度值大于 25℃时，输出一定频率的方波信号放大后驱动动蜂鸣器发声。主程序流程如图 12-13 所示，读出温度程序流程如图 12-14 所示。

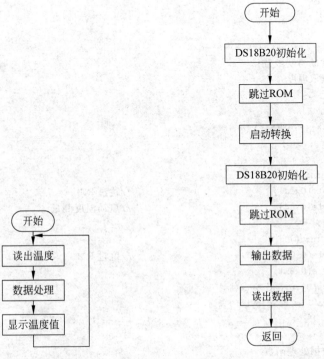

图 12-13　主程序流程　　　　　图 12-14　读出温度程序流程

2）编写程序

根据硬件电路、程序流程设计程序，主要参考程序如下：

```
# include < reg51. h >
unsigned char Temp_data[2];
unsigned char bit_led[4] = {0xFE,0xFD,0xFB,0xF7};
unsigned char led_seg_code[] = {0x3F,0x06,0x5B,0x4F,0x66, 0x6D,0x7D,0x07,0x7F,0x6F};
unsigned char display[3] = {0x00,0x00,0x00};

sbit DQ = P1^5;
/ *********************************
函数名称:DS18B20 初始化函数
函数功能:DS18B20 初始化
入口参数:无
出口参数:DQ 状态
********************************* /
unsigned char ds18b20_init()
```

```c
{
    unsigned char i;
    DQ = 1;
    delay(8);
    DQ = 0;
    delay(80);
    DQ = 1;
    delay(10);
    i = DQ;
    delay(4);
    return i;
}
/ ********************************
```

函数名称:读取温度函数
函数功能:读取温度
入口参数:无
出口参数:无

```c
 ******************************** /
void readtemp(void)
{
    ds18b20_init();
    write_byte(0xcc);                    //跳过 ROM
    write_byte(0x44);                    //启动温度测量
    delay(4);
    ds18b20_init();
    write_byte(0xCC);                    //跳过 ROM
    write_byte(0xBE);
    Temp_data[0] = read_byte();
    Temp_data[1] = read_byte();
}
/ ********************************
```

函数名称:数据处理函数
函数功能:获得温度值的各位
入口参数:温度高低 8 位
出口参数:无

```c
 ******************************** /
void dat_changs(unsigned char a, unsigned char b)
{
    b << = 4;
    b += (a&0xF0)>> 4;
    display[2] = b/100;                  //百位
    display[1] == b % 100/10;            //十位
    display[0] = b % 100 % 10;           //个位
}
/ ************************
```

函数名称:主函数

```c
 ************************ /
main()
{
    while(1)
    {
```

```
        readtemp();
        dat_changs(Temp_data[0], Temp_data[1])        //数据处理
        …                                              //显示
    }
}
```

12.4.4　仿真数字温度计

（1）利用 Keil μVision2 的调试功能，根据错误提示，找到错误代码，排除各种语法错误，编译成 hex 文件。

（2）通过对端口、子函数入口参数赋值、变量赋值，对存储空间、端口数据、变量数据观察，单步调试的方式调试函数和主程序。

（3）用 Proteus 按设计的硬件电路，设计如图 12-15 所示仿真模型，进行仿真调试。

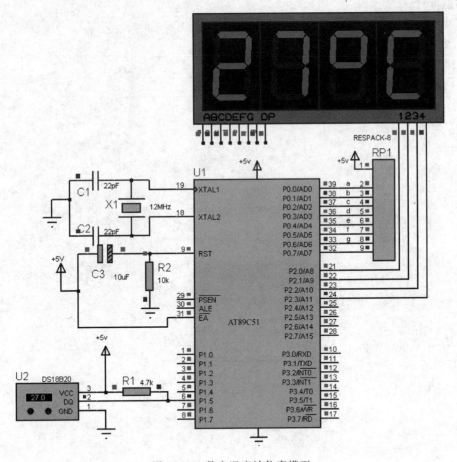

图 12-15　数字温度计仿真模型

12.4.5　调试数字温度计

（1）仿真调试成功后，按硬件电路把元件安装焊接在电路板上，下载程序，进行静态和动态检测。

（2）运行程序，如不能运行，先排除各种故障（供电、复位、时钟，内外存储空间选择、软硬件端口应用一致等方面）。

（3）用标准温度计测试数字温度计功能、是否能测试温度、显示温度，温度是否准确。

（4）如没有达到性能指标，调整电路或元件参数、优化程序，重新调试、编译、下载、运行程序，测试性能指标。

12.5 拓 展 训 练

1. 设计温度控制系统，控制温度在某一温度点，温度超过温控点则远程输出控制指令 0x01、0xAA，温度低于温控点则远程输出控制指令 0x02、0xBB。

2. 用液晶 LCD1602 作为显示，查找温度传感器 AD590 资料，用 AD590 温度传感器设计数字温度计。

参 考 文 献

[1] 谷秀荣.单片机原理与应用(C51 版)[M].北京：北京交通大学出版社,2009.

[2] 求是科技.单片机通信技术与工程实践[M].北京：人民邮电出版社,2005.

[3] 胡伟,季晓衡.单片机 C 程序设计及应用实例[M].北京：人民邮电出版社,2004.

[4] 陈小忠,黄宁,赵小侠.单片机接口技术实用函数[M].北京：人民邮电出版社,2005.

[5] 张道德.单片机接口技术(C51 版)[M].北京：中国水利水电出版社,2007.

[6] 万光毅,严义.单片机实验与实践教程[M].北京：北京航空航天大学出版社,2003.

[7] 张永格,何乃味.单片机 C 语言应用技术与实践[M].北京：北京交通大学出版社,2009.

[8] 张友德,涂时亮,赵志英.单片微型机原理、应用与实践(C51 版)[M].上海：复旦大学出版社,2010.

[9] 王文海.单片机应用与实践项目化教程[M].北京：化学工业出版社,2010.

[10] 周润景,张丽娜.基于 PROTEUS 的电路及单片机系统设计与仿真[M].北京：北京航空航天大学出版社,2006.

[11] 吴金戎,深庆阳,郭庭吉.8051 单片机应用与实践[M].北京：清华大学出版社,2003.

[12] 楼然苗,李光飞.51 系列单片机设计实例[M].北京：北京航空航天大学出版社,2003.

[13] 范风强,兰婵丽.单片机语言 C51 应用实战集锦[M].北京：电子工业出版社,2003.

附录 A 标准 ASCII 表

Bin	Dec	Hex	缩写/字符	解　释
00000000	0	00	NUL(null)	空字符
00000001	1	01	SOH(start of headline)	标题开始
00000010	2	02	STX(start of text)	正文开始
00000011	3	03	ETX(end of text)	正文结束
00000100	4	04	EOT(end of transmission)	传输结束
00000101	5	05	ENQ(enquiry)	请求
00000110	6	06	ACK(acknowledge)	收到通知
00000111	7	07	BEL(bell)	响铃
00001000	8	08	BS(backspace)	退格
00001001	9	09	HT(horizontal tab)	水平制表符
00001010	10	0A	LF(NL line feed,new line)	换行键
00001011	11	0B	VT(vertical tab)	垂直制表符
00001100	12	0C	FF(NP form feed,new page)	换页键
00001101	13	0D	CR(carriage return)	回车键
00001110	14	0E	SO(shift out)	不用切换
00001111	15	0F	SI(shift in)	启用切换
00010000	16	10	DLE(data link escape)	数据链路转义
00010001	17	11	DC1(device control 1)	设备控制1
00010010	18	12	DC2(device control 2)	设备控制2
00010011	19	13	DC3(device control 3)	设备控制3
00010100	20	14	DC4(device control 4)	设备控制4
00010101	21	15	NAK(negative acknowledge)	拒绝接收
00010110	22	16	SYN(synchronous idle)	同步空闲
00010111	23	17	ETB(end of trans. block)	传输块结束
00011000	24	18	CAN(cancel)	取消
00011001	25	19	EM(end of medium)	介质中断
00011010	26	1A	SUB(substitute)	替补
00011011	27	1B	ESC(escape)	换码(溢出)
00011100	28	1C	FS(file separator)	文件分隔符

Bin	Dec	Hex	缩写/字符	解　释
00011101	29	1D	GS(group separator)	分组符
00011110	30	1E	RS(record separator)	记录分离符
00011111	31	1F	US(unit separator)	单元分隔符
00100000	32	20	(space)	空格
00100001	33	21	!	
00100010	34	22	"	
00100011	35	23	#	
00100100	36	24	$	
00100101	37	25	%	
00100110	38	26	&	
00100111	39	27	'	
00101000	40	28	(	
00101001	41	29	)	
00101010	42	2A	*	
00101011	43	2B	+	
00101100	44	2C	,	
00101101	45	2D	-	
00101110	46	2E	.	
00101111	47	2F	/	
00110000	48	30	0	
00110001	49	31	1	
00110010	50	32	2	
00110011	51	33	3	
00110100	52	34	4	
00110101	53	35	5	
00110110	54	36	6	
00110111	55	37	7	
00111000	56	38	8	
00111001	57	39	9	
00111010	58	3A	:	
00111011	59	3B	;	
00111100	60	3C	<	
00111101	61	3D	=	
00111110	62	3E	>	
00111111	63	3F	?	
01000000	64	40	@	
01000001	65	41	A	
01000010	66	42	B	
01000011	67	43	C	
01000100	68	44	D	
01000101	69	45	E	
01000110	70	46	F	

续表

Bin	Dec	Hex	缩写/字符	解　释
01000111	71	47	G	
01001000	72	48	H	
01001001	73	49	I	
01001010	74	4A	J	
01001011	75	4B	K	
01001100	76	4C	L	
01001101	77	4D	M	
01001110	78	4E	N	
01001111	79	4F	O	
01010000	80	50	P	
01010001	81	51	Q	
01010010	82	52	R	
01010011	83	53	S	
01010100	84	54	T	
01010101	85	55	U	
01010110	86	56	V	
01010111	87	57	W	
01011000	88	58	X	
01011001	89	59	Y	
01011010	90	5A	Z	
01011011	91	5B	[	
01011100	92	5C	\	
01011101	93	5D	]	
01011110	94	5E	^	
01011111	95	5F	_	
01100000	96	60	`	
01100001	97	61	a	
01100010	98	62	b	
01100011	99	63	c	
01100100	100	64	d	
01100101	101	65	e	
01100110	102	66	f	
01100111	103	67	g	
01101000	104	68	h	
01101001	105	69	i	
01101010	106	6A	j	
01101011	107	6B	k	
01101100	108	6C	l	
01101101	109	6D	m	
01101110	110	6E	n	
01101111	111	6F	o	
01110000	112	70	p	

Bin	Dec	Hex	缩写/字符	解　释
01110001	113	71	q	
01110010	114	72	r	
01110011	115	73	s	
01110100	116	74	t	
01110101	117	75	u	
01110110	118	76	v	
01110111	119	77	w	
01111000	120	78	x	
01111001	121	79	y	
01111010	122	7A	z	
01111011	123	7B	{	
01111100	124	7C	|	
01111101	125	7D	}	
01111110	126	7E	~	
01111111	127	7F	DEL (delete)	删除

附录B　指　令　表

助　记　符		指　令　说　明	字节数	周期数
数据传递类指令				
MOV	A,Rn	寄存器传送到累加器	1	1
MOV	A,direct	直接地址传送到累加器	2	1
MOV	A,@Ri	累加器传送到外部 RAM(8 地址)	1	1
MOV	A,♯data	立即数传送到累加器	2	1
MOV	Rn,A	累加器传送到寄存器	1	1
MOV	Rn,direct	直接地址传送到寄存器	2	2
MOV	Rn,♯data	累加器传送到直接地址	2	1
MOV	direct,Rn	寄存器传送到直接地址	2	1
MOV	direct,direct	直接地址传送到直接地址	3	2
MOV	direct,A	累加器传送到直接地址	2	1
MOV	direct,@Ri	间接 RAM 传送到直接地址	2	2
MOV	direct,♯data	立即数传送到直接地址	3	2
MOV	@Ri,A	直接地址传送到直接地址	1	2
MOV	@Ri,direct	直接地址传送到间接 RAM	2	1
MOV	@Ri,♯data	立即数传送到间接 RAM	2	2
MOV	DPTR,♯data16	16 位常数加载到数据指针	3	1
MOVC	A,@A+DPTR	代码字节传送到累加器	1	2
MOVC	A,@A+PC	代码字节传送到累加器	1	2
MOVX	A,@Ri	外部 RAM(8 地址)传送到累加器	1	2

续表

助 记 符		指 令 说 明	字节数	周期数
MOVX	A,@DPTR	外部 RAM(16 地址)传送到累加器	1	2
MOVX	@Ri,A	累加器传送到外部 RAM(8 地址)	1	2
MOVX	@DPTR,A	累加器传送到外部 RAM(16 地址)	1	2
PUSH	direct	直接地址压入堆栈	2	2
POP	direct	直接地址弹出堆栈	2	2
XCH	A,Rn	寄存器和累加器交换	1	1
XCH	A,direct	直接地址和累加器交换	2	1
XCH	A,@Ri	间接 RAM 和累加器交换	1	1
XCHD	A,@Ri	间接 RAM 和累加器交换低 4 位字节	1	1
算术运算类指令				
INC	A	累加器加 1	1	1
INC	Rn	寄存器加 1	1	1
INC	direct	直接地址加 1	2	1
INC	@Ri	间接 RAM 加 1	1	1
INC	DPTR	数据指针加 1	1	2
DEC	A	累加器减 1	1	1
DEC	Rn	寄存器减 1	1	1
DEC	direct	直接地址减 1	2	2
DEC	@Ri	间接 RAM 减 1	1	1
MUL	AB	累加器和 B 寄存器相乘	1	4
DIV	AB	累加器除以 B 寄存器	1	4
DA	A	累加器十进制调整	1	1
ADD	A,Rn	寄存器与累加器求和	1	1
ADD	A,direct	直接地址与累加器求和	2	1
ADD	A,@Ri	间接 RAM 与累加器求和	1	1
ADD	A,#data	立即数与累加器求和	2	1
ADDC	A,Rn	寄存器与累加器求和(带进位)	1	1
ADDC	A,direct	直接地址与累加器求和(带进位)	2	1
ADDC	A,@Ri	间接 RAM 与累加器求和(带进位)	1	1
ADDC	A,#data	立即数与累加器求和(带进位)	2	1
SUBB	A,Rn	累加器减去寄存器(带借位)	1	1
SUBB	A,direct	累加器减去直接地址(带借位)	2	1
SUBB	A,@Ri	累加器减去间接 RAM(带借位)	1	1
SUBB	A,#data	累加器减去立即数(带借位)	2	1
逻辑运算类指令				
ANL	A,Rn	寄存器"与"到累加器	1	1
ANL	A,direct	直接地址"与"到累加器	2	1
ANL	A,@Ri	间接 RAM"与"到累加器	1	1
ANL	A,#data	立即数"与"到累加器	2	1
ANL	direct,A	累加器"与"到直接地址	2	1

助 记 符		指 令 说 明	字节数	周期数
ANL	direct,♯data	立即数"与"到直接地址	3	2
ORL	A,Rn	寄存器"或"到累加器	1	2
ORL	A,direct	直接地址"或"到累加器	2	1
ORL	A,@Ri	间接 RAM"或"到累加器	1	1
ORL	A,♯data	立即数"或"到累加器	2	1
ORL	direct,A	累加器"或"到直接地址	2	1
ORL	direct,♯data	立即数"或"到直接地址	3	1
XRL	A,Rn	寄存器"异或"到累加器	1	2
XRL	A,direct	直接地址"异或"到累加器	2	1
XRL	A,@Ri	间接 RAM"异或"到累加器	1	1
XRL	A,♯data	立即数"异或"到累加器	2	1
XRL	direct,A	累加器"异或"到直接地址	2	1
XRL	direct,♯data	立即数"异或"到直接地址	3	1
CLR	A	累加器清零	1	2
CPL	A	累加器求反	1	1
RL	A	累加器循环左移	1	1
RLC	A	带进位累加器循环左移	1	1
RR	A	累加器循环右移	1	1
RRC	A	带进位累加器循环右移	1	1
SWAP	A	累加器高、低 4 位交换	1	1
控制转移类指令				
JMP	@A+DPTR	相对 DPTR 的无条件间接转移	1	2
JZ	rel	累加器为 0 则转移	2	2
JNZ	rel	累加器为 1 则转移	2	2
CJNE	A,direct,rel	比较直接地址和累加器,不相等转移	3	2
CJNE	A,♯data,rel	比较立即数和累加器,不相等转移	3	2
CJNE	Rn,♯data,rel	比较寄存器和立即数,不相等转移	2	2
CJNE	@Ri,♯data,rel	比较立即数和间接 RAM,不相等转移	3	2
DJNZ	Rn,rel	寄存器减1,不为 0 则转移	3	2
DJNZ	direct,rel	直接地址减1,不为 0 则转移	3	2
NOP		空操作,用于短暂延时	1	1
ACALL	add11	绝对调用子程序	2	2
LCALL	add16	长调用子程序	3	2
RET		从子程序返回	1	2
RETI		从中断服务子程序返回	1	2
AJMP	add11	无条件绝对转移	2	2
LJMP	add16	无条件长转移	3	2
SJMP	rel	无条件相对转移	2	2
布尔指令				
CLR	C	清进位位	1	1

续表

助 记 符		指 令 说 明	字节数	周期数
CLR	bit	清直接寻址位	2	1
SETB	C	置位进位位	1	1
SETB	bit	置位直接寻址位	2	1
CPL	C	取反进位位	1	1
CPL	bit	取反直接寻址位	2	1
ANL	C,bit	直接寻址位"与"到进位位	2	2
ANL	C,/bit	直接寻址位的反码"与"到进位位	2	2
ORL	C,bit	直接寻址位"或"到进位位	2	2
ORL	C,/bit	直接寻址位的反码"或"到进位位	2	2
MOV	C,bit	直接寻址位传送到进位位	2	1
MOV	bit,C	进位位位传送到直接寻址	2	2
JC	rel	如果进位位为 1 则转移	2	2
JNC	rel	如果进位位为 0 则转移	2	2
JB	bit,rel	如果直接寻址位为 1 则转移	3	2
JNB	bit,rel	如果直接寻址位为 0 则转移	3	2
JBC	bit,rel	直接寻址位为 1 则转移并清除该位	2	2

伪指令

ORG	指明程序的开始位置
DB	定义数据表
DW	定义 16 位的地址表
EQU	给一个表达式或一个字符串起名
DATA	给一个 8 位的内部 RAM 起名
XDATA	给一个 8 位的外部 RAM 起名
BIT	给一个可位寻址的位单元起名
END	指出源程序到此为止

指令中的符号标识

Rn	工作寄存器 R0～R7
Ri	工作寄存器 R0 和 R1
@Ri	间接寻址的 8 位 RAM 单元地址（00H～FFH）
#data8	8 位常数
#data16	16 位常数
addr16	16 位目标地址，能转移或调用到 64KROM 的任何地方
addr11	11 位目标地址，在下条指令的 2K 范围内转移或调用
Rel	8 位偏移量，用于 SJMP 和所有条件转移指令，范围 -128～$+127$
Bit	片内 RAM 中的可寻址位和 SFR 的可寻址位
Direct	直接地址，范围片内 RAM 单元（00H～7FH）和 80H～FFH
$	指本条指令的起始位置

附录 C　Keil C51 常用库函数

1. 字符函数库(# include <ctype.h>)

bit isalnum(char c);检查参数字符是否为英文字母或数字参数字符

bit isalpha(char c);检查参数字符是否为英文字母

bit iscntrl(char c);检查参数字符是否为控制参数字符

bit isdigit(char c);检查参数字符是否为数字参数字符

bit islower(char c);检查参数字符是否为小写英文字母

bit isupper(char c);检查参数字符是否为大写英文字母

bit isxdigit(char c);检查参数字符是否为十六进制数字字符

bit toascii(char c);将参数字符转换成 ASCII 字符

bit toint(char c);将参数字符 ASCII 字符 0～9、a～f 转换成十六进制数字

char tolower(char c);将参数字符大写字母转换成小写字母

char toupper(char c);将参数字符小写字母转换成大写字母

2. C51 内部函数库(# include <intrins.h>)

unsigned char_ crol_(unsigned char val,unsigned char n);
unsigned int _irol_(unsigned int val,unsigned char n);
unsigned long_lrol_(unsigned long val,unsigned char n);

将参数字符型(整型、长整型)变量循环向左移动指定位数后返回。

unsigned char _cror_(unsigned char val,unsigned char n);
unsigned int_ iror_(unsigned int val,unsigned char n);
unsigned long_lror_(unsigned long val,unsigned char n);

将参数字符型(整型、长整型)变量循环向右移动指定位数后返回。

void_nop_(void);相当于插入 NOP,延长一个机器周期

testbit(bit b);相当于 JBC bit,测试位变量并跳转同时清除

chkfloat;测试并返回源点数状态

3. 动态内存分配函数库(# include <stdlib.h>)

float atof(char * string);将字符串转换成浮点数值

int atoi(char* string);将字符串转换成整型数值

long atol(char * string);将字符串转换成长整型数值

void free(void xdata * p);释放 malloc 函数分配的内存空间

void init_mempool(void * data * p,unsigned int size);清除 malloc 函数分配的内存空间

void * malloc(unsigned int size);返回一个大小为 size 个字节的连续内存空间的指针

4. 输入输出流函数库(# include <stdlio.h>)

流函数为 8051 的串口或用户定义的 I/O 口读写数据,默认为 8051 串口。

char getchar(void);读入一个字符

```
char getkey(void); 读键、同 char getchar(void)
int printf(const char * fmtstr[,argument]...); 格式化输出函数
char putchar(char c); 输出一个字符
```

5. 绝对地址访问函数库(# include <absacc.h>)

访问绝对地址，包括 CBYTE、XBYTE、PWORD、DBYTE、CWORD、XWORD、PBYTE、DWORD。

附录 D   Proteus 常用元件名称

元 件 名 称	中 文 说 明
1N914	二极管
74LS00	与非门
74LS04	非门
74LS08	与门
74LS390	TTL 双十进制计数器
7SEG	数码管系列
ALTERNATOR	交流发电机
MOTOR	马达
Electromechanical	电机
AND	与门系列
OR	或门
BATTERY	电池/电池组
CAPACITORS	电容系列
capacitors	
CRYSTAL	晶振
FUSE	保险丝
LAMP	灯
LED	红色发光二极管
LM016L	LCD1602
BUTTON	按钮
SWITCH	开关按钮
POT-LIN	三引线可变电阻器
RES	电阻
RESPACK	排阻
SWITCH-SPDT	二选通一按钮
COMPIM	串行口终端
Speakers & Sounders	发声器件
Switches & Relays	开关,继电器,键盘
PNP	NPN 型晶体管
PNP	PNP 型晶体管
Connectors	排座,排插
Data Converters	ADC 与 DAC 系列
AT89C51	51 单片机

附录 E　LCD1602 常用字符对照表

字符	编码	字符	编码	字符	编码	字符	编码	字符	编码
0	0x31	9	0x39	I	0x49	R	0x52	—	0xB0
1	0x32	A	0x41	J	0x4A	S	0x53	+	0xFD
2	0x32	B	0x42	K	0x4B	T	0x54		
3	0x33	C	0x43	L	0x4C	U	0x55		
4	0x34	D	0x44	M	0x4D	V	0x56		
5	0x35	E	0x45	N	0x4E	W	0x57		
6	0x36	F	0x46	O	0x4F	x	0x58		
7	0x37	G	0x47	P	0xF0	Y	0x59		
8	0x38	H	0x48	Q	0x51	Z	0x5A		

附录 F　项目报告与项目评分标准

1. 项目报告参考格式

项 目 报 告

项目名称	
项目功能分析	
项目总体设计	
硬件电路设计	
程序设计	编程思路
	程序清单
仿真调试	
功能指标测试	
报告编制人	
编制时间	

2. 项目参考评分标准

评价内容	配分	评 分 点
职业素养与操作规范（40 分）	20	利用 Keil C51 开发平台建立工程项目、设置编译环境、编译程序；软件调试与排除程序语法错误；使用下载软件下载程序；软硬件联调
	10	选择和使用仪器仪表进行电路检测
	10	程序编写符合规范，现场符合 6S 要求
作品（60 分）	功能分析	10	正确进行软件结构与功能分析

评价内容		配分	评 分 点
	功能分析	10	正确进行软件结构与功能分析
作品（60 分）	流程图	10	流程图结构清晰、无逻辑错误
	程序清单	10	无语法错误、结构清晰、可读性强
	功能指标	25	完整实现功能及技术指标
	项目报告	5	格式规范、要素齐全

附录 G 所用设备、工具、器材表

类 型	名 称	要 求	备 注
设备	示波器	20M	
	计数器与频率计	普通	
	电源	直流 0～12V 可调	
	万用表	普通	
	时钟	普通	
	温度计	普通	
	计算机	普通	台式
工具	电烙铁	普通	
	斜口钳	普通	
	镊子	普通	
	Keil μVision2	7.06 版以上	软件
	Proteus	7.1 版以上	软件
	下载线及相关软件	ISP 下载或编程器	可根据选用 CPU 选用
器件	51 系列单片机	AT89C51	根据下载条件选择
	晶振	12MHz	通信用 11.0592MHz
	瓷片电容	22pF	15～30pF
	电解电容	10μF/16V	
	电阻	8.2kΩ	
	电阻	470Ω	
	电源	直流 400mA/5V 输出	
	发光二极管	φ3mm	红、绿、黄三色
	按键	6mm×6mm×4mm 立式	
	液晶	LCD1602	
	数码管	4 位一体、共阴极	

续表

类 型	名 称	要 求	备 注
器件	温度传感器	DS18B20	
	时钟电路	DS1302	
	A/D 转换器	AD0809	
	D/A 转换器	DA0832	
	存储器	AT24C02	
耗材	焊锡	ϕ0.8mm	
	面包板	100mm×100mm	或实验板
	导线	ϕ1mm 多股铜线漆包线	
	焊膏		